선박용 전자제어 엔진 실무

정현우 편저

해광출판사

"불가능, 그것은 아무것도 아니다."

"IMPOSSIBLE IS NOTHING"

평생을 자식들 걱정과 뒷바라지를 위해 살아오시고,
책을 내는데 있어서 아낌없는 조언과 격려를 해주신
아버지와 어머니께
그리고
항상 나를 믿고 응원해주는 사랑하는 아내 나경이와
나의 햇살, 딸 하율이에게 사랑의 마음을 담아 이 책을 바칩니다.

머리말

이 책은 RT-FLEX 엔진을 처음 경험하거나 접하는 모든 분들을 위해 집필되었습니다.

최근 선박에서의 진급이 빨라지며 예기치 않은 상황에 처한 초임 일등 기관사나 RT-FLEX 엔진에 생소한 엔지니어들이 늘어나고 있습니다. 이 책이 그러한 분들에게 든든한 길잡이가 되기를 간절히 바랍니다.

필자가 첫 배에서 1등 기관사로 RT-FLEX 엔진에 승선했을 때의 막막함과 설렘, 그리고 두려움과 걱정은 지금도 생생하게 기억납니다. 같은 경험을 하는 분들이 분명히 계실 것입니다.

그분들을 위해 가능한 한 이해하기 쉽게, 현장에서 즉시 적용할 수 있도록 풍부한 사진 자료를 통해 선박에서 발생할 수 있는 수많은 문제에 대한 조치와 정비 방법을 정리하였습니다.

인간이 만든 기계에 주눅들 필요도 없고 겁먹을 이유도 전혀 없습니다. 이 책을 읽는 여러분 모두 지금껏 잘해왔고 앞으로 그 누구보다도 잘할 수 있습니다.

이 책을 읽으시는 모든 분들이 나중에 더 많은 경험을 쌓아 더 나은 책을 집필하여 후배들에게 도움이 되는 선배 해기사가 되기를 바랍니다. 필자 또한 후배들에게 도움이 될 수 있는 선배가 되기 위해 현업에서 최선을 다하겠습니다.

이 책의 교열과 출간을 위해 물심양면으로 도움을 주신 해광출판사와 문우당서점 대표님께 깊은 감사를 전합니다.

오늘도 끝이 보이지 않는 먼 바다에서 인생의 파도에 맞서는 젊은 초임 사관들을 응원합니다. 함께 노력하며 성실한 승선 생활을 통해, 안전하고 건강한 운항을 이루길 기원합니다.

편저자 **정 현 우**

Slow and Steady Wins the Race!

목차

[1] RT-FLEX ENGINE 원리

RT-flex mechanical features   Overview, RT-flex84 and 96 (Size 4)

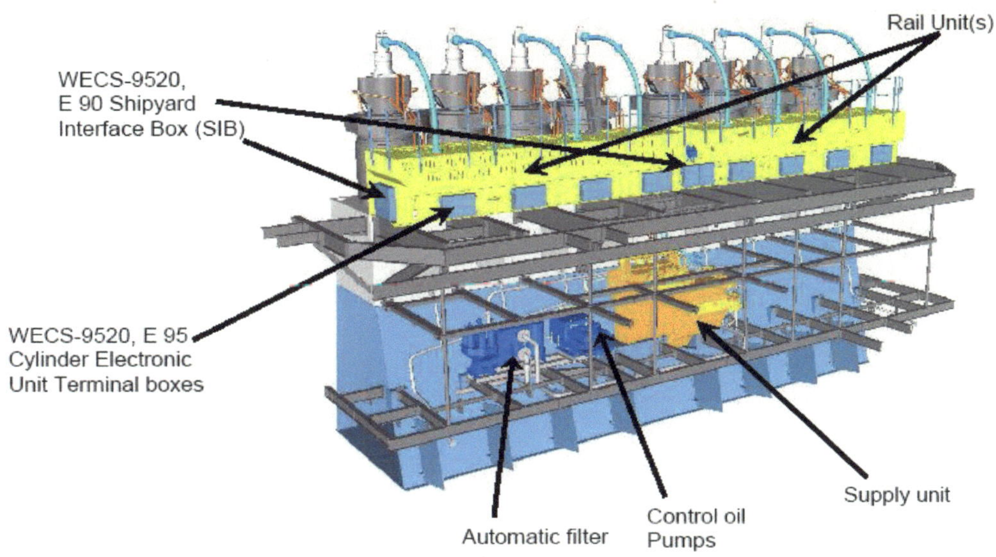

RT-flex Control Elements   Overview

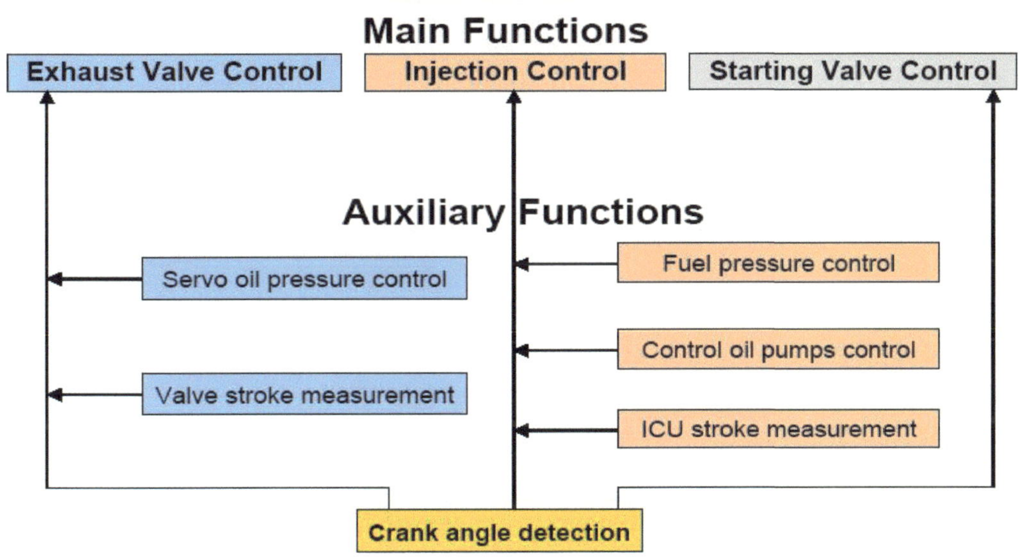

RT-flex mechanical features — Rail Unit Piping

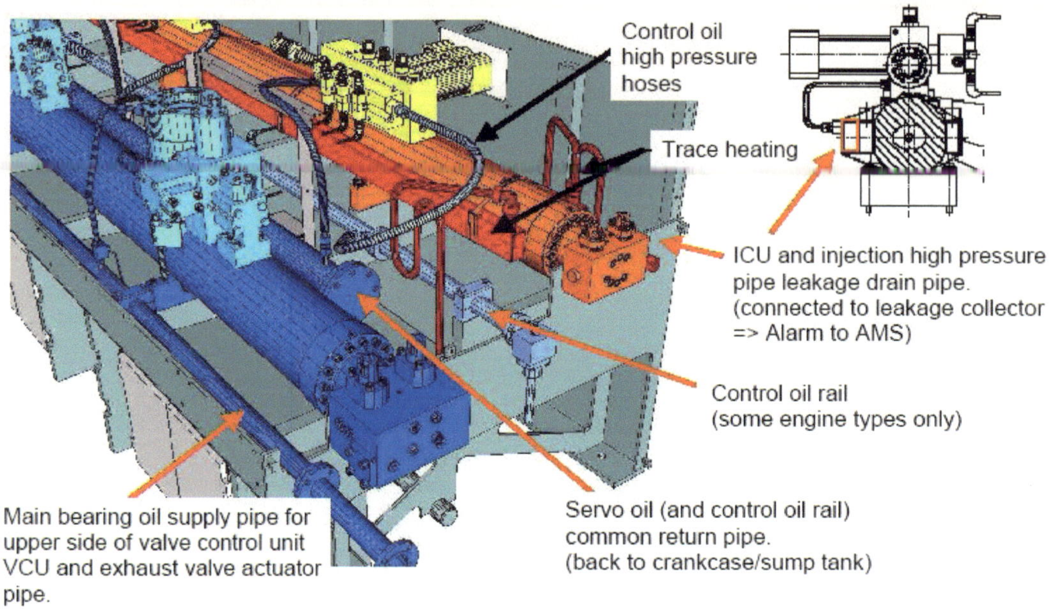

RT-flex mechanical features — Rail Unit Main Parts

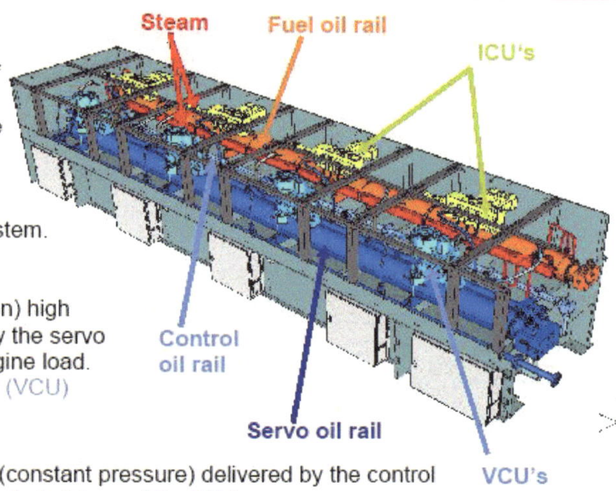

Fuel oil rail:
The fuel rail contains high pressure fuel of ~ 600 - 800 bar delivered by the fuel pumps of the supply unit during engine operation. The rail pressure is regulated depending on engine load.
For each cylinder, there is an Injection Control Unit (ICU) installed on the rail.
The rail is heated by a trace heating piping system.

Servo oil rail:
The servo oil rail contains fine filtered (6-micron) high pressure servo oil, ~ 80 - 190 bar, delivered by the servo oil pumps of the supply unit, depending on engine load.
For each cylinder there is a Valve Control Unit (VCU) installed on the rail.

Control oil rail (some engine types only):
The control oil rail contains 200 bar control oil (constant pressure) delivered by the control oil pumps. Control oil is used to actuate the control pistons of the ICU's.

Additional return/leakage piping:
- One fuel ICU-leakage pipe
- One common servo oil/control oil return pipe
- One main bearing lubrication oil for exhaust valve actuation (only 96C-B)

RT-FLEX Engine은 Rail Unit이 있다.

Fuel Oil Rail, Servo Oil Rail, Control Oil Rail으로 구성된다.

Engine 기동 중에는 항상 Rail Unit 압력이 형성되어 있으며 전기적인 신호에 의해 Rail Valve 가 작동함으로써 연료가 분사 된다.

Servo Oil : Exhaust Valve (EXH′ Valve)를 작동시켜 배기가스 배출을 제어 한다.

Control Oil : 분사 제어 장치(Injection Control Unit)의 Rail Valve를 조작하여 연료 분사를 제어 한다.

Fuel Rail : 연료유가 고압 상태로 저장되며, Rail Valve가 작동 신호를 받으면 연료유가 고압파이프(FO High Pressure Pipe)를 통해 이동 한다.

Control Oil의 신호에 따라 Rail Valve를 통해 공급된 연료가 연료 분사 밸브를 거쳐 연소실로 분사 된다.

WECS9520 이라는 것에 대해서 알아보도록 한다.
WECS-9520 은 Engine 내부 제어와 추진 계통의 제어를 시현하고 있으며, 크게 Remote Control, Safety System, EL. Governor, Alarm 모니터링 System 으로 구성되어 있다.

1. 엔진 제어 시스템(ENGINE CONTROL SYSTEM) : WECS-9520

1) WECS-9520 은 Engine Control 을 근간으로 하며, 모든 작동은 엔진에 직접적인 영향을 준다.
2) Common Rail 의 모니터링과 압력 제어 기능을 가진다.
3) 연료 분사 밸브, 배기밸브, 스타팅 에어 밸브를 제어/모니터링 한다.
4) CAN Open Bus 로 외부와 연결되어 있다.
   (KONGSBERG 제품 적용 시 타사 제품은 MOD Bus 를 이용하여 연결된다.)
5) Engine 의 성능은 IMO 에 만족하고 모니터링 된다.
6) WECS 모듈들은 CAN Bus 를 통해 연결되어 있으며, 사용자가 추진 제어에 용이하게 구성되어 있다.

2. 원격 제어 시스템(REMOTE CONTROL SYSTEM)

1) Remote Control 은 Engine 에 결합되어 있으며 아래 MANOUEUVERING 명령을 WECS-9520 에 CAN Bus 를 통해 전달된다.
   → Start, Break Air, Stop, Ahead, Astern 등.
2) 이 Remote Control 은 Telegraph 의 명령에 의해 이루어지며 Setting(Scaling, Load program)된 신호는 Governor System 으로 전달된다.

3. 전자 가버너 시스템(ELECTRIC GOVERNOR SYSTEM)

1) Electronic Governor 는 Engine Speed 를 제어하기 위해 WECS-9520 으로부터 Fuel Command 를 받는다.
2) Fuel Command 는 Engine Load 와 관련된 RC-System 의 Speed 신호를 참조하여 계산된다.
3) Governor System 의 Fuel Limiter 는 실제 Speed 와 소기 압력에 의해 결정되며, Propeller Law curve(Smoke & Torque Limiter)의 위험 범위에 들지 않도록 제어한다.

4. 안전 시스템(SAFETY SYSTEM)

1) Safety System 은 엔진이 Over Speed 나 다른 이상 발생 시 Slowdown 및 Shut down 을 제어한다.
2) WECS 는 독립적 예비 통신 Bus 를 갖추고 있다.
3) WECS 와 관계없이 직접적으로 Solenoid 를 작동 시켜 Fuel Common Rail 의 압력을 낮춰 비상 정지할 수 있도록 구성되어 있다.
4) 추가적으로 Safety System 의 출력 신호를 CAN Module Bus 를 통해 전달된다.
5) Control Oil Pump 와 메인 베어링의 Dry Running 을 방지하기 위한 제어 기능이다.
6) WECS 고장으로 인한 엔진 Speed 감소 시 AMS 를 통해 Safety System 으로 전달된다.

5. 알람 모니터링 시스템(ALARM MONITORING SYSTEM)

1) 모니터링 시스템에서 받는 Alarm은 2가지로 나눠진다.

2) 일반적으로 아래의 신호는 E130과 E90를 통해 AMS에 전달된다.

① Rail Unit, Supply Unit, Injection 부분의 Leakage Alarm

② F.O 압력 형성 불량

③ F.O Outlet Temperature의 Deviation 모니터링

④ Servo Oil Flow 모니터링

⑤ WECS Power Supply 모니터링

3) 다른 WECS 고장 신호는 독립적인 예비 통신을 통해 전달된다.

→ FCM #1 & #2에서 CAN Open Bus을 통해 직접적으로 모니터링 시스템으로 전달된다.

4) AMS 상 WECS FAILURE 사항

→ CAN Bus를 통해 모니터링 System에 전달되는 WECS Failure는 5가지 그룹으로 나눌 수 있다.

① Passive Failures

독립적 구동되는 예비 센서 및 통신 Failure

② Common Failures

Cylinder Unit의 Failure중 예비 시스템이 없는 센서나 일반 Failure 사항으로 엔진 RPM에 영향을 주지 않는다.

③ Cylinder Failures

AMS를 통해 엔진 Slowdown을 일으키는 Failure.

④ Rail Pressure Failures

Common Rail Pressure의 Failure로 AMS를 통해 Slowdown을 발생한다.

⑤ WECS Critical Failures

심각한 Failure로 Safety System을 통해 즉시 엔진을 정지해야 하는 Failure.

• 외부 장치와의 구성도

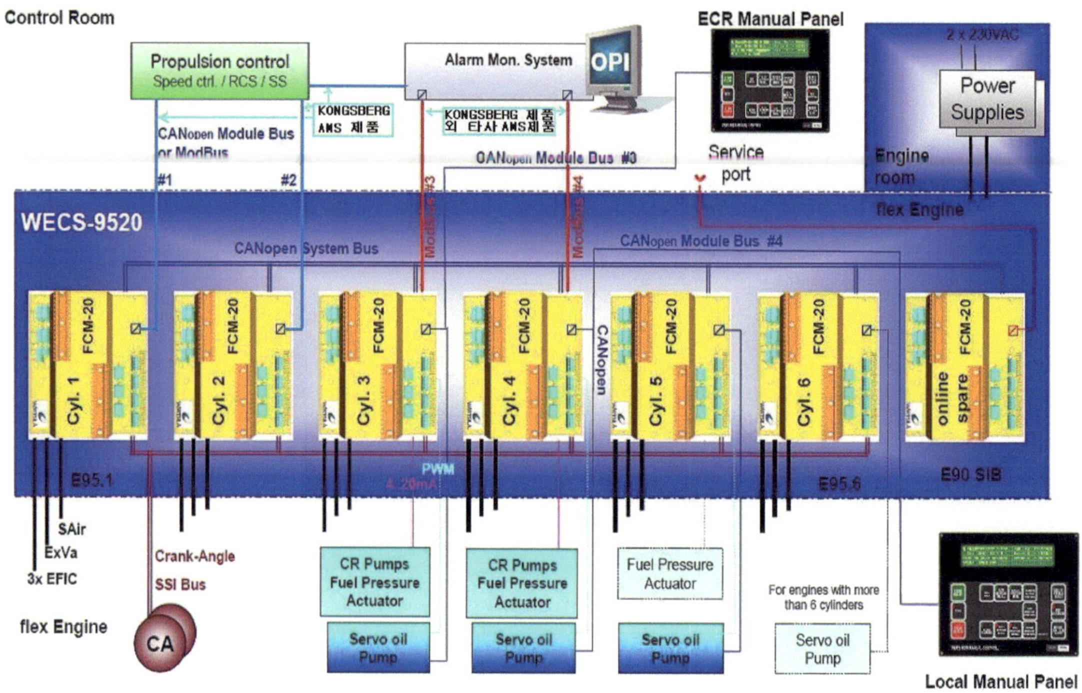
Control Room
Propulsion control
Speed ctrl. / RCS / SS
Alarm Mon. System
OPI
ECR Manual Panel
2 x 230VAC
Power Supplies
KONGSBERG AMS 제품
KONGSBERG 제품 외 타사 AMS제품
CANopen Module Bus or ModBus
#1
#2
CANopen Module Bus #3
Service port
Engine room
flex Engine
WECS-9520
CANopen System Bus
Modbus #3
Modbus #4
CANopen Module Bus #4
FCM-20
Cyl. 1
Cyl. 2
Cyl. 3
Cyl. 4
Cyl. 5
Cyl. 6
online spare
CANopen
E95.1
PWM
4..20mA
E95.6
E90 SIB
SAir
ExVa
3x EFIC
Crank-Angle
SSI Bus
flex Engine
CA
CR Pumps Fuel Pressure Actuator
Fuel Pressure Actuator
Servo oil Pump
For engines with more than 6 cylinders
Local Manual Panel

• RT-FLEX 엔진과 KONGSBER AUTO CHIEF C20 구성도

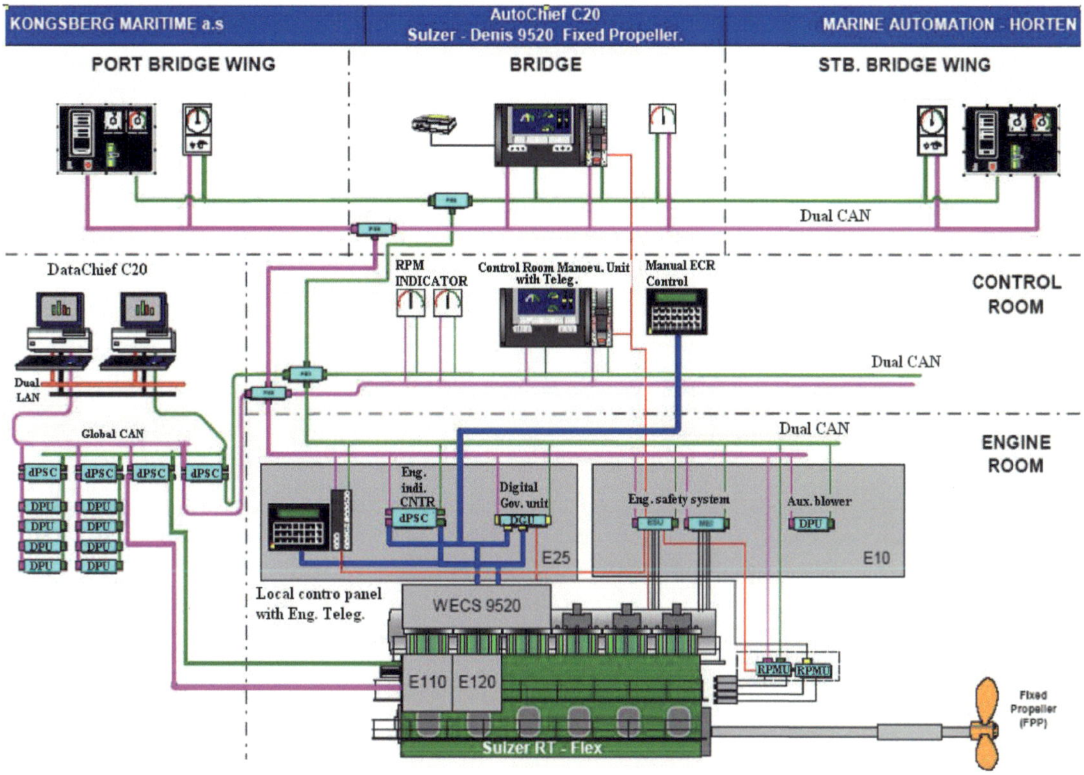

• FMC-20(FLEX CONTROL MODULE)의 구조

1) WECS9520 시스템은 다양한 신호를 처리하는 FCM 20이라는 모듈로 구성되어 있으며, 각 실린더당 1개씩 Rail Unit 아래 Cabinet에 설치되어 있다.(E 95) 또한 SIP (Shipyard Interface Box)Spare FCM-20이 설치되어 있다.(E 90)

2) 각 모듈의 CAN Open System Bus를 통해 통신하고 있으며, 전자파 영향이 높은 Rail Unit의 동력 케이블 또는 Pulse Line(High Signals), Sensor 및 Data Bus 등과 같은(Low Signals) 낮은 전력을 사용 하는 부분으로 구분 되어 있다.

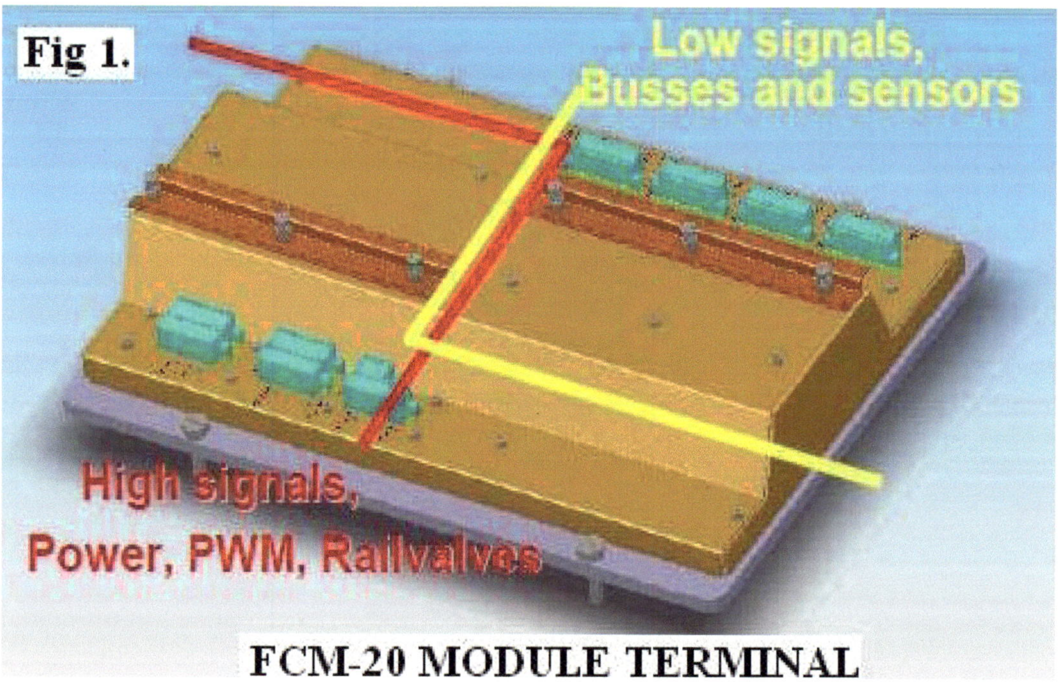

1) HIGH POWER I/O(INPUT/OUTPUT)

높은 전력이나 펄스 동력의 라인들은 그림과 같이 왼쪽 상단에 위치하고, Terminal에 각 Line 들이 연결되어 있다. 그리고, LEDs 램프들은 I/O의 동작 상태를 나타내며, Failure, Short Circuit 등 램프의 색이 변하면서 I/O 상태를 알려 준다.

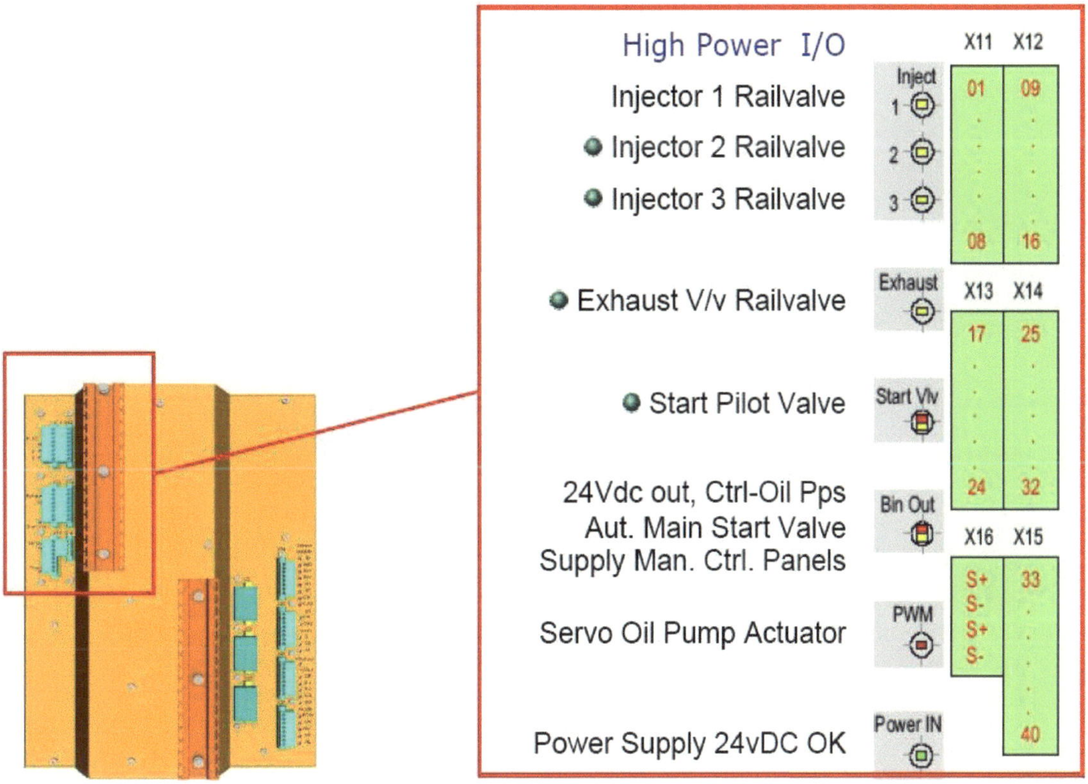

2) LOW POWER I/O(INPUT/OUTPUT)

그림과 같이 오른쪽 하단에 Data Bus나 Sensor의 Signal등이 연결되는 Low Power Terminal 들이 연결되어 있다.

상기 High Power I/O 부분과 마찬가지로 LEDs 램프 색의 깜박임을 통해 Failure나 Short를 알 수 있다.

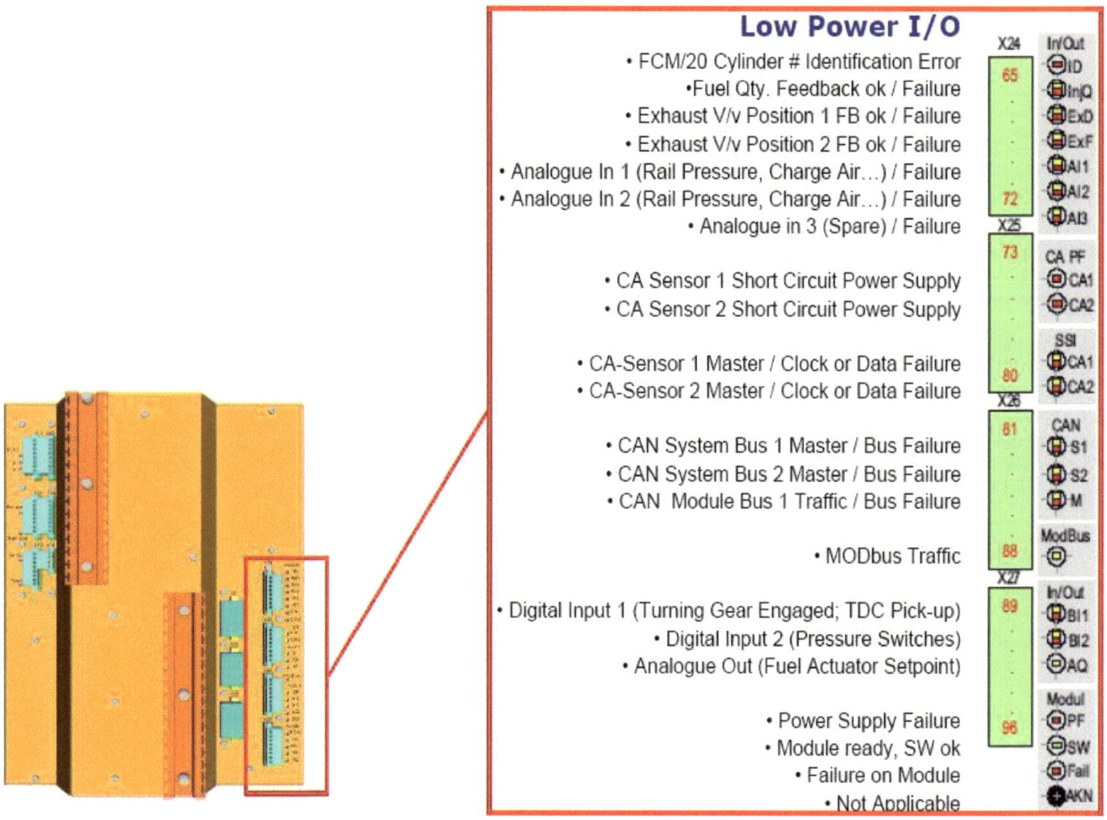

3) FCM-20(FLEX CONTROL MODULE)의 기능

아래와 같이 크게 2가지 그룹으로 구분할 수 있다.

(1) <u>일반적 기능</u>

① Fuel과 Servo Oil Rail의 압력 조정, 모니터링 및 Control Oil Pump의 제어 기능.

② 엔진 Tuning Data(IMO 규정에 맞게 설정된다.)

③ WECS 내부의 Self-Check 기능의 모니터링

④ 일반적인 Control의 계산 및 제어(VIT, EXH′ V/V의 Open & Close(VEC, VEO) Engine State)

⑤ 주기 추진 관련 BMS 및 Back Up Panel과 연결.

⑥ Failure Indication 기능

⑦ AUX. Blower의 제어

일반 기능 결선도

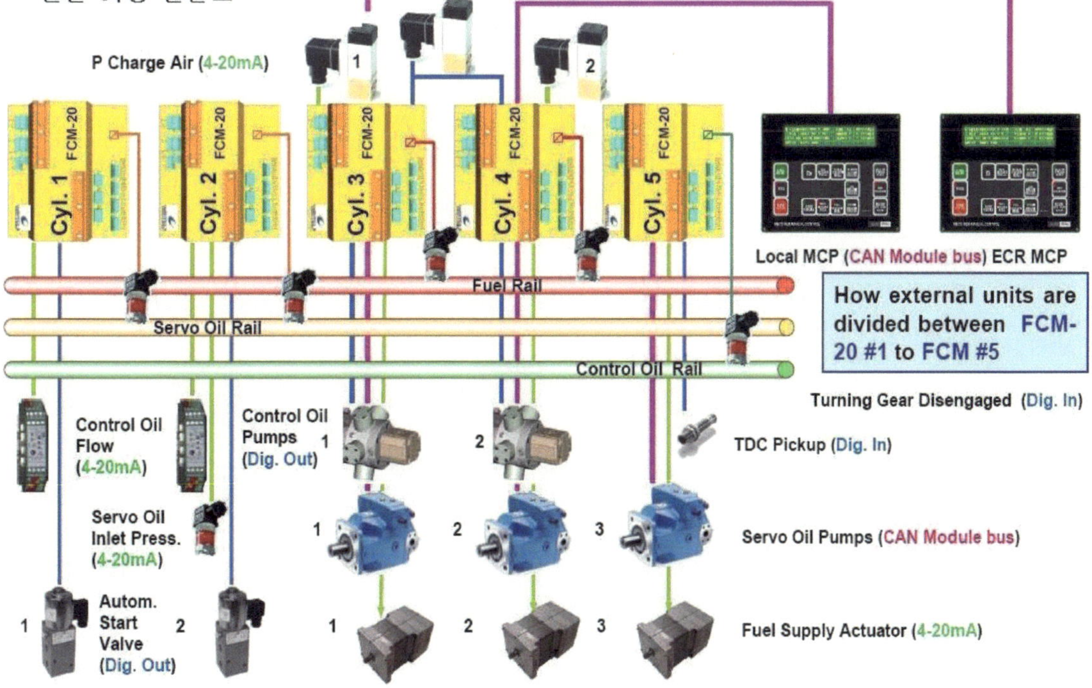

(2) Cylinder 관련 기능

① Start V/V, Injection V/V 및 EXH′ V/V 를 Setting된 Data와 명령 된 값에 대한 Parameter 제어기능.

② 각 V/V의 Timing과 Crank Angle 간의 동기화 조정.

CYLINDER 관련 기능 결선도

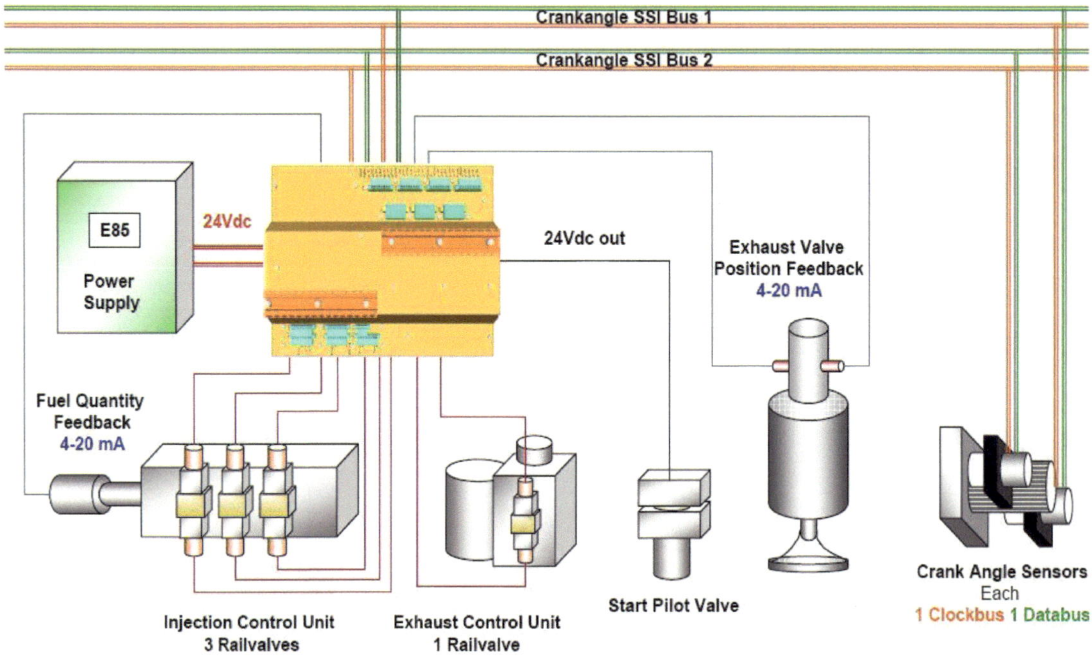

4) WECS-9520와 연결된 각 구성품

(1) 수동 제어 판넬(MANUAL CONTROL PANELS)

Engine Control Room과 Local Control Panel에 설치되어 있으며, 하기 내용에 대하여 정보를 제공한다.

① Speed & Fuel Command

② Start Interlocks

③ Safety Event(SHD, SLD, Over Speed)

④ Rail Pressure

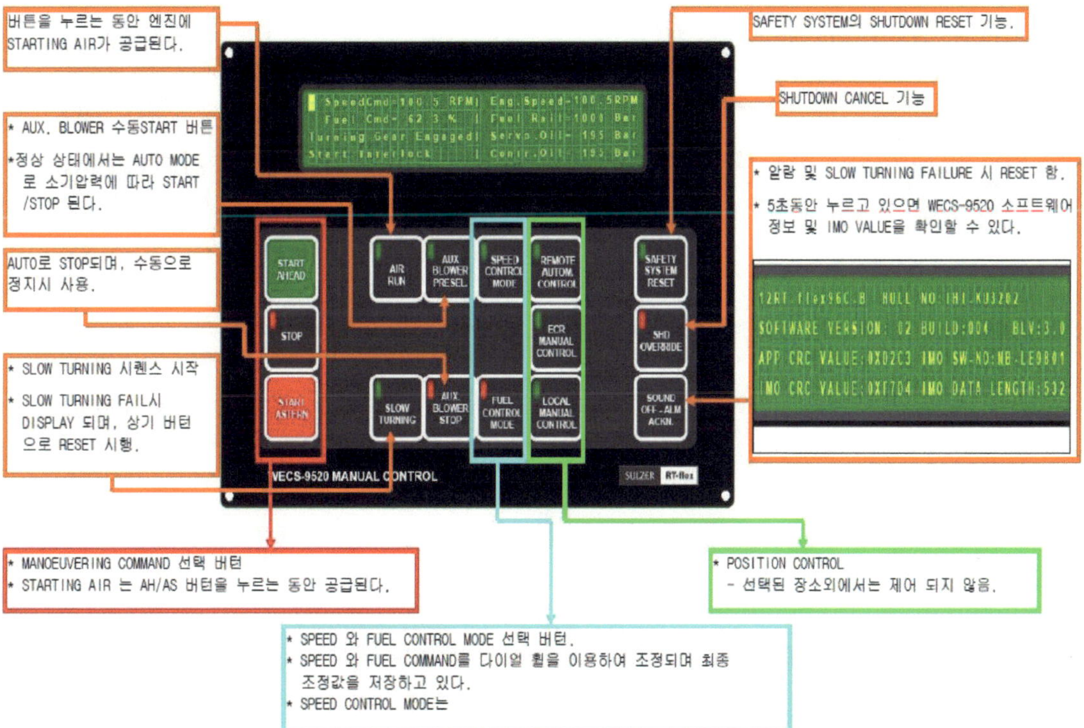

(2) 레일 밸브(RAIL VALVE)

① Rail Valve 는 2ms까지 순간적인 신호로 Elec. HYD. SOL. Valve를 작동시킨다. 또한 높은 전류와 Thermal Load를 줄이기 위해 4.5ms 이상 신호를 주지 않으며, WECS에서 제어된다.

② Rail Valve는 Magnet Coil로 WECS에 의해 반대방향 신호를 받을 때까지 위치를 유지한다.

③ Rail Valve는 설치 및 교환 시 Open인지 Close인지 알지 못한다.
따라서, WECS에서는 약 10초마다 모든 Rail Valve에 Set-Pulse를 보내 엔진 정지 상태의 No Injection위치와 EXH′ Valve Close 위치로 인식한다.

④ ICU 와 EXH′ rail valve 와 동일하다.

(3) 크랭크 각도 감지(CRANK ANGLE DETECTION)

① Fuel Injection과 EXH′ Valve 제어를 위해 기계적인 방식이 아닌 전자적인 방식으로 Crank Angle을 정확히 측정하여 전달한다.

② Angle Transmitter는 2개의 톱니모양의 벨트로 연결 되어 있으며, 이것은 센서의 회전방향이나 축 방향의 움직임을 예방한다.

③ 각각 센서는 Angle Data를 Bit Frame의 Optical Code Disk에 의해 Crank Angle 신호가 전달된다.

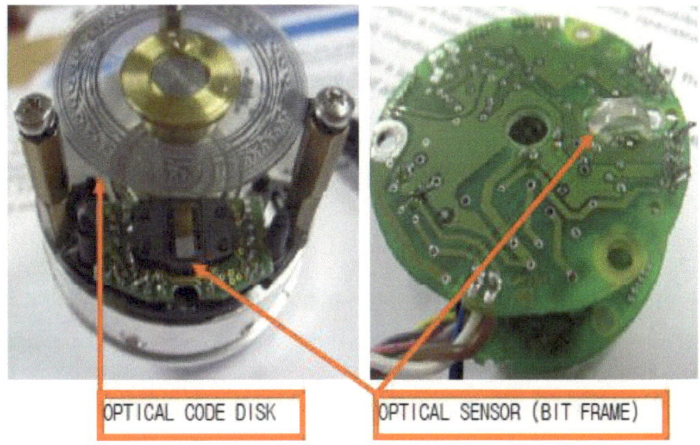

④ 4가닥의 SSI Bus(Synchronous Serial Interface)를 통해 FCM 모듈로 전달된다.

⑤ FCM-20 모듈과 CA Sensor의 동기화를 위해 각 SSI Bus 통해 전달되며, 이는 Clock와 Data Bus로 구분되며 Clock Bus는 FCM-20(실린더 별 마지막 FCM 모듈연결) # 11 & # 12(12 기통)에 연결되어 있다.

⑥ 양 CA Sensor에서 받은 신호는 각각의 FCM 모듈에서 Cross Check 를 한다.

⑦ Angle Sensor는 Flywheel에 장착된 Pick-up Sensor에 의해 TDC Pulse 신호 값을 비교하며, 만약 TDC 신호가 일치하지 않으면 WECS-9520에서 common failure 또는 Critical Failure(Engine Stop)를 발생 시킨다.(Angle 차이 값에 따라 달라진다.)

(4) 분사 시스템(INJECTION SYSTEM)

Crank Angle신호와 Speed Order에 대하여 FCM-20 모듈에서 INJ. Timing을 계산한다.

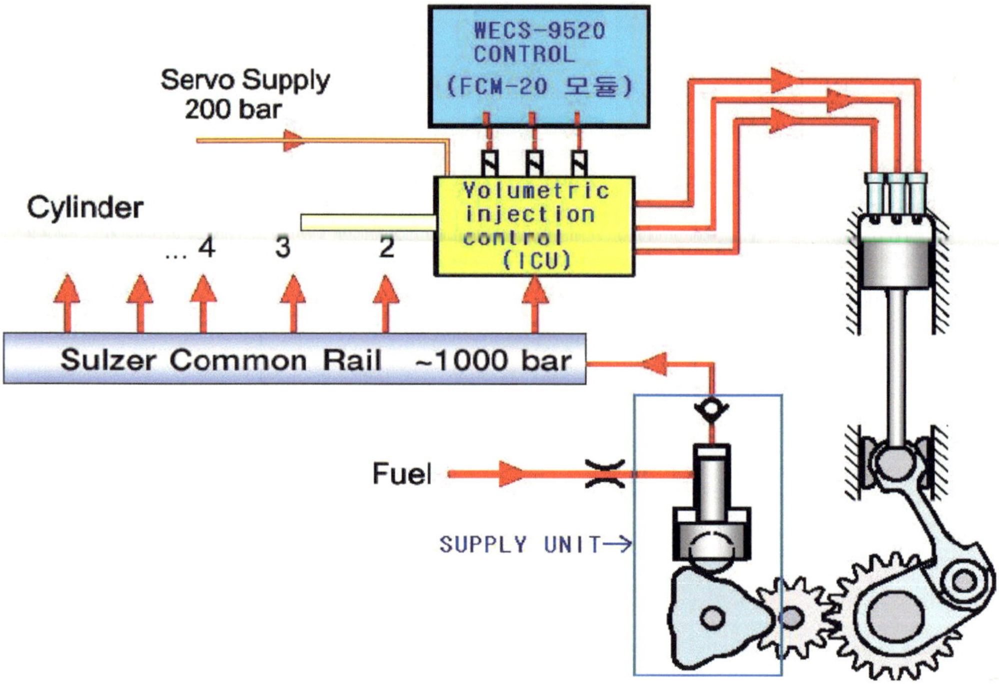

① **정상 운전(NORMAL OPERATION)**

피스톤이 TDC 도착 전에 FCM-20 모듈에서는 VIT와 FQS의 설정을 고려하여 분사 시점을 계산한다. 이때, 정밀한 분사를 위하여 분사 시점은 분사 명령과 실제 분사된 시간까지의 지연시간(Dead Time)을 환산하여 설정 된다.

이 Dead Time은 분사 기간 동안 분사 명령과 Fuel Quantity Sensor의 움직임을 관찰하여 측정된다. 또한, FCM-20 모듈은 Fuel Quantity Sensor로부터 연료량을 Feed Back 받아 분사 시작과 끝을 제어한다.

② **저 부하 운전(LOW LOAD OPERATION)**

엔진 Load가 낮은 경우 실린더 마다 3개의 분사밸브에서 1개 또는 2개만을 이용하여 분사를 함으로써 매연 감소 및 연료소모량을 줄일 수 있다.

이때 1개의 노즐만 사용할 경우 분사 시간을 길어짐으로써 분사 압력을 일정하게 유지하며 최적의 폭발을 유도한다.

또한, 열 부하를 줄이기 위해 20분마다 교대로 작동 되며, 분사 밸브가 바뀔 때 Speed 감소 예방을 위해 30초 동안 Overlap 기간을 가진다.

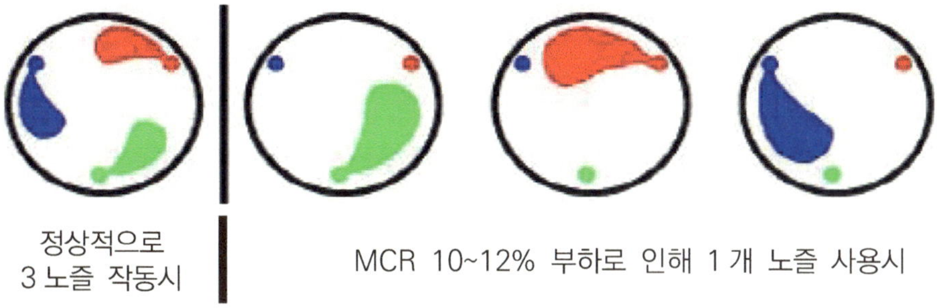

(5) 배기 밸브 제어(EXHAUST VALVE CONTORL)

① EXH′ Valve는 Servo Oil에 의해 Open되며, 또한 Spring Air를 이용해 Close 된다.

② Rail Valve의 Control Oil과 Actuation Oil이 섞이지 않도록 Partition Device가 설치되어 있다.

③ EXH′ Valve 상부에 2개의 Sensor가 장착되어 있어 Valve Spindle의 Stroke를 측정하여 WECS-9520 에 전달된다.

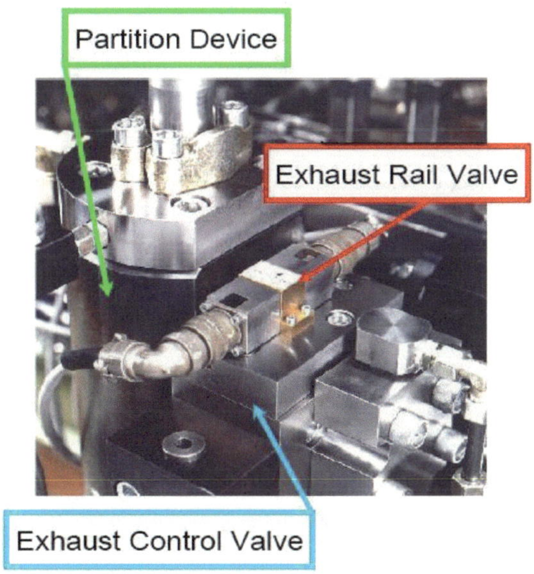

(6) 서보 오일 압력 제어(SERVO OIL PRESSURE CONTROL)

① Servo Oil Rail 압력은 엔진 Load에 따라 변화하며, EXH′ Valve의 Open Time과 연관되어 변동된다.

② Servo Oil 압력의 조정은 Fuel Command 자료를 받아 FCM-20(E 95.XX)에 의해 제어된다.

(7) 제어 오일 압력 제어(CONTROL OIL PRESSURE CONTROL)

① 정지상태에서는 Control Oil Pump는 약 50 BAR의 압력으로 Servo Oil Rail을 Priming하며 정상 운전시에는 200 BAR의 Control Oil이 공급된다.

② 이 200 BAR Control Oil은 Injection Rail Valve의 제어용으로 사용된다.

③ Control Oil Block에 붙어 있는 Pressure Retaining Valve에 의해 Control Oil 압력이 조정되며, Dry Running을 막기 위해 WECS Software에 의해 낮은 압력의 Oil이 베어링에 공급된다.

(8) 시동 공기 시스템(STARTING AIR SYSTEM)

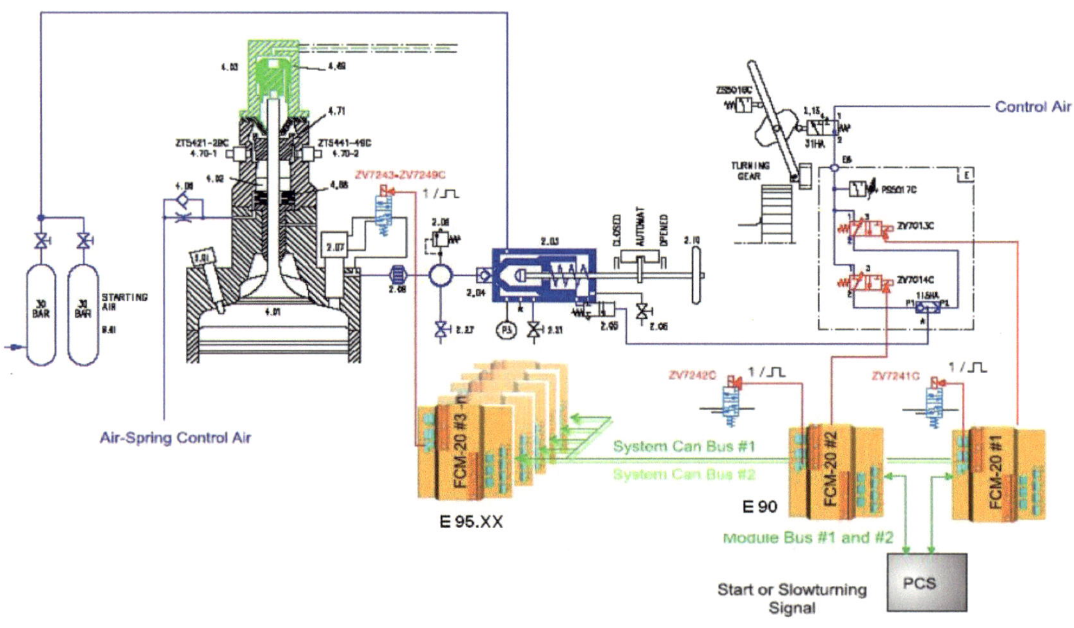

① Staring Pilot Valve(2.07)의 Open/Close 제어를 FCM-20(WECS)에 의해 이루어지며, WECS는 Crank Angle을 계산하여 제어를 하게 된다.

② 정상적인 Open Angle은 0도이고, Close Angle은 110도 이다.
이때 실린더 수가 많은 경우(10기통이상)에는 Closing Angle을 줄여 소모 Air량을 줄인다.

③ Automatic Starting Valve(2.03)은 FCM-20 NO.1 & 2(WECS)에 의해 Solenoid

ZV70113C 와 ZV7014C를 제어하게 된다.

Staring Pilot Valve(2.07)

Automatic Starting Valve(2.03)

④ Slow Turning 및 Slow Turning Failure Reset 제어는 개별적인 신호로 FCM-20 NO.1 & 2 로 보내지며, Turning Speed는 WECS-9520의 Parameter에 의해 조정된다.

(9) 서보 오일, 제어오일 계통도(SERVO OIL & CONTROL OIL DIAGRAM)

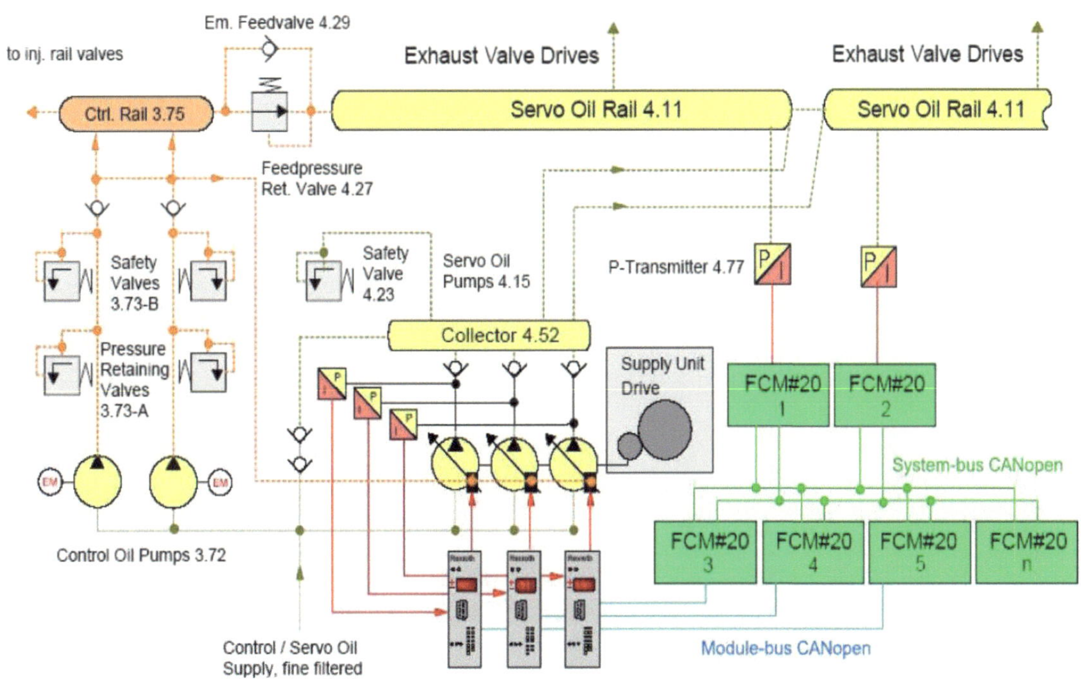

[2] RT-FLEX ENGINE 운용

(1) 입항 S/BY 시 발전기 병렬 운전 후 Bridge Telegraph 에서 S/BY Signal 을 주면 At Sea→ S/BY Signal 을 응답한다.

Bow Thruster 준비는 보통 30 분~1 시간 전에 Bridge 에서 알려준다.

Bow Thruster 준비 전에 Bow Room Fan & Hydraulic Pump 를 기동한다.**(동계절 예열 필요)**

(2) Finish With Engine(F.W.E) 후 ECR Telegraph Bridge → Engine, S/BY → FWD 로 응답한다.

MCP(Manual Control Panel)에서 Remote Control Button → Engine Control Button 누르면 AUX. Blower 가 Stop 된다.

그 이후 Engine Air-blow, Main Starting Shut-off Valve Close, Engine Turning, Engine Warming Valve Open 및 Flex-view 로 주유를 시작하고, 주유가 끝나면 Turning Gear Stop 한다.

(Main Starting Shut-off Valve Close 하면 ACP 에서 Start Interlock Alarm 이 생기고, Turning Gear Engage 하면 ACP 에서 Turning Gear Engage Alarm 이 생긴다.)

(3) 출항 S/BY 시 Engine Turning 과 Flex-view 로 주유가 끝나면 Turning Gear Disengage, Main Starting Shut-off Valve Open 후 Engine Air-blow 를 하고 Test Cock Close 한다.

Bow Thruster 까지 준비가 완료 되면 Telegraph 를 아래와 같이 변경한다.

FWD → S/BY

ECR → ECR**(ECR Button 한번 더 누르면 MCP 상 Engine Control → Remote Control 로 변경된다.)**

ECR → Bridge 로 변경한다.

Warming Valve 는 Engine 시동 후에 Close 한다.

R/UP 하면 S/BY → At Sea 로 Bridge 에서 Signal 주면 응답한다.

(4) RPM 은 FULL 에서 올리거나 FULL 까지 내릴 경우 Speed Program 이 작동한다.

Remaining Time 은 ACP → Limiters → Speed Program 에서 볼 수 있다.

급하게 엔진 조작이 필요하여 Speed Program 을 무시하고 싶을 경우 Cancel Limit 를 누르거나

ACP → Limiters → Speed Program 에서 Cancel Limit 를 눌러 준다.

• AUTOCHIEF CONTROL PANEL(ACP)/LEVER TELEGRAPH UNIT(LTU)

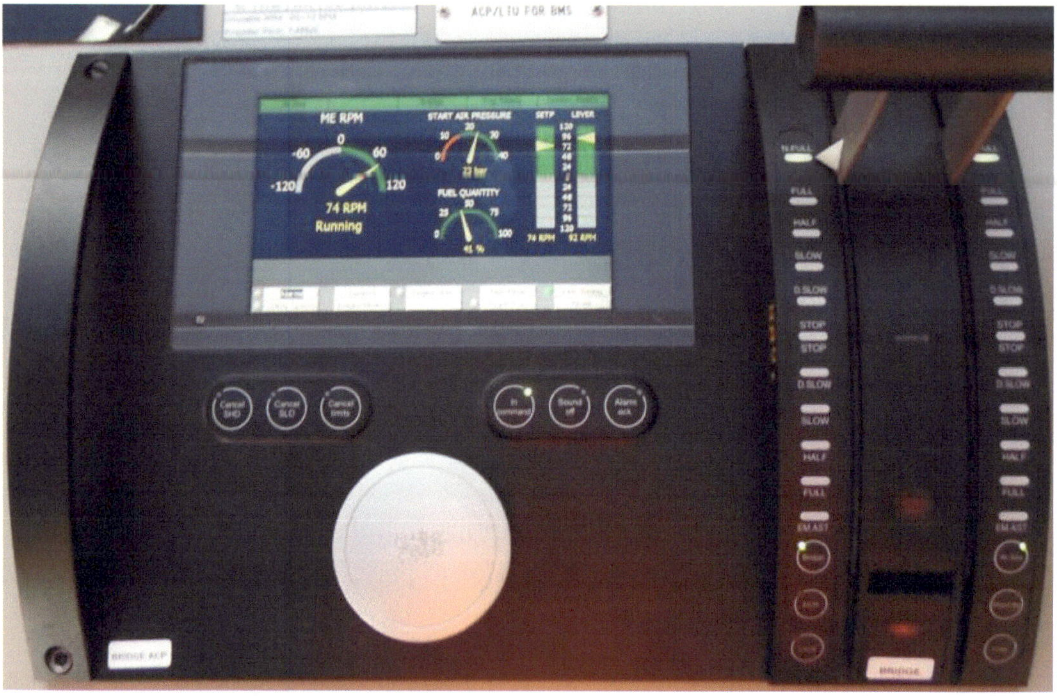

* 참고로 ACP가 정상적으로 작동하지 않으면 아래와 같이 ACP 아래 Panel을 Open하여 Power Plug(X10를 뽑았다가 다시 연결한다.

1) RPM DOWN

(1) N/F → FULL → HALF → SLOW → D. SLOW → STOP

Speed Program이 작동하여 설정된 시간 동안 감속한다.

만약에 즉시 RPM을 내려야 하는 상황이라면, Speed Program Cancel하면 Speed Program 동작 없이 즉시 내려간다.

RPM을 내리는 중에도 Speed Program Cancel하면 Speed Program 동작 없이 즉시 내려간다.

ACP 에서 Cancel Limit 또는 ACP → Limiters → Speed Program 에서 Cancel Limit 눌러준다.

RPM 을 올릴 경우도 마찬가지이다.

Speed Program이 작동하는 RPM구간에서 RPM조정은 Fine Tuning에서 조정을 한다.

(2) N/F → STOP(FULL → STOP)

Speed Program 동작 없이 바로 Stop된다.

(3) EMERGENCY STOP

① Telegraph의 EM'CY Stop Button 이용

Fuel Rail 압력을 제거하여 기계적으로 Stop 시키는 방법이다.

Telegraph의 EM'CY Stop Button 눌러 EM'CY Stop → M/E Stop → 재시동하기 전 Telegraph의 Position을 Stop으로 이동 → Emergency Stop Button 다시 눌러 Reset → M/E 정상적인 방법으로 운용한다.

② Crash Mode(Crash Astern) 이용

RPM이 내려가면서 Setting된 MCR 20~30%에 도달하면 Breaking Air가 지속적으로 공급되며, 반대방향 운전을 가능하게 하여 RPM을 낮추는 방법이다.

Telegraph를 Stop에서 2초이상 머무르지 말고 바로 반대 방향으로 이동한다.
(N/F → ASTERN)

2) 에어 러닝(AIR RUNNING)

(1) ECR Auto Control Panel(ACP)

① Control Position이 ECR ACP로 되어 있어야 한다.

② 'Engine Modes'로 들어가 'Air Run'을 한번 클릭하면 Air Run이 시작되고 다시 한번 클릭하면 Air Run이 멈춘다.

(2) ECR Back-up Control Panel(MCP)

① Control Position을 ECR MCP로 되어 있어야 한다.

② Air Run 버튼을 누르고 있는 동안 Air Run이 실시된다.(통상 RPM 15-20으로 Air Running 실시한다.)

(3) Local Back-up Control Panel(E-25)

① Control Position을 ECR MCP로 되어 있어야 한다.

② Air Run 버튼을 누르고 있는 동안 Air Run이 시행된다.

*** Air Running을 할 때 Test Cock으로 수분 및 이물질 등이 배출되는지 유무를 확인하도록 한다.**

3) 슬로우 터닝(SLOW TUNNING)

→ 위치에 따라 윤활되는 부분이 있고, 안 되는 부분이 있으므로 Slow Turning을 하여 Crank Shaft 한 바퀴 돌려줌으로써 Main Bearing, Thrust Bearing, Crank Pin Bearing, Cross-head Bearing에 윤활이 잘 되도록 한다.

30분 이후 M/E Slow Turning을 하는 이유로는, 그 이후에는 Main Bearing의 유막이 중력으로 인해 Crankshaft Chamber 아래로 떨어지므로 재윤활 되도록 한다.

(1) ECR Auto Control Panel(ACP)

① Control Position이 ECR ACP로 되어 있으면 ECR에서만 가능하고 W/H로 되어 있다면 W/H에서만 가능하다.

② 'Engine Modes' 및 'Request Slow Turning'에 들어가서 'Slow Turning'을 한번 클릭하면 Slow Turning이 시작되고, 다시 한번 클릭하면 Slow Turning이 멈춘다.

(2) ECR Back-up Control Panel(MCP)

① Control Position이 ECR ACP로 되어 있으면 ECR에서만 가능하고, W/H로 되어 있다면 W/H에서만 가능하다.

② 'Slow Tuning' 버튼을 누르면 Slow Turning 이 실시되고 Stop된다.

ECR ACP 방법과 같이 다시 한번 클릭할 필요는 없다.

(3) Local Back-up Control Panel(E-25)

① Control Position이 ECR ACP로 되어 있으면 ECR에서만 가능하고, W/H로 되어 있다면 W/H에서만 가능하다.

② 'Slow Turning' 버튼을 누르면 Slow Turning 이 실시되고 Stop된다.

ECR ACP 방법과 같이 다시 한번 클릭할 필요는 없다.

4) 황천항해 모드(ROUGH SEA MODE)

Rough Sea mode (option)

The rough sea mode is optionally provided in order to avoid over-speed trip during rough sea conditions. When rough sea mode is selected, and over-speed is detected, the following sequence will take place.

- When the engine speed reaches the over-speed level, the fuel will be cut-off, the engine speed will decrease.
- When the engine speed reaches reset level, fuel will be supplied, and the engine will be running at this level.
- To reset, move speed-set lever back to reset level and move handle to desired RPM.

There is an upper speed limit for this function (adjustable). The upper limit is provided to avoid fluctuation between over-speed, and stop.

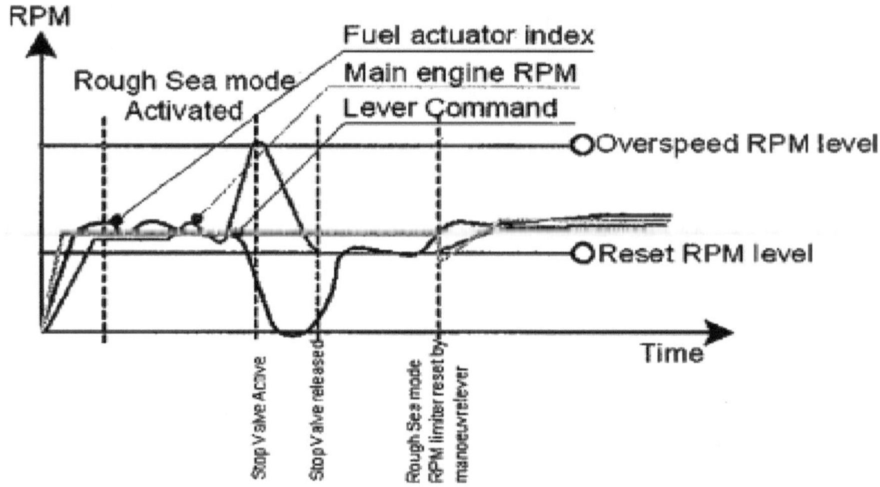

〈Rough Sea Mode는 상기 설명으로 대체〉

(1) ECR Auto Control Panel(ACP)

'Engine Modes'로 들어가 'Rough Sea Mode'을 한번 클릭하면 Rough Sea Mode가 활성화된다.

(2) Flex-View

'User Parameter'에 들어가면 'Rough Sea Mode'를 On & Off 시행할 수 있다.

5) 수동 연료 제한기(MANUAL FUEL LIMITER)

날씨가 좋지 않거나 Engine Load가 변동이 심할 경우, Manual Fuel Limiter 설정해 주면 설정 값 이상으로 올라가지 않는다.

* ECR Auto Control Panel(ACP)

(1) 'Limiters' → 'Set Limiters'에 들어가서 'Manual Fuel Limiter'를 Setting 가능하다.

(2) 'Engine States' → 'User Parameter'에서 'Manual Fuel Limiter'를 Setting 가능하다.

* Engine States에서 현재 Engine 상태를 알 수 있으며, Turning Gear 및 Starting Air Valve에 '빨간 불'이 들어와 있으면 Interlock이 걸려 Engine 시동이 불가능하다. 만약 제대로 출항 준비를 하였는데도 '빨간 불'이 들어와 있으면 Turning Gear 및 Starting Air Valve 각각의 Limiter S/W를 확인 한다.

* 참조 사항

- 10%이하 LOAD에서 1개 F.I.V active
- 10% ~18% LOAD에서 2개 F.I.V active
- 18%이상 LOAD에서 3개 F.I.V active
- 2개 이하의 F.I.V가 Active될 때 20분마다 자동으로 Active 대상이 변하며, 일부 F.I.V이상으로 인한 Miss Fire를 방지하기 위해 Over Lap을 10초간 실시한다.
  황천 항해 시에 프로펠러가 Racing을 하게 되거나 부하가 많이 걸리는 경우가 생기므로 ACP(Auto Control Panel)에서 Load Limiter를 설정해주는 것이 좋다.
  이때 Load limiter를 50%로 설정해주면 Engine Load가 50%이상을 넘지 않도록 작동한다.

6) FLEX VIEW(USER PARAMETER)

(1) VIT + FQS

RT-FLEX에서는 '-'가 Advance를 의미한다.

FQS를 ±3도까지 변경 가능하나 Liner등 내부 부속 Condition을 고려하여 FQS 값을 변경한다.

연료유를 절약하려고 무조건적인 Advance는 엔진 수명 단축의 원인이 될 수 있다.

Bunker의 질에 따라 FQS를 조정하여 적정 P-max를 유지해야 한다.

(2) Injection venting

추운 지방에서 출항 시 ICU 이후 F.O Line 기름이 식어 굳는 경우 분사가 잘 안될 수 있다.

이 경우 Line내 기름을 강제로 Return Line으로 Venting시키는 기능이다.

출항 전 Air Blow후 Rail 압력을 형성 후 사용한다.

또는 Turning gear 물려서 돌린 다음 강제로 FOP(Fuel Oil Pump) Rack를 집어넣어 Fuel Rail의 압력을 상승시킨 다음에 사용한다.

FIV(Fuel Injection Valve) 교환 후 누설 여부 확인을 위해 사용한다.

Fuel Rail 250BAR 이하에서 작동 가능하다.

(3) EXH′ A/M CMD

EXH′ Valve를 교환 후 Test 시 Manual로 EXH' Valve를 Open/Close 할 수 있다.

EXH' Valve 교환 및 정비 방법은 뒤에 따로 정리하였다.

(4) Dead Time

Rail Valve의 'Dead Time'은 명령이 지시되고 Injection까지 유압적으로 Delay 되는 시간이다.

Flex-view에서 Injection & Exhaust 등에서 확인 가능하고, 단위는 'ms'로 표시된다.

수치 값은 선박마다 조금씩 다르니 개념만 알고 가길 바란다.

7) BACK-UP CONTROL PANEL(MCP)로 운전시

Speed Control Mode와 Fuel Control Mode 두가지가 있다.

Speed Control Mode로 제어가 안될 때 Fuel Control Mode로 운전한다.

E-25 Local Panel 내부 DGU(Digital Governor Unit)문제가 발생하면 당연히 Governor Failure 발생하면서 Speed Control Mode는 사용할 수 없게 되고, Fuel Control Mode로 운전을 해야 한다.

Fuel Control은 Control Panel 하단 부에 Knob를 '-', '+' 로 조절하여 연료량을 조절한다.

이러한 독립적인 특성은 전자제어 방식으로 기계 구동부를 대체하다 보니 같이 따라온 기능이며, Engine Control Room과 Local 두개가 있고 기능은 같다.

기존 기계 제어식 엔진의 EM`CY Operation Place개념으로 생각하여도 무방하나, 좀더 정확하게는 WECS(FCM-20)의 직접적인 Control을 가능하게 하는 부분이다.

Control Mode를 해당 BCP로 가져왔을 때 Slow Turning, Air Blow, Aux Blower 기동/정지, ENG 기동/정지의 기능을 수행할 수 있다.

'Sound – Off' Button을 5초 이상 길게 누르면 IMO CIC Value를 확인할 수 있으며, 다시 누르면 원래 화면으로 돌아온다.

간혹 MCP 화면의 글씨가 깨질 경우 상기 방법대로 Reset하면 된다.

• M/E BACK-UP SYSTEM으로 ENGINE 기동 방법

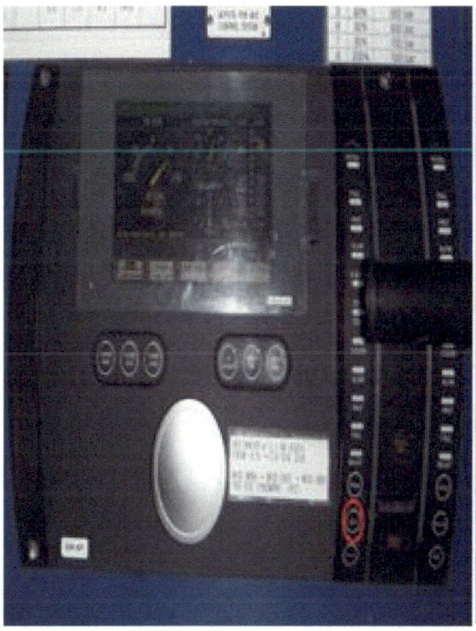

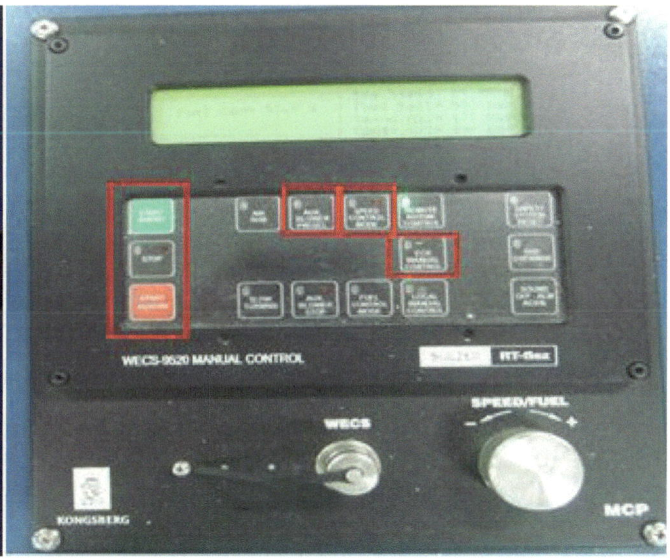

기관실에서 M/E Back-up System(Manual Control Panel)에서 Engine을 기동하기 위해 아래와 같이 시행하면 된다.

1) 왼쪽 그림과 같이 Telegraph를 Bridge → ECR로 바꾼다.

2) Manual Control Panel에서 ECR Manual Control Button을 누른다.

3) Speed Control Mode인지 Fuel Control Mode인지 확인 후 Fuel Control Mode에 점등 되었다면, Speed Control Mode Button을 눌러 Speed Control Mode에 Lamp가 점등 되게 한다.
(비상 운전시 Speed Control Mode가 더 쉽다.)

4) Speed/Fuel Dial을 +쪽(시계방향)으로 회전하여 RPM Setting한다.

5) AUX 'Blower Press Button을 눌러 AUX' Blower를 기동 시킨다.

6) Bridge에서 Telegraph를 D.SLOW로 놓으면 기관실에서도 Telegraph를 D.SLOW로 놓는다.(Bridge Order에 의해 기동하기 위함이다.)

7) Start Ahead Button을 대략 2~3초간 누른다. Fuel Running이 시작된다.
(속도를 더 올리고 싶으면 각 선의 Speed Table 보고 RPM 조정하시면 된다.)

8) Stop을 누르면 Engine Stop된다.

9) Astern하려면 Start Astern Button을 누르면 된다.

• 주 기관(M/E) LOCAL 운전법

1) ECR 1명, Local 1명, Bridge 1명 대기한 상태에서 시행한다.

2) Local Stand에서 Local Manual Button 누르고 ECR에서 대기중인 1명이 응답한다.

3) AUX' Blower Manual로 기동.

4) Speed Control Speed 혹은 Fuel Mode로 하는데, 일반적으로 Speed Control부터 한다.**(단, Governor가 작동 불량할 경우에는 Speed Control 불가하니 Fuel Control로 시행한다.)**

5) 상기 4번 Speed Control을 하기 전에 Bridge에서 Dead Slow Astern/Ahead 누르면 Local Stand에서 응답하고, Speed Control을 누르고 Speed 설정 후 Dead Slow Astern/Ahead를 충분히 시동이 될 때까지 누른다.

6) 명심할 것은 항상 Telegraph부터 먼저하고 Local MCP를 작동시킨다.

7) Stop 시에는 똑같이 Bridge에서 Stop Signal 주면 Local에서 응답하고, Stop 버튼 누른다.

8) Telegraph Local → ECR로 복구 시에는 Local에서 ECR Signal주면 ECR에서 받고, Engine 정리한다.

8) FLEX CONTROL MODUEL(FCM) 관련

* 주의사항

→ FCM Parameter 변경 시 History를 작성하여 참고한다.

→ FCM 근처에서 용접작업 할 때 FCM 손상을 방지하기 위해 〈E85〉에서 반드시 전원 차단 후 작업한다.

→ 통신 Cable 손상 시 통째로 교환 해야한다.
만약 전선처럼 손상된 일정 부분만 교환 시, 그 부분에서 통신장애가 발생할 수 있다.
통신 Cable은 Metal(장기간 손상이 되지 않는 재질)로 단단히 고정되어야 한다.

(1) Terminator Resistor

120Ω 저항을 설치하여 각 신호의 Hunting을 보상한다.

(2) Final injection timing

= Injection Standard + VIT + FQS + OFFSET
FQS : Bunker Condition에 따라 조정
Offset : ENG′ condition에 따라 설정

VIT = ITA + ITB + ITC(Fuel Common Rail Pressure)

VIT와 VEC는 NOX Emission(IMO 관련)에 영향을 미치므로 조정에 신중을 가해야 한다.

(3) Fuel Quantity Sensor 및 Exhaust Position Valve Sensor 둘 다 작동 불량으로 Connection 제거 했을 때 자동으로 FCM이 Feed Back을 받지 못해 Fixed Value로 Control한다.

9) KONGSBERG

RT – flex에서의 RCS인 Kongsberg ‘DENIS 9520’ 기준에 맞춰 Kongsberg에서 만든 RCS Program이다.

Kongsberg는 CAN System Bus를 사용한다.

* 참고사항

항해 중 통신 계열의 정확한 개소를 알 수 없는 Alarm이 간혹 발생하는 경우가 있다. 서로 다른 통신방식 사용, 기타 이유로 각 정보가 전송되는 Speed Gab 발생 원인인 경우이다. 따라서 이러한 경우가 발생하면 System Reset을 해보길 바란다.

10) SAFETY SYSTEM - WECS

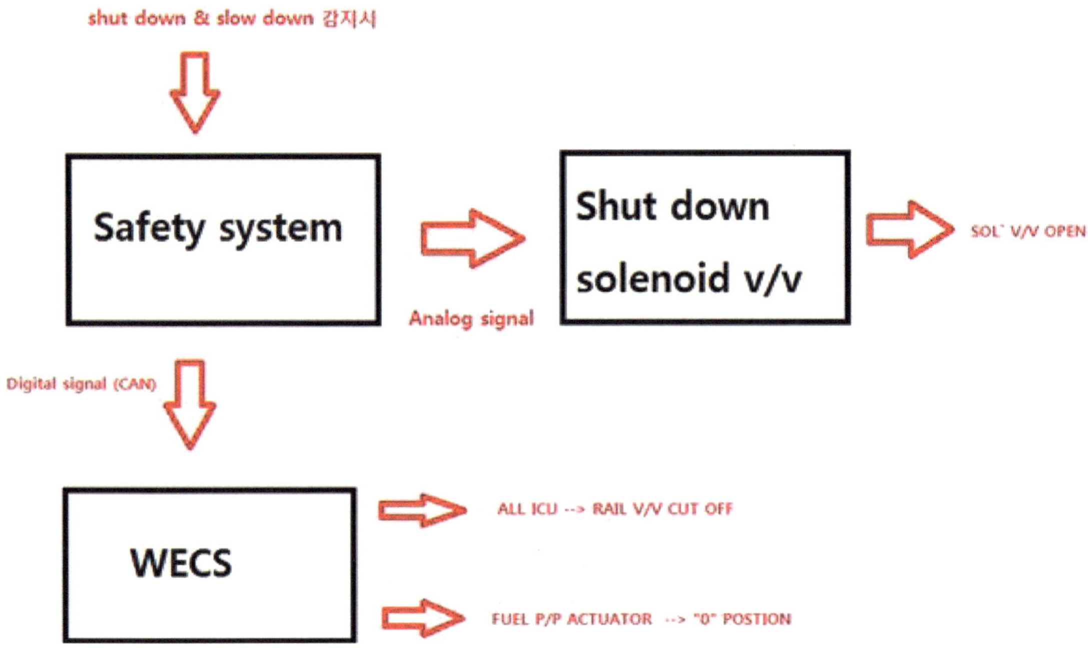

(1) Excessive Speed(Over Speed)

Sensor : Pick-up Sensor중 'S'라고 적힌 것으로 Over Speed만 관할하며, 원래 115%일 때 Shut down되나 WECS가 더 빠르게 반응하여 110%정도에서 차단한다.

(2) #1 CYL TDC 감지

'S' Pick-up Sensor 옆에 있는 것으로 #1 CYL TDC 값만 감지하여 CA값과 비교하여 2° 이상 차이시 Slowdown 4° 이상 차이시 Shutdown 시킨다.

Alarm이 헌팅 할 경우 CA Sensor Cable 하나 취외해도 된다.

(3) ALARM

① **WECS Critical Failure → Shutdown(Red Color)**

㉠ Safety System에서 Shutdown이 On 됐을 때
㉡ Boss CA Sensor Fail시
㉢ Boss CA & TDC High Shift시(4° 이상 차이시)
㉣ Over Speed(115%)시

② **WECS cylinder failure**

Rail Pressure Failure ➡ Slow Down(Purple Color)
C.O non flow

③ **Passive Failure & Common Failure → (Yellow Color)**
운항에 지장 없는 Item들.

11) SOFTWARE 관리(FLEX VIEW)

- Software가 설치된 PC는 가급적 타 용도로 사용을 지양한다.
- Software가 지속적으로 Error시 USB Convertor에서 Re - Connection 해야한다.

(1) KEY 조작

① Blank Default 해제: Shift + ⬇⬆ (방향키 위 아래)
② Select : ⬆⬇
③ Change: Shift + Enter

(2) Adjust: Maintenance Setting

① **Crank Angle의 Offset값**
CA Sensor Electronic 0점 조정 필요할 때 Offset 값을 조정하여 '0' Point를 맞출 수 있다.

② TDC Offset

초기값은 MCR에서 조정하며, 평소에는 조정할 수 없다.

③ Injection Begin Offset

수정 시 조심하여야 한다.

일정 기통의 값 수정으로 해당 기통의 P-max가 변하며 타 기통에도 영향을 줄 수 있다.

④ EXH′ Closing Offset

수정 시 조심하여야 한다.

신조 시 Tuning 된 값으로 압축 효율을 결정한다.

(배기 V/V를 빨리 닫으면 압축되는 정도가 커지고, 늦게 닫으면 압축되는 정도가 작아진다.)

$$\frac{Pmax}{Pcomp} \leq 1.05$$

$$\Delta P = Pmax - Pcomp$$

: 35 이하로 유지 요하며 크면 LINER 손상의 원인이 된다.

Pcomp는 일정한것이 좋다.

⑤ Injection Corr. Factor

수정 시 주의하여야 한다.

80%까지 조정 가능하며, 여기서 100%란 현재 RPM을 내기 위한 100%이다.

Piston Ring / Liner 교환 후 Liner Wall Temp 상승 시

(Piston Ring/Liner 교환해도 잘 사용 않는다.)

기통 간 P-max는 안전 범위인 ±5Bar를 기준으로 수정 필요한 기통의 Injection Corr. Factor를 조정해도 된다.

5% 정도 변경 시에는 전체 System에 무리가 없다.

12) 트러블 슈팅(TROUBLE SHOOT)

(1) Fuel Rail의 압력이 Setting을 못 따라 갈 때

① Actuator(Fuel Command)가 현재 몇 %인지 확인

→ RPM에 비해 Fuel Command가 높다면 Fuel Line상에서 압력 손실이 있다는 의미이다.

② 현장에서 Fuel P/P Rack Position 확인

㉠ 전체 기통 중 일부 기통의 Rack Position만 위치가 다른 경우
(Actuator 각각 해당 기통 Group)
→ A1, A2 or A3, A4 or B1, B2 or B3, B4

㉡ 해당 Actuator 또는 Linkage 계통의 문제
Actuator Group과 상관없이 rack 고착

㉢ 해당 F.O PUMP 문제

(2) 운전하다가 정지 시 Fuel Rail 압력 감소 속도가 평소보다 빠를 시

→ Accumulator의 Relief Valve에서 누설 확률이 크고, 아니면 Fuel Line상에 누설이 있어 Drop 속도가 증가된 것이다.

(3) 두개 이상의 Actuator가 Power Fail 되었을 때

→ 하나의 Actuator가 Power Fail되면 Additional Spring에 의해 해당하는 두개의 Fuel P/P Rack가 최대치로 올라간다.

이때는 나머지 Fuel P/P의 Rack 조정으로(자동) Fuel Rail 압력 조정이 가능하지만, 두개 이상의 Actuator가 Fail될 땐 강제로 Special Tool 사용해 Rack Position 조정하여 압력을 낮춘다.

(Fuel P/P 최대치로 쓰기 부담스러울 때 Special Tool 반으로 잘라 해당 P/P Rack 삽입하면 50%로 사용 가능하다.)

(4) EM'CY Lubrication Mode

EM'CY Lubrication Mode는 Flex-View에서 EM'LUB를 들어가면 활성화 할 수 있다.

EM'CY Lubrication Mode 활성화 하는 방법은 아래와 같다.

THE EMERGENCY LUBRICATION MODE allows cylinder lubrication

In case of loss of both Crank Angle encoders signals.

To activate the emergency lubrication mode

① adjust 'manual power setting' to the actual M/E power(%CMCR)

② select 'emergency lubrication' ON

③ adjust the servo oil pressure to 15 bar

The pressure regulating valve and the pressure gauge are Located on the SO supply unit.

Remove the protective cap to access the valve

Use a flat 19㎜ spanner/6㎜ flat screwdriver to adjust it according to

Readings of the pressure gauge

To DE-ACTIVATE the emergency lubrication mode:

① select 'emergency lubrication' OFF

② Re-adjust the servo oil pressure to 50bar.

* 주의 사항

→ EM'CY Lubrication Mode를 활성화하게 되면 말 그대로 비상 주유이다.
CA Sensor와 상관없이 계속 주유가 시작되며 평소보다 주유량이 많아지게 된다.
중요한 것은 입항하고 M/E이 정지가 된 상황에서도 수동적으로 EM'CY Lubrication Mode를 비활성화 하지 않으면 정지 중에도 계속적으로 주유가 된다.

승선하던 선박에서 M/E Governor 문제가 발생하여 KRPUS-USLGB 구간 약 한 항차 동안 Engine Fuel Mode로 운항한 적이 있다.
USLGB 출항 S/BY 때 Engine을 시동 후 몇 분 후, Governor Fail alarm 및 관련된

Alarm 재발생 하였으며, 확인결과 Fuel Load 인식되지 않고 실제로 주유가 되지 않아 EM´CY Lubrication Mode를 사용하였다.(fuel command: 30%, RPM: 57, POWER: 20%, 주유 35%)
KRPUS(BPT)항 입항 후 EM´CY Lubrication Mode를 비활성화 하지 않아 정박 기간 동안 실린더 오일이 약 300Liters 계속 주유 되었다.

출항 전 M/E Air Blow를 시행함과 동시에 Engine 폭발음이 발생하여 Scav´ Chamber Door Open 하여 내부 Piston Ring & Liner 확인 결과 아래 사진과 같이 Burnt 및 Black Mark가 발생하였으며 Scavenging Chamber 내부 Flap Check Valve 64pcs 손상되어 차 항 KRPUS(PNC)항까지 저속 운항했고, KRPUS(PNC)항 접안 후 Flap Check Valve 수리를 완료하였다.

따라서 EM´CY Lubrication Mode를 사용해야 하는 불가피한 상황이 발생한다면 Engine 정지 후 반드시 수동으로 EM´CY Lubrication Mode 'Off' 하도록 한다.

* 참고로 상기 EM´CY Lubrication Mode를 사용하게 된 원인은 ECR ACP Panel과 관련된 ESS Module, Local Control Panel(E-25) 내부 DGU와 NO.1 FCM Modbus Fail Alarm 등등 복합적인 원인으로 발생하였다. 접안 후 S/E 승선하여 점검 및 수리 완료하였다.

13) FLEX-VIEW에서 RESET이 안될 경우 조치 방법

AMS에서는 Reset이 되었으나 Flex-View에서 Reset이 안될 경우 조치 방법은 아래와 같다.

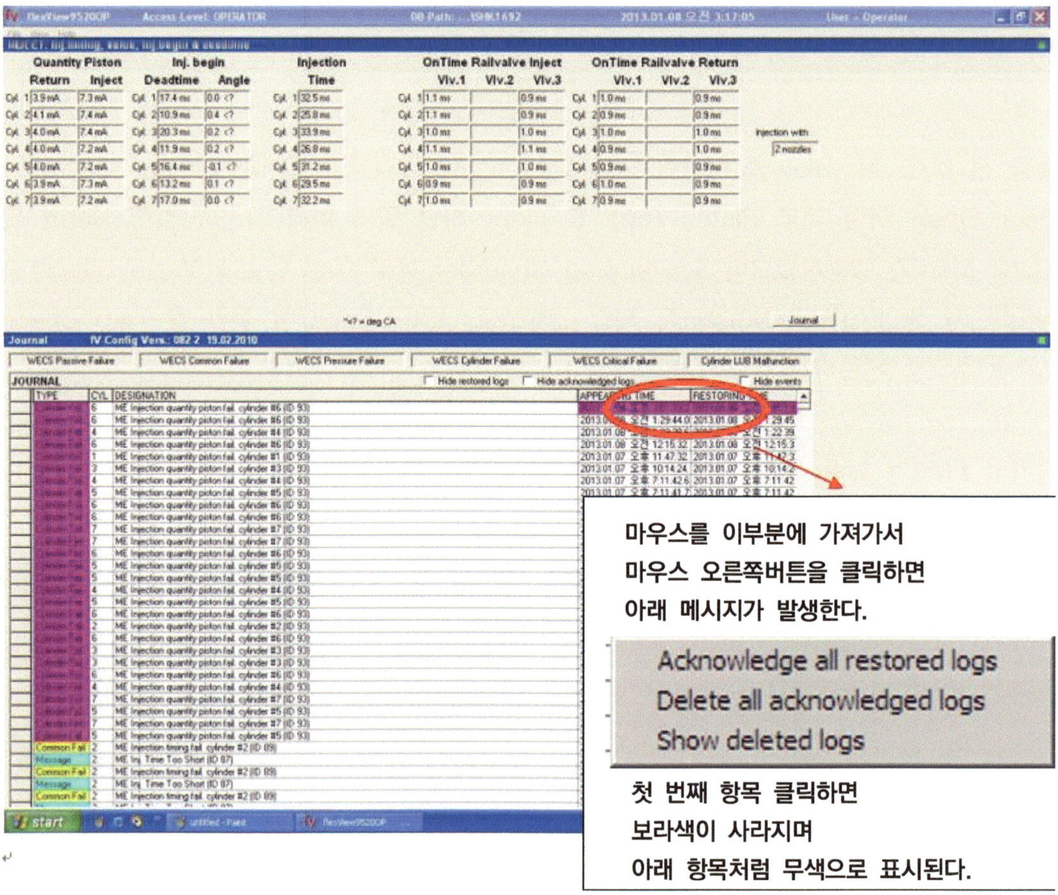

14) M/E FLEX VIEW ERROR 발생 시 조치 방법

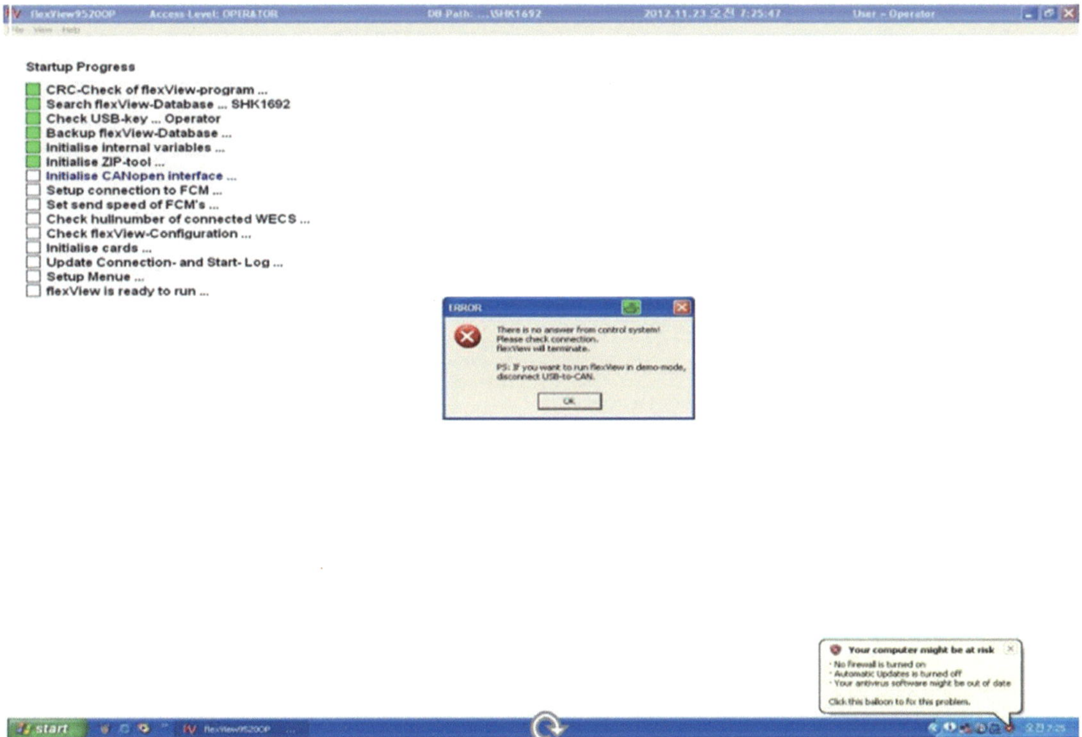

상기와 같이 ERROR가 발생한다면 다음과 같이 조치 할 것.

All Programs → Accessories → System Tools → System Restore을 Click하면 아래의 화면이 나온다.

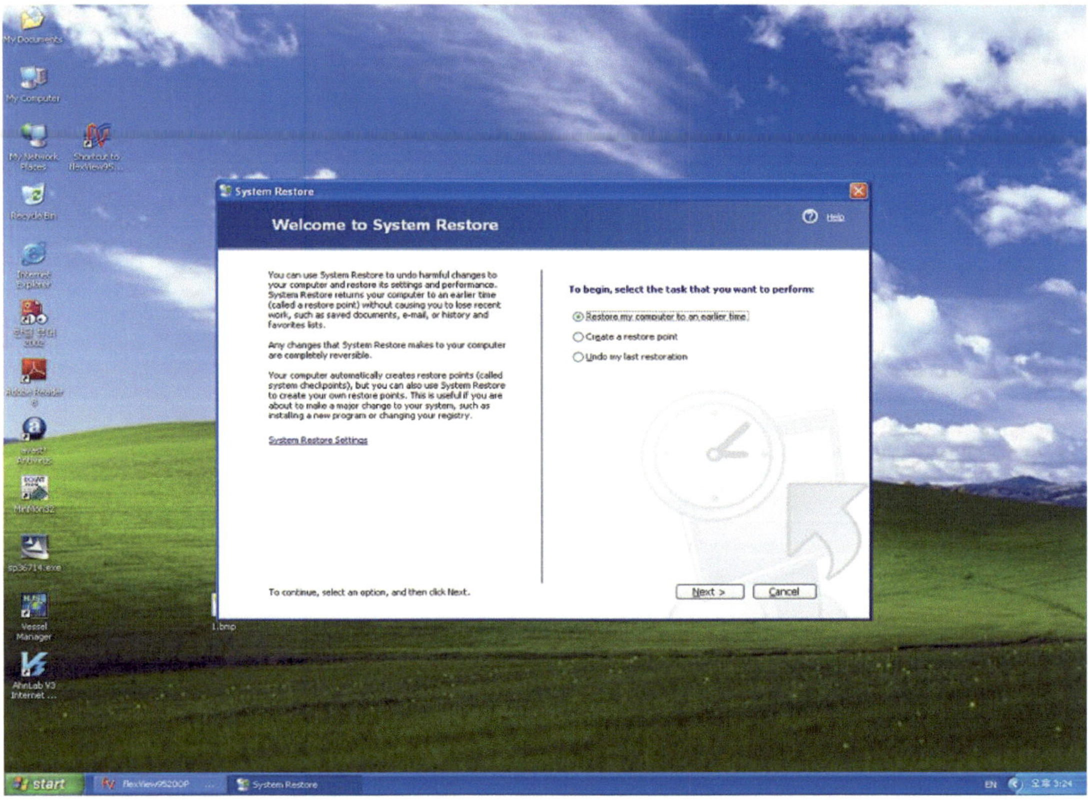

Restore My Computer To An Earlier Time을 Click하고 Next Button을 누른다. 그 후 2~3일 이후로 원상태로 돌리면 Error가 제거된다.

[3] RT-FLEX ENGINE 부품 정비 및 운용

1) 연료 분사 밸브

Fuel Pressure Piping: Removing, Fitting and Regrinding of Sealing Faces

2. Fitting

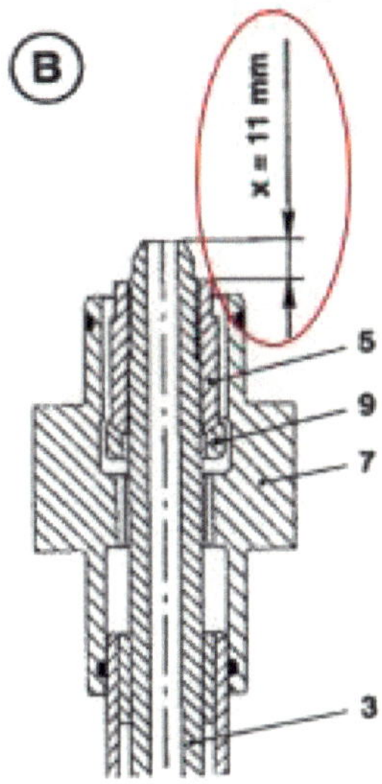

CHECK

Fitting procedure is analogous to the removal but in reverse sequence.

Before fitting fuel pressure pipe 3 check whether its claws 5 are screwed on properly, i.e. the fuel pressure pipe must protrude by 'X' = 11 mm compared to the claw as shown in Fig. 'B'.

Measurement 'x' can be adjusted by turning the claw using an open end spanner.

⇒ Fit fuel pressure pipe.

⇒ Apply Never-Seez NSBT-8 to threads of screws 6 and tighten them crosswise with a torque of **30 Nm.**

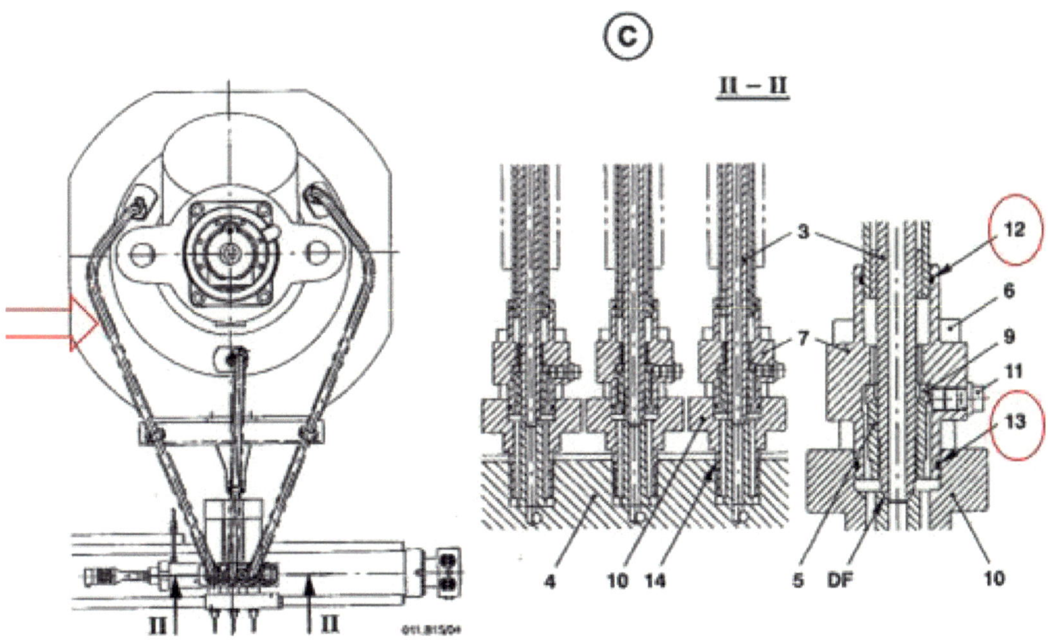

- Fuel Injection pipe 여부 확인

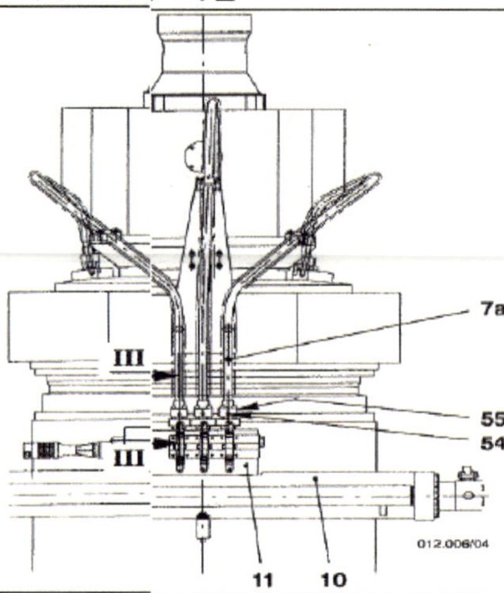

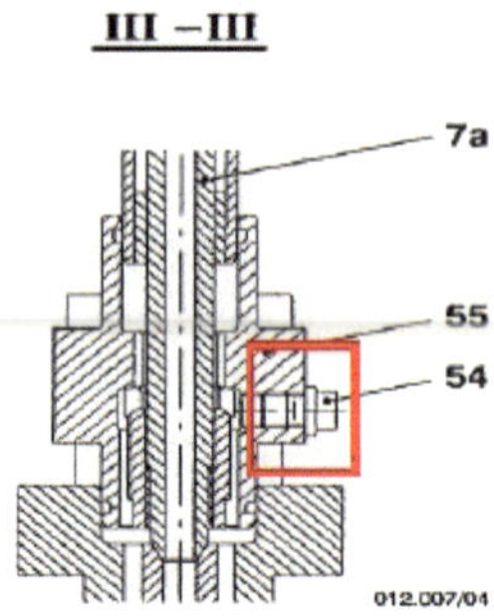

Sealing face 접촉 불량이나 Fig 'B' 와 같이 x=11mm로 조립이 안되 있을 경우 누유가 발생하여 Leakage Alarm이 발생할 수 있으며 필요시 Fig 'D'와 같이 Tool을 이용하여 Grinding이 필요함

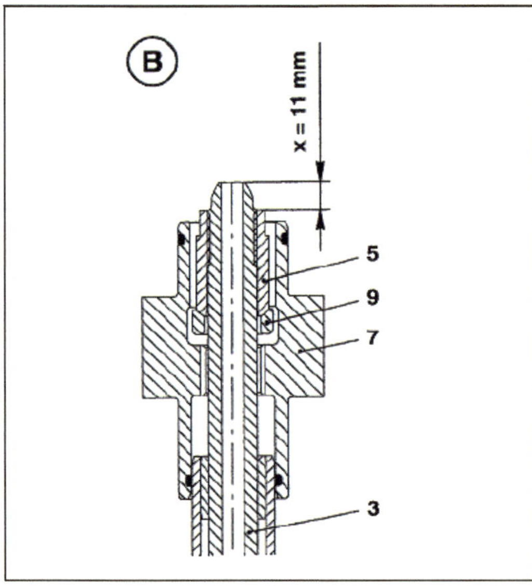

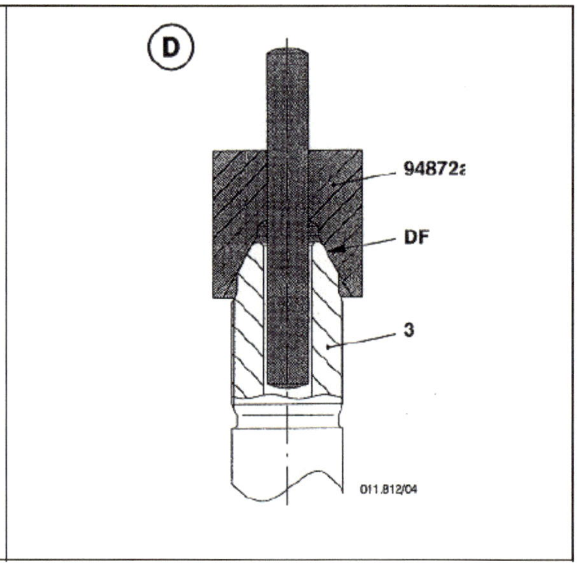

· M/E F.O HIGH PRESS INJECTION PIPE

Pipe 교환 후 Drain Screw(DF 87356) 풀어놓고 Engine 시동 시 누설 유무 확인한다.

누설하지 않으면 Drain Screw(DF 87356) 체결하고 누설하면 추후 Pipe 정비가 필요하다.

정비 해야할 Pipe 는 뒤집어서 내부에 있는 F.O 를 Drain 시켜준다.

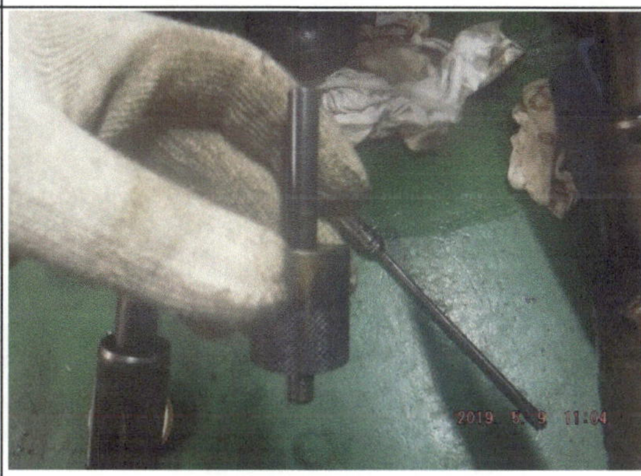

Lapping Tool(DF 94872a)로 Pipe Lapping 한다.

Claw(DF 87350) 와 Thrust Rin 을(DF 87351) Pipe Flange(DF 87352,87353)에 조립한다.

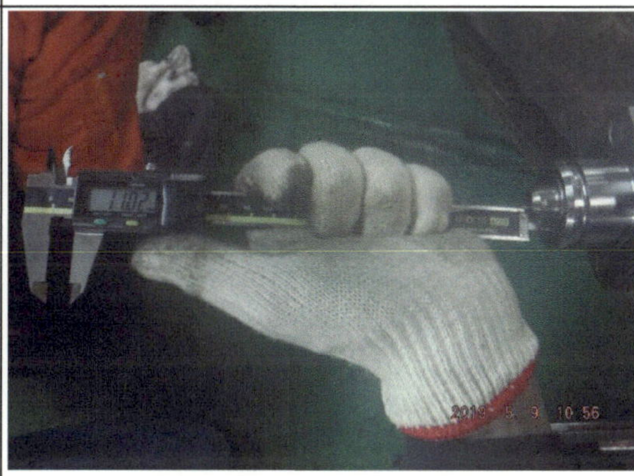

Claw(DF 87350)를 조절하여 11MM 로 간극을 맞춘다.

Pipe 분해 후 Claw(DF8 87350), Thrust Ring(DF 87351), Flange(DF 87352,87353)를 소제한 다음 Flange 내부 O-ring(DF 87357)을 조립한다. 바깥 O-ring(DF 87358)은 교환 작업 시에 조립한다.

Thrust Ring(DF 87351)과 Claw(DF 87350)를 조립할 때 주의할 점은 Thrust Ring(DF 87351) 오목한 부분이 Claw(DF 87350)와 연결되므로 반대로 조립하지 않도록 주의한다

아래 그림과 같이 Lapping Tool(DF94872a)을 이용하여 Lapping 하면 된다.

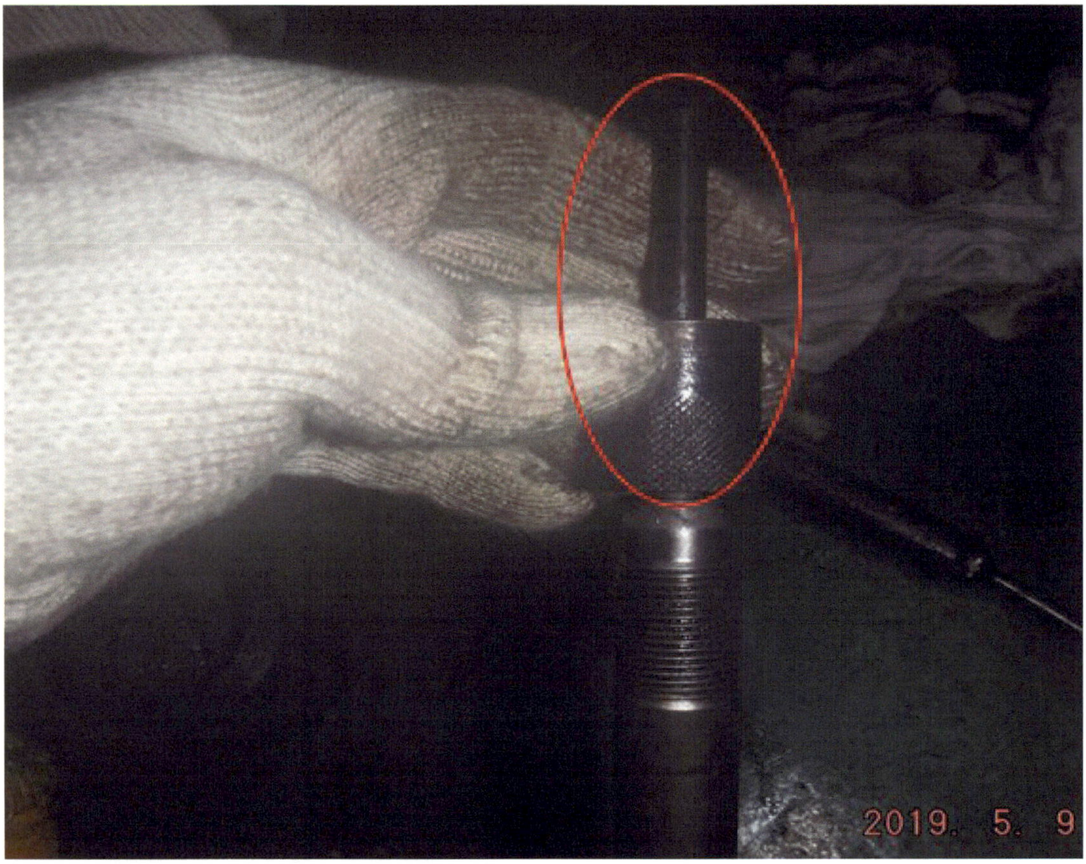

〈Lapping Tool(DF94872a)〉

(1) 교환 방법

교환 주기는 **3000H** 이며, 입항 후 Engine 정지 후 바로 작업을 진행하면 된다.

(F.O Feed & Booster Pump Stop 할 필요는 없다. 단, FO Line의 Non-return Valve가 문제가 있는 경우라면 F.O Feed & Booster Pump Stop 하고 작업하면 된다.)

① 먼저 작업할 CYL′의 F.O Pressure Pipe Brackets을 분해하고 F.O Pressure Pipe 취외한다.

② F.I.V에 장착된 Drain Pipe를 분해하고, Tension Washer Cage(DF 27230) 2EA를 분해한다.

③ Nozzle Lifting Tool을 이용하여 Nozzle을 취외하고, 내부 Hole을 Brush를 이용하여 소제한다.

④ 내부 소제 완료 후 신품 Nozzle 조립 전에 취외한 Nozzle의 Union을 분해한다. Union에 Copper Gasket과 함께 신품 Nozzle에 조립하고 Nozzle Lifting Tool을 이용하여 CYL′ Head에 조립한다.

⑤ 조립 후 Tension Washer Cage(DF 27230)을 Flat하게(평평하게) 체결한다.
(Tension Washer Cage(DF 27230) 제대로 조립하지 않을 경우 Engine 시동 시 아래그림 표시 된 부분에서 누설하면 다시 Tight만 하면 된다.
만약 Tight 해도 누설하게 되면 F.I.V Body와 Nozzle Body With Needle 터치면 마모 및 손상되어 누설하는 것이니 취외 점검 하도록 한다.)

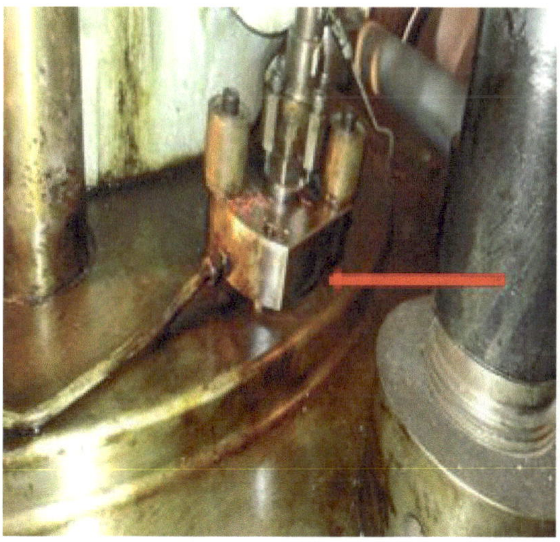

〈누설 부위〉

〈철자를 이용하여 Flat하게 체결〉

⑥ F.O Pressure Pipe 소제하고 버니어 캘리퍼스로 **'X=11㎜'** 값 계측 하고, **'12.5㎜'** 초과하면 F.O Pressure Pipe Flange를 분해하여 간극 재조정한 다음에 조립 한다.

⑦ 만약에 Engine 시동 중 12번 O-ring(DF 87357) 누설하면 ⑥에서 언급한 것처럼 Flange 분해하여 O-ring을 교환하고, 다시 간극 **'X=11㎜'**로 조정한다.

⑧ 간극 조정 후 13번 O-ring(DF 87358) 교환하고 F.O Pressure Pipe를 조립한다.

⑨ Bolt에 Molykote를 도포하고 Hand Tight를 한 다음, Torque Wrench로 **30NM** 체결한다.

⑩ 체결 완료한 다음에 Bracket 조립하고 Venting Test 준비를 한다.

*** Venting Test에는 두가지 방법이 있다.**

㉠ Air Blow를 시행하여 Fuel Rail 압력을 올리는 방법

㉡ Turning 하면서 Fuel Rail 압력을 올리는 방법이 있다.

Turning F.O.P(Fuel Oil Pump) Rack 강제로 밀어 넣어 Fuel Rail 압력을 올리는 방법도 있지만, 대게 Engine Turning 하여도 Fuel Rail 압력이 올라가기 때문에 Turning 하면서 Venting Test를 하는 편이다.

⑪ Venting은 ECR Flex-View상에 User에서 각 실린더 별로 Manual로 Venting 한다.

⑫ Turning하면서 Fuel Rail 압력이 올라간다면 Flex-View로 Manual Venting 하고 누설 유무 및 이상 유무를 확인한다.

(2) 분해 및 소제 방법

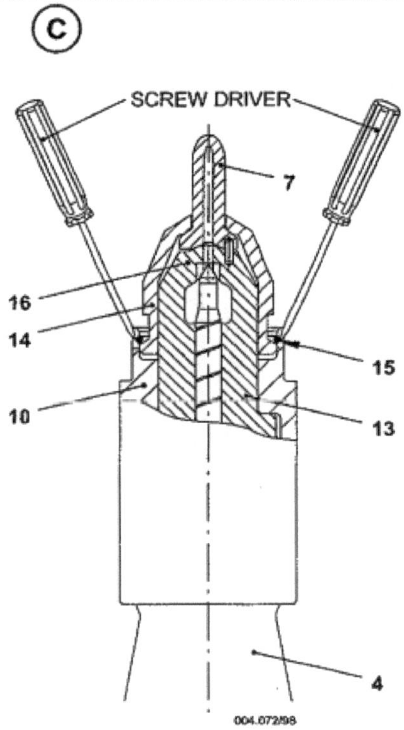

If nozzle tip 7 should be dismantled only, it is sufficient to remove retaining sleeve 14.

5.1 Removal

⇒ Using two screw drivers inserted between both recesses in retaining nut 10, press snap ring 15 out of the groove in the retaining nut, whereby the retaining sleeve can be withdrawn (Fig. 'C').
Watch that the snap ring does not jump off unexpectedly.

⇒ Remove nozzle tip.

5.2 Fitting

For fitting it is advantageous to clamp the injection valve on its flange into a vice (nozzle body 13 pointing upwards), and then proceed as follows:

⇒ Clean all parts with clean diesel oil or kerosine and blow them out with compressed air.

⇒ Place nozzle tip on the nozzle body whereby the position is assured by dowel pin 16.

⇒ Put retaining sleeve 14 over the nozzle tip, and press snap ring 15 into the groove of the retaining nut by means of the screw drivers.

Protecting the nozzle tip

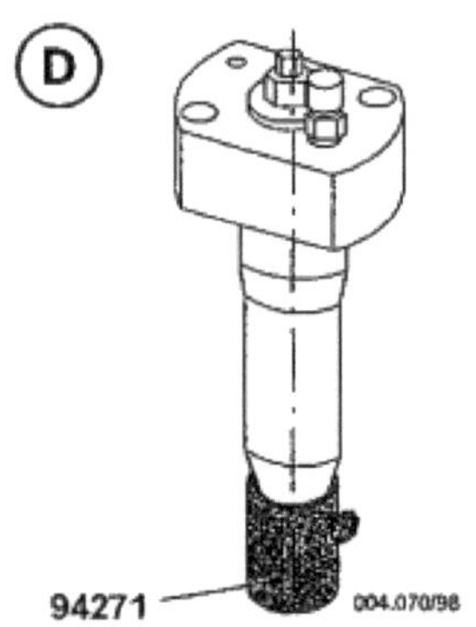

Remark: To protect the nozzle tip integrated in the injection valve from damage, always fit protective cap 94271 for transport, storage, etc. (Fig. 'D').

Dismanting of cap nut(Refer to outline drawing)

- Rotate the mounting stand horizontally which the fuel valve is installed, And fix it by the fixing pir
- After assembling, 0mm gap to be performed between stand upper side and fuel valve flange lower side. (Refer to Figure 1.)
- Insert the spanner to the fuel valve as shown fig. 2.

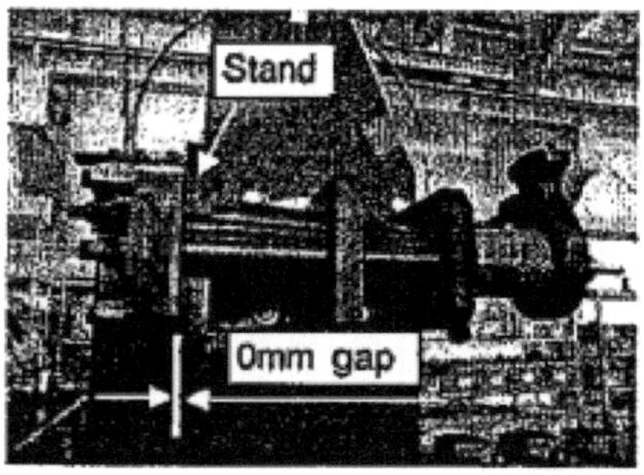

(Figure 1. Install the fuel valve)

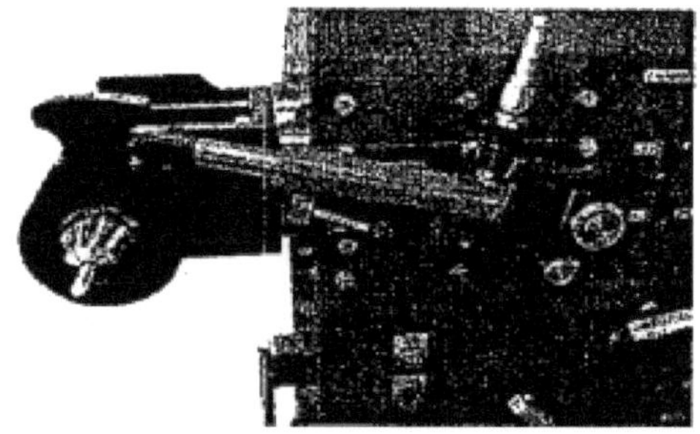

(Figure 2. Dismantling)

- Push the spanner by the torque cylinder as follows.

a) Close the pressure release valve ⑧,⑬ firmly by turning clockwise.

b) Confirm the pressure gauge (16) indicates 0 bar. If not, turn the Pressure control valve ⑮ anti-clockwise.

c) Move the handle of the operating valve ③,④ to "CLOSE" (3A,4A) position.

d) Confirming the top of the torque cylinder is correct position of the spanner, increase the pressure slowly by turning the Pressure control valve ⑮ clockwise until the pressure gauge ⑤ indicates max. 450 bar.

e) Open the pressure release valve ⑬ firmly by turning anti-clockwise.

f) Decrease the air pressure by turning the Pressure control valve ⑮ anti-clockwise until the pressure gauge ⑯ indicates 0 bar.

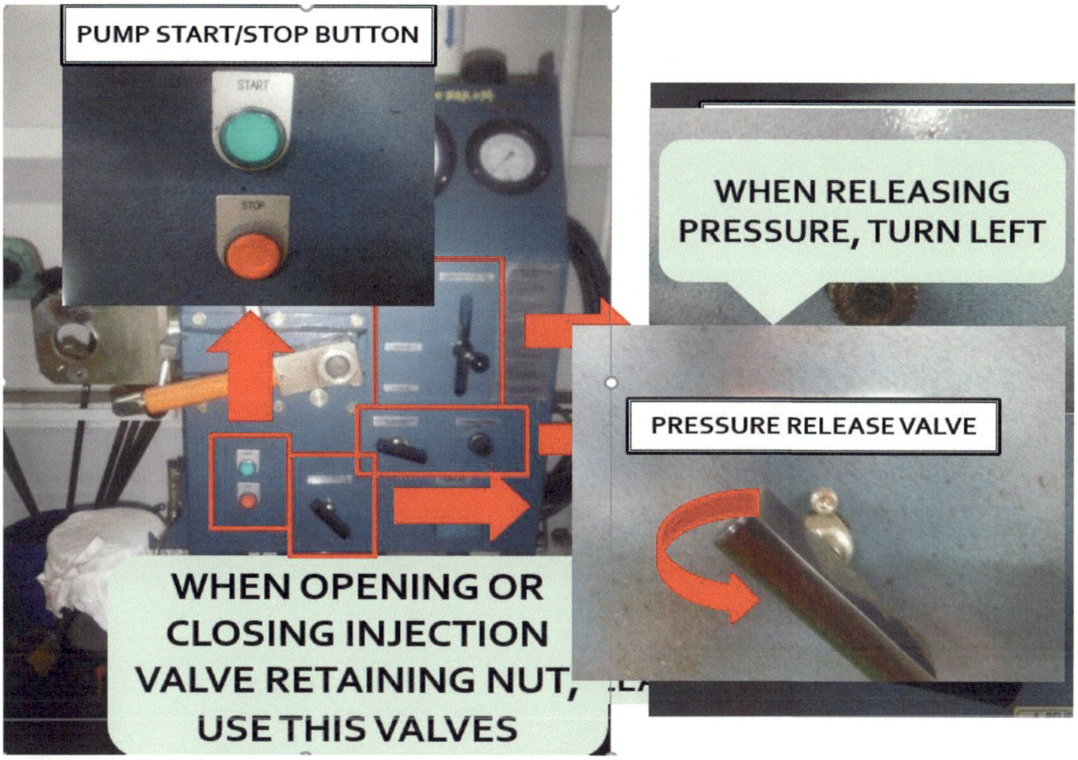
PUMP START/STOP BUTTON
START
STOP
WHEN RELEASING PRESSURE, TURN LEFT
PRESSURE RELEASE VALVE
WHEN OPENING OR CLOSING INJECTION VALVE RETAINING NUT, USE THIS VALVES

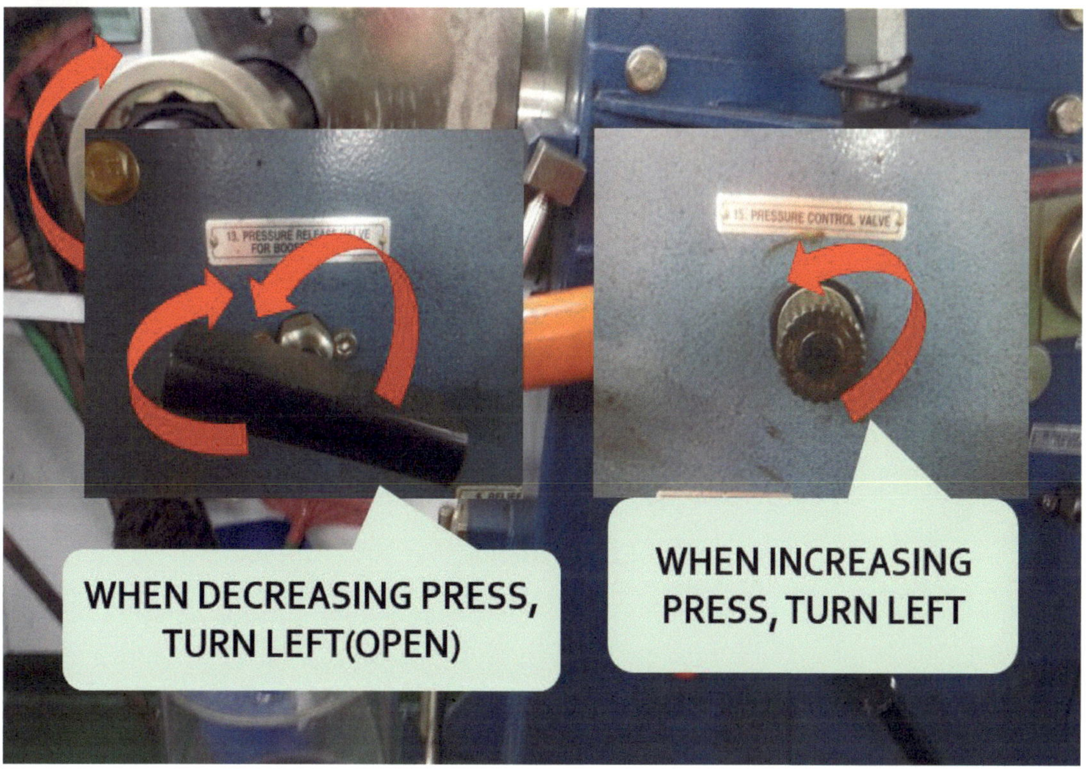
15. PRESSURE CONTROL VALVE
WHEN DECREASING PRESS, TURN LEFT(OPEN)
WHEN INCREASING PRESS, TURN LEFT

① 분해 방법으로는 일단 취외한 Nozzle을 F.I.V Tester에 장착하고 Tension Washer Cage(DF 27230) 조립한다.**(조립 안하고 뒤집으면 당연히 아래로 떨어진다.)**

② Nozzle Nut 분해하기 전 취외품 Nozzle은 현재 분사 압력으로 Setting 되어있다. Collar Nut(DF 27219), Spring Tensioner(DF 27210), Compression Spring(DF 27216) Tappet Carrior(DF 27218), Tappet(DF 27217) 순서대로 분해한다

*** 분사 압력 Setting 된 상태에서 Nozzle Nut 분해 시 Compression Spring 깨지는 경우가 발생 할 수 있다.**

③ (-)드라이버를 이용하여 Snap Ring(DF 27226)를 취외한다.
Retaining Husk(DF 27212), Atomizer(DF 27244)를 분해한다.

④ Nozzle Nut Tool을 장착하여 F.I.V Tester 이용하여 분해한다.
F.I.V Tester를 사용하기 위해서는 먼저 연결된 Air Valve를 열고 Nozzle Nut Tool을 장착한다.
13번 Pressure Release Valve Close, 15번 Pressure Control Valve Close하면 Torque Cylinder 작동하면서 Nozzle nut를 풀어준다.

⑤ Nozzle Nut(DF 27213)를 풀어내면 Nozzle Body With Needle(DF 27242)이 분해가 된다.

⑥ Dowel Pin을 분리하고 소제를 시작한다.
*** Atomizer(DF 27244), Nozzle Body With Needle(DF 27242), Nozzle Body With Needle(DF 27242) 및 F.I.V body의 터치면은 Brush로 소제하지 않는다.**
이 부분들은 Metal Touch이기에 Pikal(metal polish)을 이용하여 Polishing을 한다.

⑦ Atomizer(DF 27244), Nozzle Body With Needle(DF 27242)는 충분히 Air로 소제한다.

(3) 조립 방법

Assembly of cap nut(Refer to outline drawing)

(Figure 3. Assembly)

- Insert the spanner to the fuel valve as shown figure 3.
- Push the spanner by the torque cylinder as follows.

a) Close the pressure release valve ⑧,⑬ firmly by turning clockwise.

b) Confirm the pressure gauge ⑯ indicates 0 bar. If not, turn the Pressure control valve ⑮ anti-clockwise.

c) Move the handle of the operating valve ③,④ to "CLOSE" (3A,4A) position.

d) Confirming the top of the torque cylinder is correct position of the spanner, increase the pressure slowly by turning the Pressure control; valve ⑮ clockwise until the pressure gauge ⑤ indicates 420 bar.

(Be careful in order not to add than 420 bar. If not the fuel valve may be damaged.)

e) Open the pressure release valve ⑬ firmly by turning clockwise.

f) Decrease the air pressure by turning the Pressure control valve ⑮ anti-clockwise until the pressure gauge ⑯ indicates 0 bar.

g) After every test of the fuel valve, separate it from the mounting stand.

→ 조립은 분해의 역순이므로 중요한 부분만 짚고 넘어간다.

일단, Atomizer(DF 27244)는 12000시간 사용 후 폐기한다.(네번 사용가능)

Nozzle Body With Needle(DF 27242)는 신품인 경우 네번 사용가능하며, 재생품의 경우 최대 세번까지 사용 가능했다.

또한 Tappet(DF 27217)조립 시에 오목한 부분이 Tappet Carrier(DF 27218)와 접촉이 된다.

따라서 조립 시 Tappet → Tappet Carrier → Compression Spring → Spring Tensioner → Collar Nut 순서로 조립된다.

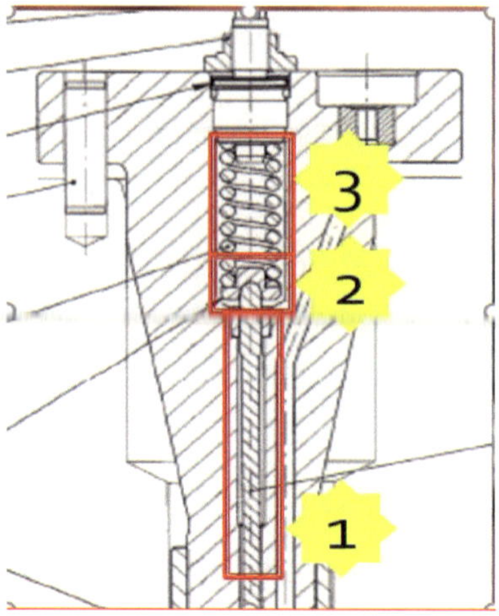

Tappet(DF 27217)은 신품 기준 224mm, Tappet Carrier(DF 27218)은 신품 기준 10.9 - 11㎜ Tappet보다 Tappet Carrier가 마모가 되므로 11.9㎜초과 시 폐기하도록 한다.

조립 시에 Nozzle Nut(DF 27213), Collar Nut(DF 27219), Spring Tensioner(DF 27210)은 Thread에 Molykote를 도포한다.**(다음 번 취외 시 분해 용이하게 하기 위해)**

Nozzle Nut(DF 27213) 체결: 420bar

Spring Tensioner(DF 27210) : 375bar(분사 Test)

Collar Nut(DF 27219) : 1st 100NM, 2ND 10도 정도 Tight

(4) TEST 방법

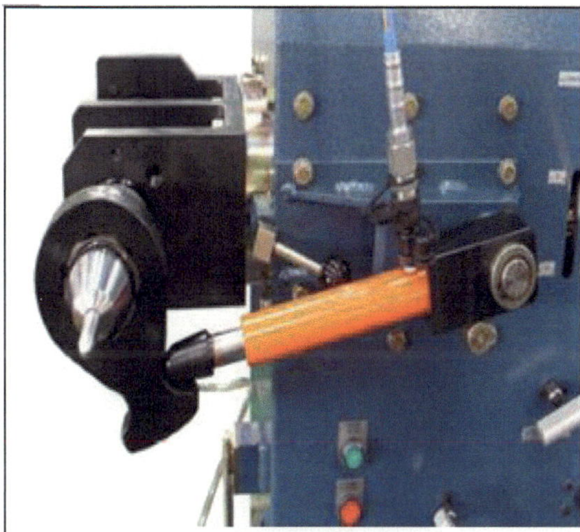

INSTALL THIS TOOL TIGHTLY

INSTALL THIS TOOL AND
TIGHT HEXAGON BOLT

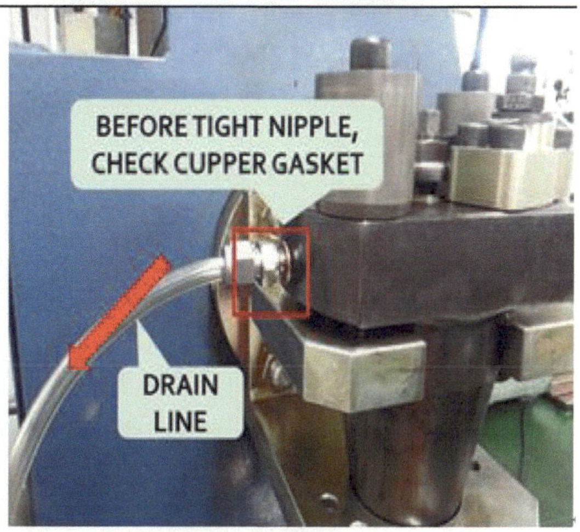
BEFORE TIGHT NIPPLE,
CHECK CUPPER GASKET
DRAIN
LINE

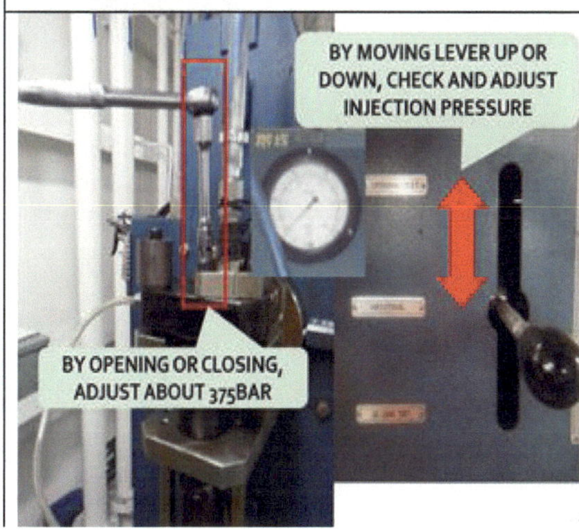
BY MOVING LEVER UP OR
DOWN, CHECK AND ADJUST
INJECTION PRESSURE
BY OPENING OR CLOSING,
ADJUST ABOUT 375BAR

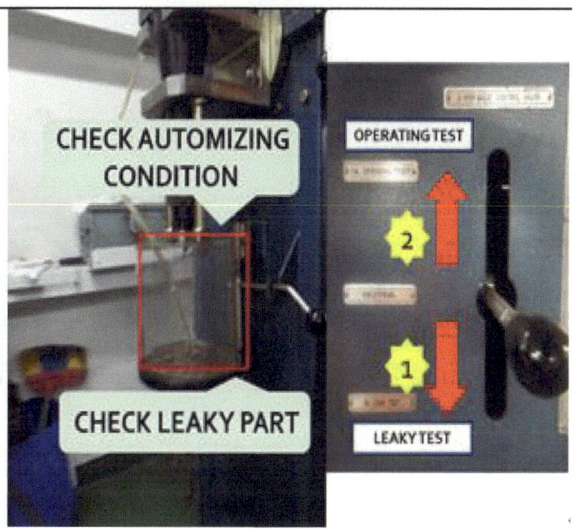
CHECK AUTOMIZING
CONDITION
CHECK LEAKY PART
OPERATING TEST
2
1
LEAKY TEST

① 먼저 Nozzle Body에 Tension Washer Cage(DF 27230)로 고정한다.
Dowel Pin(DF 27202), Nozzle(DF 27242), Nozzle Nut(DF 27213)을 조립하고 Nut Tool 사용하여 **420Bar**로 Tight한다.

② Atomizer(DF 27244), Retaining Husk(DF 27212), Snap Ring(DF 27226)을 조립한다.

③ 반대로 뒤집어서 Tappet(DF 27217), Tappet Carrier(DF 27218), Compression Spring(DF 27216) 순서로 조립하고 Spring Tensioner(DF 27210) 조금 Tight한다.

④ F.I.V를 Tester에 아래 그림처럼 올려서 눕혀놓고 Tension Washer Cage(DF 27230) 육각 Screw를 **약 5바퀴 정도 풀어준다.**
이유는 아래 Install Tool을 Tight하면 F.I.V가 우측으로 이동하게 된다.
이렇게 하는 이유는 실제로 F.I.V를 CYL′ Head에 장착을 한다고 생각해보자.
실제로 CYL′ Head에 장착하여 분사 Test를 할 수는 없으니, F.I.V를 CYL′ Head에 장착된 상황을 만들어 주는 것이다.
Install Tool을 Full Tight하고 Tension Washer Cage(DF 27230)도 다시 Full Tight 해준다.

⑤ 유압 Test Tool을 설치하고 Drain Line을 설치한다.
(Drain Line을 설치할 때 Copper Gasket을 넣는다.)

〈유압 Test Tool 상부에 유압 Hose를 연결한다〉

⑥ 유압 Hose 연결하고 Spring Tensioner(DF 27210)를 조절하면서 375bar에 분사되도록 한다.

Operating Test: 375bar / Leaky Test: 320bar

자세한 건 Instruction Book 참조 바란다.

⑦ 분사가 정상이면 Collar Nut(DF 27219) 조립하고 1st 100NM, 2ND 10도 정도 Tight 한다.

* 참고로 분사 Test시에는 정상적인 Nozzle Body With Needle(DF 27242)이라면 경쾌한 소리가 나는 것이 정상이다.
  오래된 재생품 노즐을 장착하여 Test해보면 경쾌한 소리가 나지도 않고, 누설하거나 375bar까지 도달하지도 못한다.

* 또한 다음 번 분해 시 수월하게 분해하기 위하여 Nozzle Nut, Spring Tensioner, Collar Nut에 Molykote를 도포하여 조립한다.

* Nozzle Nut(DF 27213), Collar Nut(DF 27219), Spring Tensioner(DF 27210) Molykote를 발라 조립한다.(다음 번 취외 시 분해 용이하게 하기 위해)
  또한 각종 O-ring은 아끼지 말고 전부 교환하도록 한다.

2) 연료 펌프

→ F.O.P(Fuel Oil Pump) 정비 주기는 18000H이지만 정비 주기에 맞게 교환하지 않고 본선 상황에 맞게 사용한다. 30000H~40000H시간 이상 쓰는 경우도 많다.

물론, 본선에 육상 재생품이나 신품이 있다면 순환 수리하면서 정비하는 것이 제일 좋을 것이다.

본선 담당 육상 감독과 협의하여 진행하면 되겠다.

F.O.P(Fuel Oil Pump) 작업에 대해서 설명하기 전에 먼저 RT-FLEX Engine의 Fuel System의 압력제거 방법 및 Fuel Oil Leakage 점검 방법에 대해서 설명을 하겠다.

(1) Fuel System 압력 제거 방법

① 엔진을 정지하고 L.O Pump 들을 stop 한다.(Control oil → Cross-Head → Main L.O Pump)

② Steam Tracing Heating Line 을 차단하고 F.O. Feed, Booster Pump 를 정지한다.

(안전하고 수월한 작업 위해 F.O.P 및 IFA 교환 작업 시 HFO→DO 로 Bunker Change 한다. 따라서 작업을 한다고 계획을 잡았으면 가능하다면 Bunker Change 를 하고 작업한다.)

③ Main Engine 으로 오는 Fuel line 의 입구 Valve 및 Main Engine 의 Mixing Unit Return Valve 를 잠근다.

④ Local Control Stand 의 Emergency Stop Button(2)을 누르고, Fuel Pressure Control Valve 의 Shut Down Pilot Valve 의 빨간 Handle(5)을 Wire 나 드라이버로 눌러 고정시킨다.

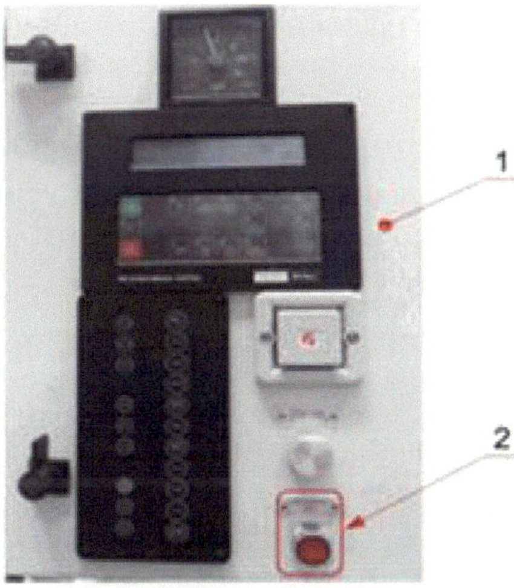

1. *Local control panel,* **2.** *Emergency stop button,* **3.** *Pressure control valve 3.06,*
4. *Fuel shutdown pilot valve 3.08,* **5.** *Stop handle*

⑤ 아래 그림과 같이 IFA(Intermediate Fuel Accumulator) 측 Valve를 Close 한다.

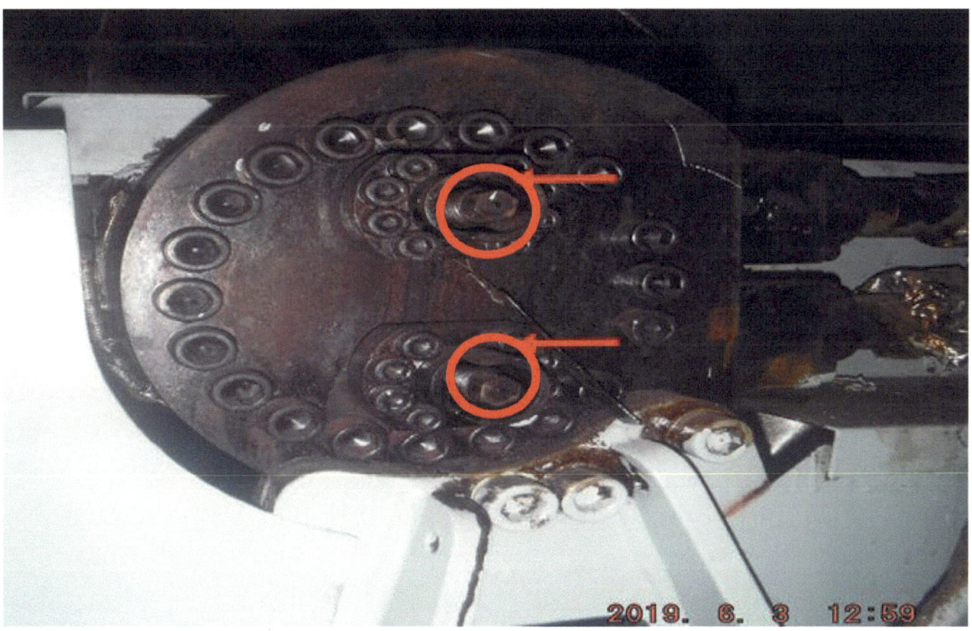

〈IFA(Intermediate Fuel Accumulator) 측 Valve〉

⑥ IFA(Intermediate Fuel Accumulator)에 남아있는 기름을 아래 그림의 Valve를 Open 한 다음 Drain을 시켜준다.

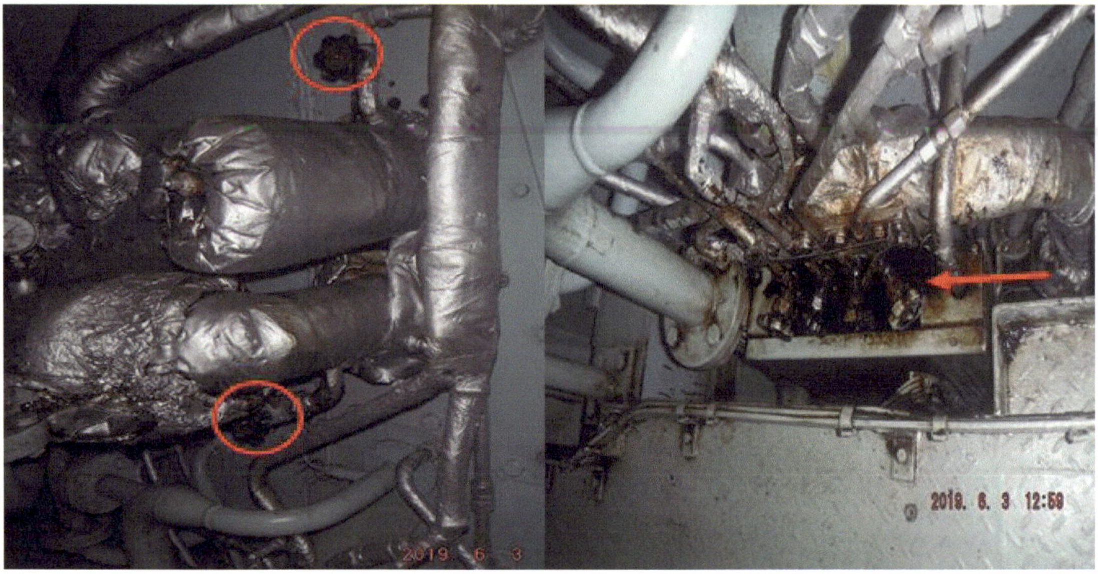

〈좌측 표시된 Valve를 Open 하면 우측으로 Drain이 된다〉

상기 그림까지 완료하였으면 M/E F.O Line의 압력은 모두 제거되었다.

따라서 F.O.P를 교환, IFA 작업 등등 작업을 진행하면 된다.

(2) M/E Fuel Oil Supply Unit 측 Leakage 점검 방법

→ Fuel Oil Supply 측에는 총 4개의 Leakage Pipe가 있으며 Level Switch (LS3426A)로 연결된다.

누설량 과다 시 Alarm이 발생하며 하기의 Control Pipe를 이용하여 누설 여부를 확인한다.

누설 여부를 확인하는 Stop Valve(NO.56 to No.59)와 Ball Valve(NO.60)은 Normal Close이다.

1) Leakage monitoring

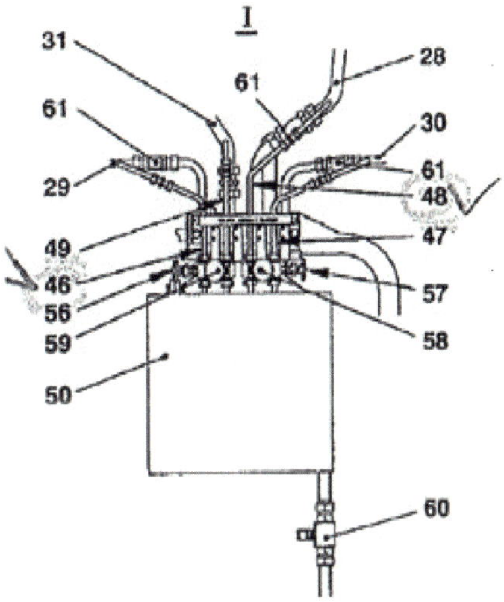

1. NO.46(LI3427L): A-Bank Pump 누설 & HP Pipe 누설
2. NO.47(LI3427L): B-Bank Pump 누설 & HP Pipe 누설
3. NO.48(LI3428L): Accumulator Flange & Rising Pipe 누설
4. NO.49(LI3429L): Safety Valves for Accumulator

2) F.O Pump Leakage

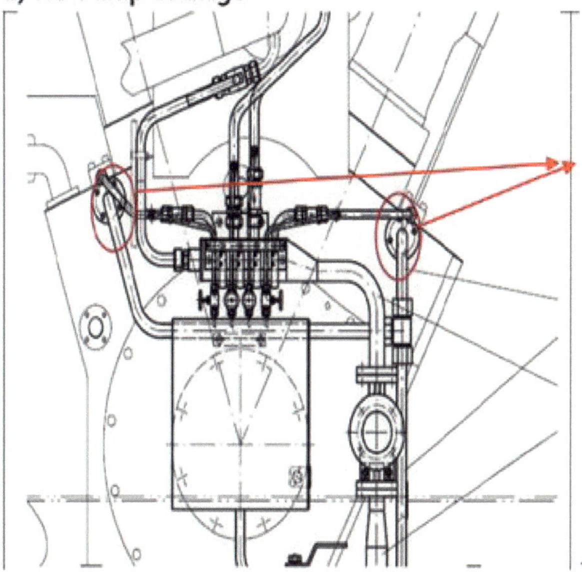

A-Bank 와 B-Bank Pump 내부 누설

Drain 을 확인 가능하며 내부 누설량

확인을 위하여 관련 Pipe 취외하여

Bank 로 나누어 과대 누설부 확인 가능

But, Bank 중 어떤 기통이 누설하는지는

확인 불가.

3) Intermediate fuel accumulator 누설 점검

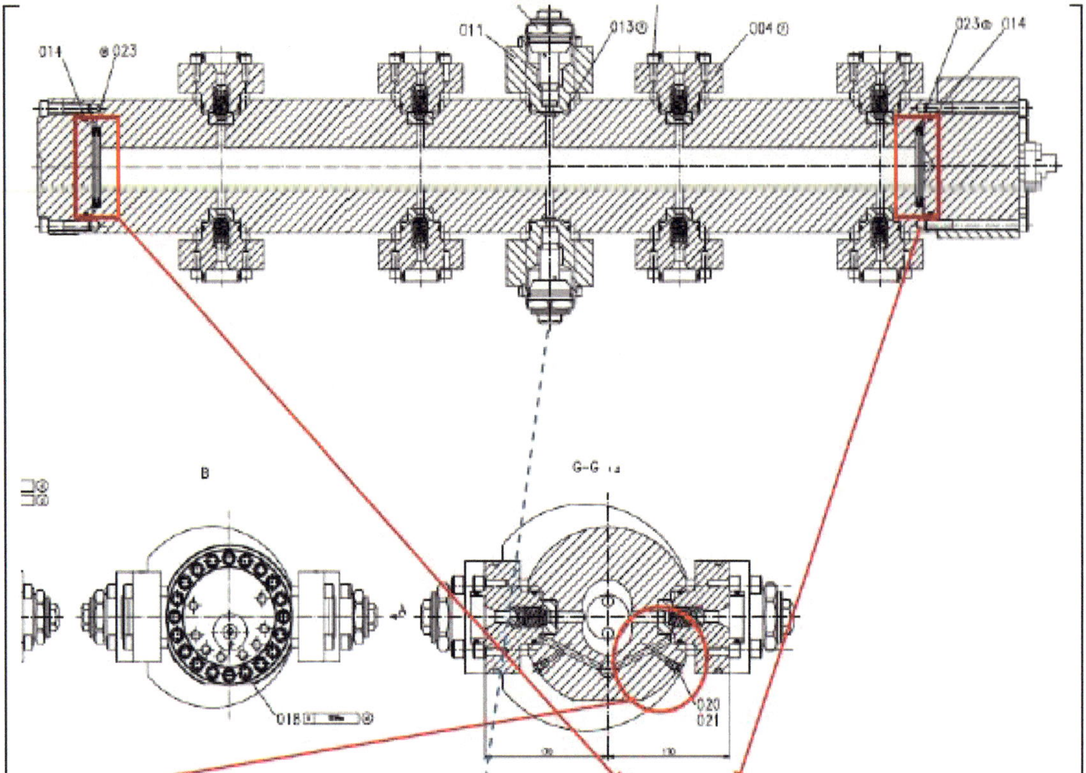

SCREW PLUG: ACCUMULATOR측의 각 FLANGE하부에 첨부 처럼 SCREW PLUG(020)를 조심히 풀어서 기름 누유 여부를 점검바랍니다. (운항중 확인 가능하며 정박중 Turning이나 Air blow를 통하여 압력 형성후 확인 가능)	LIP SEAL: 만일 SCREW PLUG를 풀어서 누유 되는 곳이 발견 되지 않았음에도 ACCUMULATOR 하부 DRAIN PIPE에서 계속적인 누유가 된다면 ACCUMULATOR의 양쪽 LIP SEAL에서 누유가 될 가능성이 높습니다.

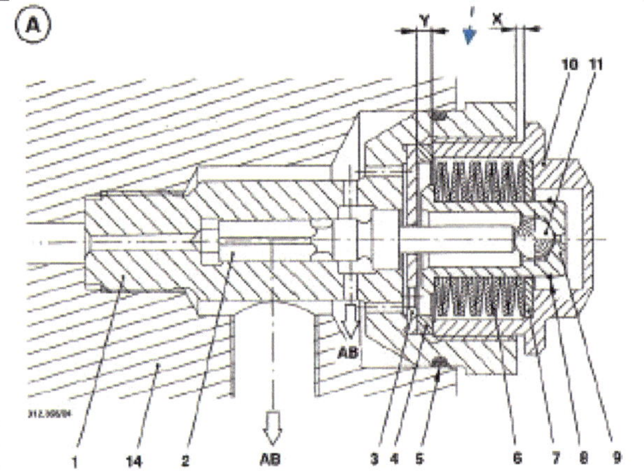

Accumulator Relief valve 누설 발생시 Fig 'A' 의 'AB'로 Drain 되어 운항 중 F.O 온도로 인하여 'AB' Pipe 온도 계측하여 누설 여부 확인 가능함

4) Leakage pipe of back line fuel pumps 점검

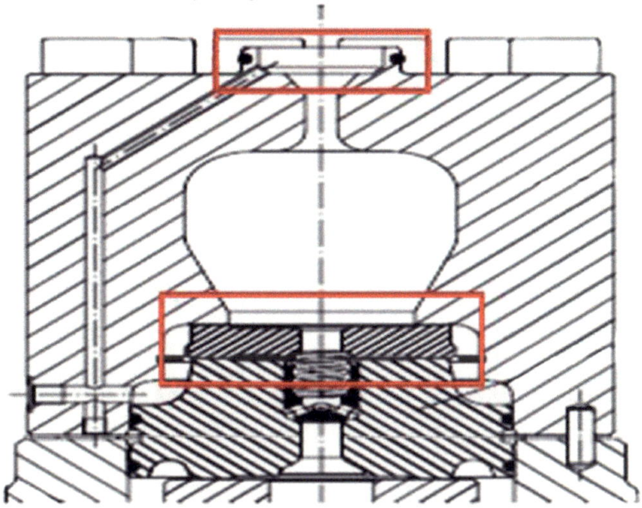

1- 상기 F.O TOP COVER DRAIN VIPPLE 에서 누유가 된다면 첨부 그림의 RED LINE 안의 METAL CONTACT 부위에서 누유가 되는 것입니다.

2- F.O Pump Non-return valve 누설시 배압으로 인하여 내부 부품 손상이 발생하여 고착 및 누설량 증가 등이 발생할 여지가 있으니 타 Pump 에 비하여 소음이 심할 경우 의심해야 하며 F.O Pump Performance report 를 작성하면 상태 확인 가능하며 누설 여부는 외주업체에서 Special tool 을 이용하여 확인 가능함

* Fuel Pipe Leakage Level Switch의 경우

Fuel Rail 와 Servo Oil Rail 각각 Feed End, Drive End 있다.

Alarm 발생하거나 주기적으로 취외하여 내부 확인 및 소제가 필요하다.

(3) F.O.P Top Cover O-ring 누설 시 교환 방법

*** 정박 전에 미리 H.F.O → D.O로 Bunker Change 한다.**

작업을 할 Bank side(A & B Bank) F.O.P Cover를 분해한다.

① 앞서 언급한 대로 L.O Pump(Control Oil → Cross-Head Oil → Main L.O Pump) 및 L.O Filter Stop하고 F.O 압력을 제거하고 IFA와 FOP Top Cover와 연결된 Pipe분리, Top Cover Lagging, F.O.P Top Cover Bolt를 푼다. 그 다음 Chain Block을 이용하여 Top Cover를 분해한다.

② Valve Block(DF 55573)에 조립된 O-ring(DF 55595)의 상태가 불량 및 경화 되면 누설한다. Valve Block 분리하는 방법은 아래 그림과 같이 Tool 있으면 설치하여 Valve Block분리한다. 없는 경우에도 (-)드라이버나 스패너를 이용하여 지렛대 원리로 취외하면 된다.

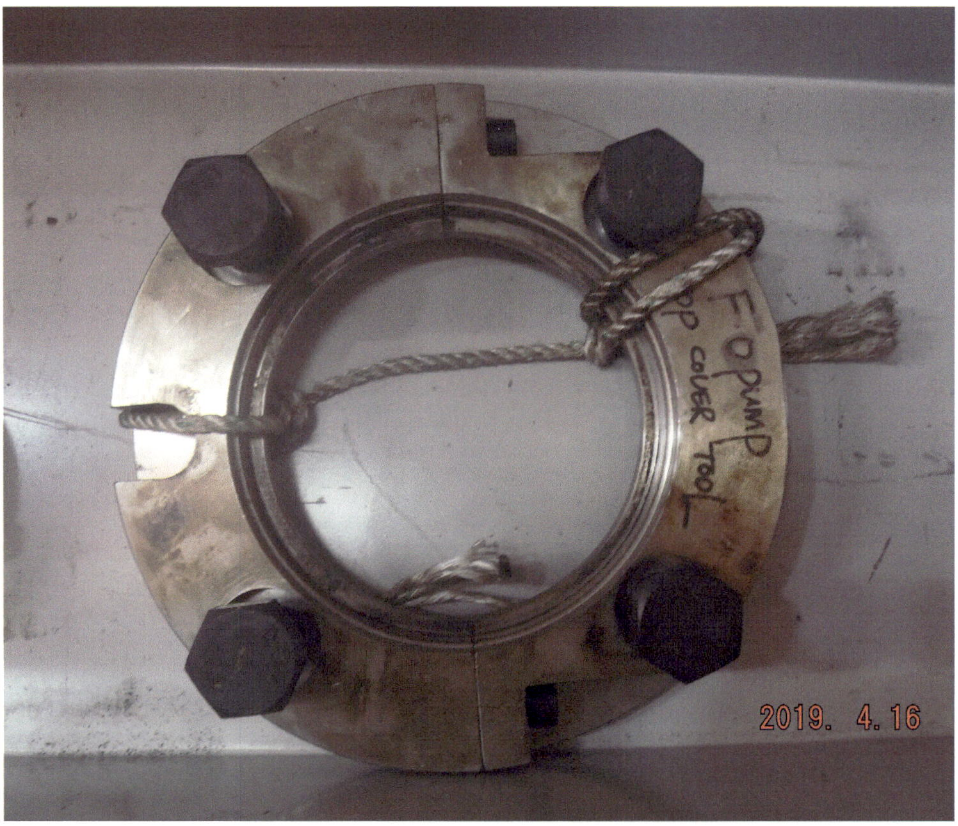

〈F.O.P Top Cover Tool → Valve Block 취외하는 용도〉

③ Valve Block(DF 55573)의 O-ring(DF 55595) 2EA 교환 및 조립하고 Top Cover를 Chain Block을 이용하여 조립한다.
Top Cover Bolt 조립할 때 Bolt Size가 **M24 이면 320NM, M27 이면 480NM**으로 체결한다.

④ Top Cover와 Pipe와 연결되는 부 O-ring(DF 55599)를 2EA 조립 한다.**(Top Cover 측, IFA 측)** 참고로 DF 55599와 DF 87514는 Size가 같은 O-ring이다.

⑤ IFA와 Top Cover와 연결되는 Pipe를 **70NM**으로 체결한다.

⑥ Valve들 원상복귀하고 L.O Pump 먼저 Start하여 이상 없으면 F.O Pump Start 한다.
(Main L.O → Cross-Head Oil → Control Oil Pump / F.O Feed → Booster Pump)

⑦ 누설되는 곳 없는지 확인하고, Top Cover Lagging을 씌우고 작업 마무리 한다.

(4) F.O.P Complete 교환 방법

① F.O.P Complete 교환 경우도 마찬가지로 L.O Pump Stop 및 F.O 압력을 제거하고 IFA와 FOP Top Cover와 연결된 Pipe 분리, Top Cover Lagging, Rack 및 각종 연결된 Pipe들 분리한다.

② F.O.P Bed Bolt 4개소를 분해한다. 대부분 본선에 Tool을 제작하였을 것이다. Bed Bolt를 하나씩 풀어낼 때마다 맞는 Size의 긴 Stud를 넣는다.
그 이유는 F.O.P가 대각선 방향으로 설치 되어있으므로 안전하게 취외하기 위해서 이다. DF 94581 Tool이 있지만 그것보다 상기 방법으로 취외 하는게 쉽고 훨씬 빠르다.
(Tool 및 Stud는 뒷부분의 표로 정리한 사진 참조바란다.)

③ F.O.P Lifting Tool(DF 94552)를 조립하고 Chain Block으로 고정한다.
Turning Gear Remote Controller를 이용하여 Engine Turning을 하여 Cam이 F.O.P Roller를 들어 올려줄 때까지 Turning을 한다.
그 후 Chain Block을 이용하여 서서히 취외하면 된다.
(단, A-Bank와 B-Bank 취외 방법이 다르다. 당연히 A-Bank가 까다롭다.
취외 방법은 다음 장을 참조하도록 한다.)

〈F.O.P Lifting Tool / DF 94552〉

④ F.O.P가 대각선 방향으로 조립 되어있기 때문에, 취외 및 조립 시에 Chain Block을 잘 사용하는 것이 중요하다.

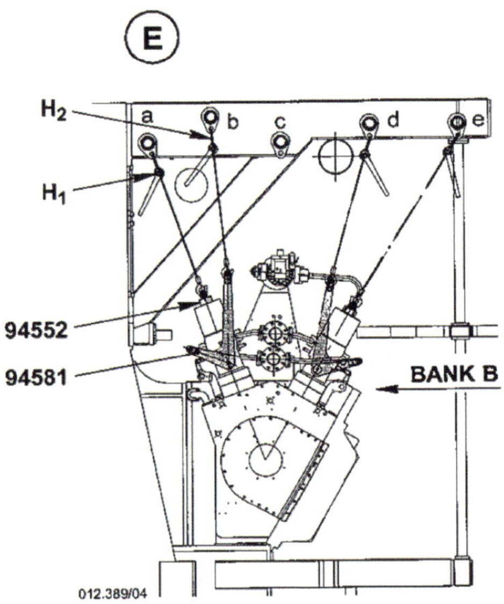

2.3 Removal

⇒ Connect lifting tackle H_1 with lifting lug 'a' and cover 94552.

⇒ Connect lifting tackle H_2 with lifting lug 'b' and assembly tool 94581.

- For the removal of the fuel pumps of BANK B, the tools are used as drawn with interrupted lines, however only lifting lugs 'd' and 'e' are necessary.

⇒ Carefully pull the fuel pump out of the supply unit housing by means of lifting tackles H_1 and H_2 (Fig. 'F').

⇒ Remove lifting tackle H_1 from cover 94552 and then lift the fuel pump as high as possible with lifting tackle H_2 (Fig. 'G').

F

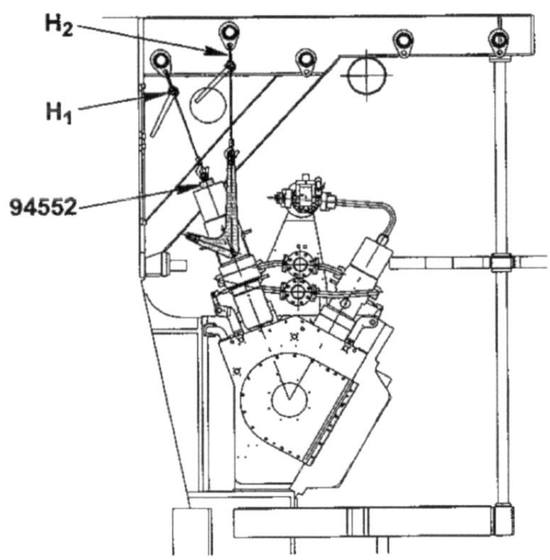

G

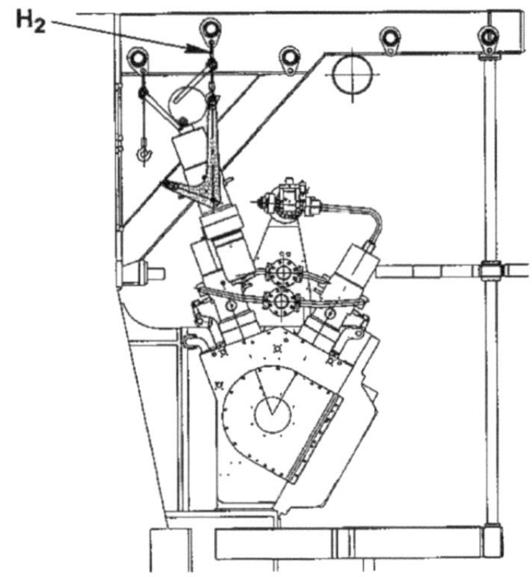

H

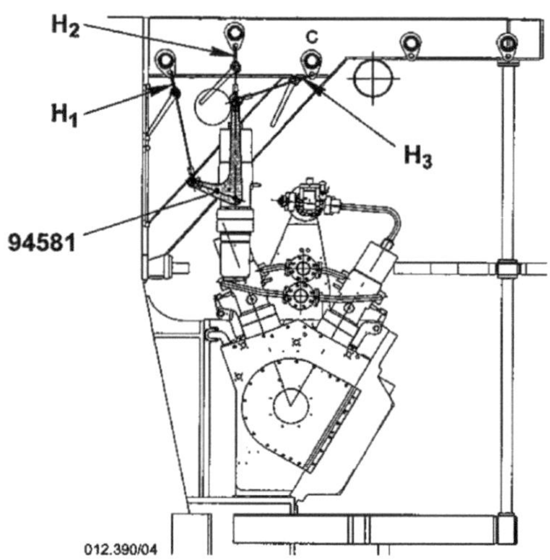

⇒ Connect lifting tackle H_1 with the short lever of assembly tool 94581.

⇒ Connect lifting tackle H_3 with lifting lug 'c' and the long lever of the assembly tool.

⇒ Move the fuel pump towards lifting tackle H_3 as far as possible by means of lifting tackles H_1, H_2 and H_3 (Fig. 'I').

⇒ Disconnect lifting tackle H_2 from the long lever and connect it with the short lever of the assembly tool (Fig. 'K').

(I)

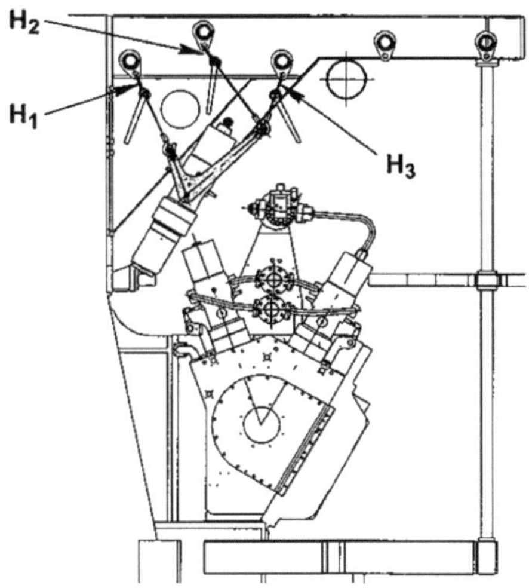

(K)

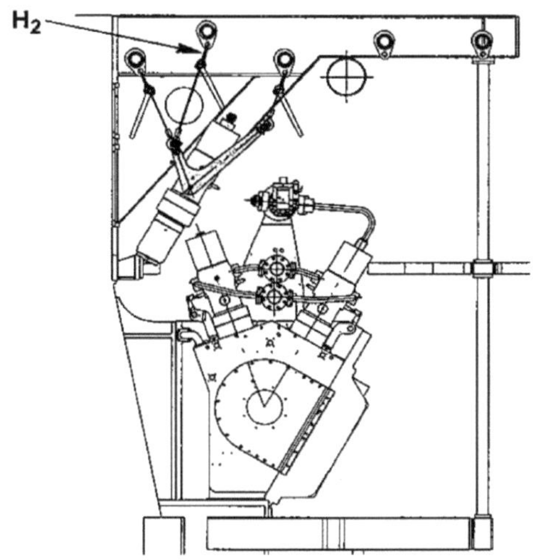

(L)

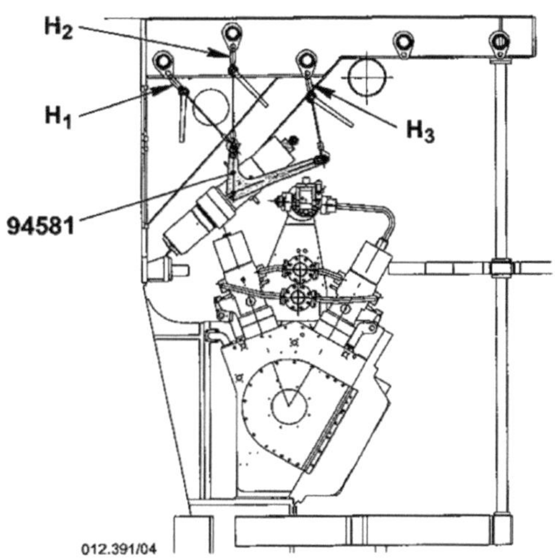

⇒ Move the fuel pump by means of lifting tackles H_1, H_2 and H_3, i.e. till it hangs as shown in Fig. 'L' with the short lever of assembly tool 94581 now in vertical position.

⇒ Remove lifting tackles H_1 and H_3.

⇒ Connect lifting tackle H_4 with lifting lug 'e' and the long lever of the assembly tool.

⇒ Move the fuel pump over the supply unit by means of lifting tackles H_2 and H_4 as shown in Fig. 'N'.

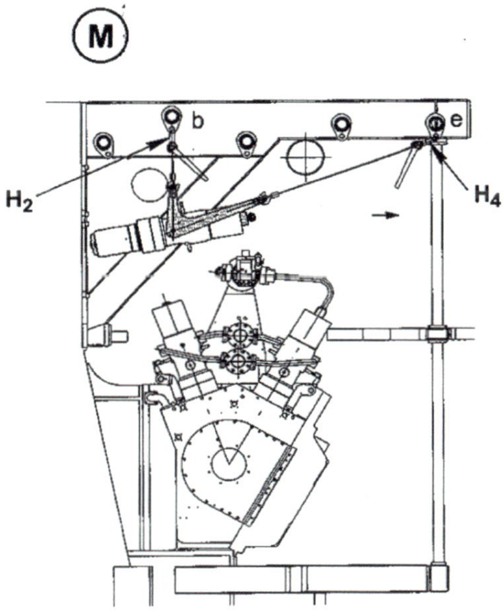

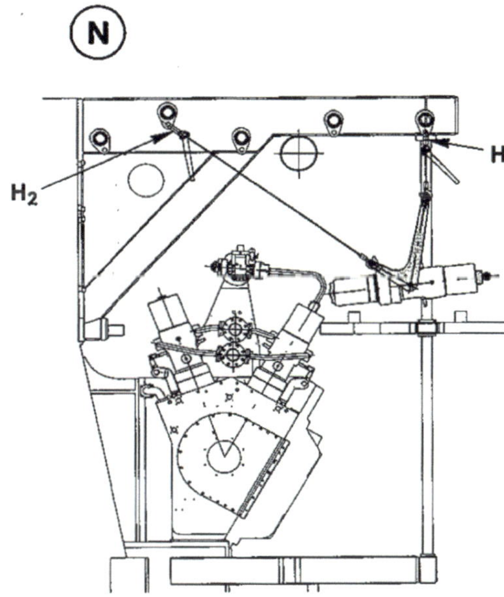

⑤ F.O.P 를 상기 방법을 이용하여 취외한다.
재생품 또는 신품 F.O.P 에 O-ring(DF 55596) 3EA 조립한다.

⑥ 올려놓았던 Cam 을 Turning Gear Remote Controller 를 이용하여 Engine Turning 하여 아래로 내려놓는다. F.O.P 를 Chain Block 을 이용하여 조립을 하고 Bed Bolt 를 Tight 한다.
아래 Instruction 처럼 **64´C 만큼 Tight** 한다.

6. Fitting of a fuel pump

⇒ Turn the engine till the cam belonging to the fuel pump concerned is on the base circle (Fig. 'Q').

CHECK Check whether the seating surfaces as well as the guide parts of the supply unit housing and fuel pump are in a faultless condition.

⇒ Fit remaining O-rings 45 (Fig. 'Q').

⇒ Oil the guide parts and fit the fuel pump, taking care of the locating pin and the regulating shaft (do **not** use any jointing agent).

⇒ Fit screws 3 with oiled threads and head seating surfaces.

⇒ Tighten screws 3 to an angle of **64°** using socket spanner insert 94598b, extensions 94598a and impact wrench 94598 as shown in Fig. 'O_1'.

CHECK Check the setting of the regulating linkage (see 5801–1).

⇒ Fit all pipings. Apply Never-Seez NSBT-8 to threads and head seating surfaces of screws 40 (Fig. 'A') and tighten them crosswise in equal steps with a total value of **70 Nm.**

⇒ When putting the fuel pump into operation, watch for possible leakages or abnormal temperature rise. Fit the casing when everything is in order.

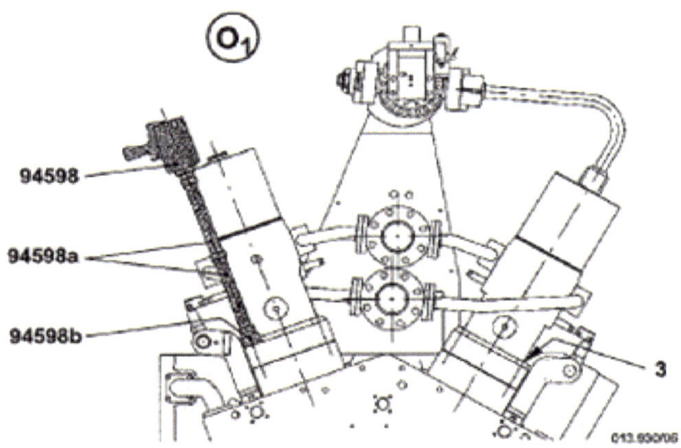

7. Preserving

If a fuel pump has to be stored over a long period of time, the spaces carrying fuel oil must be filled with Vaseline oil and plugged with plastic stoppers.

Furthermore, oil the fuel pump and protect it against humidity and soiling by wrapping it suitably.

⑦ 각종 연결된 Pipe 의 Gasket 교환 및 조립한다.
IFA 와 Top Cover 와 연결되는 Pipe 를 **70NM** 으로 체결한 다음 Rack 조립한다.
Rack Position 도 맞춰준다.

⑧ 작업이 마무리 되었으면 L.O Pump, F.O Pump 를 Start 하여 누설 유무 확인한다.
F.O 또한 누설하지 않으면 Top Cover 에 Lagging 을 씌우고 F.O.P Bank Cover 조립한다.

* Flex-View Computer User 항목에서 F.I.V Venting 및 EXH′ Valve Manual 작동과 같이 F.O.P Rack Position을 Engine Shut-Down 조건일 때 조정할 수 있다.(50%, 100%)

5556-2/A3 Spare parts HYUNDAI-WARTSILA RT-flex96C-B

Brennstoffpumpe Fuel Pump

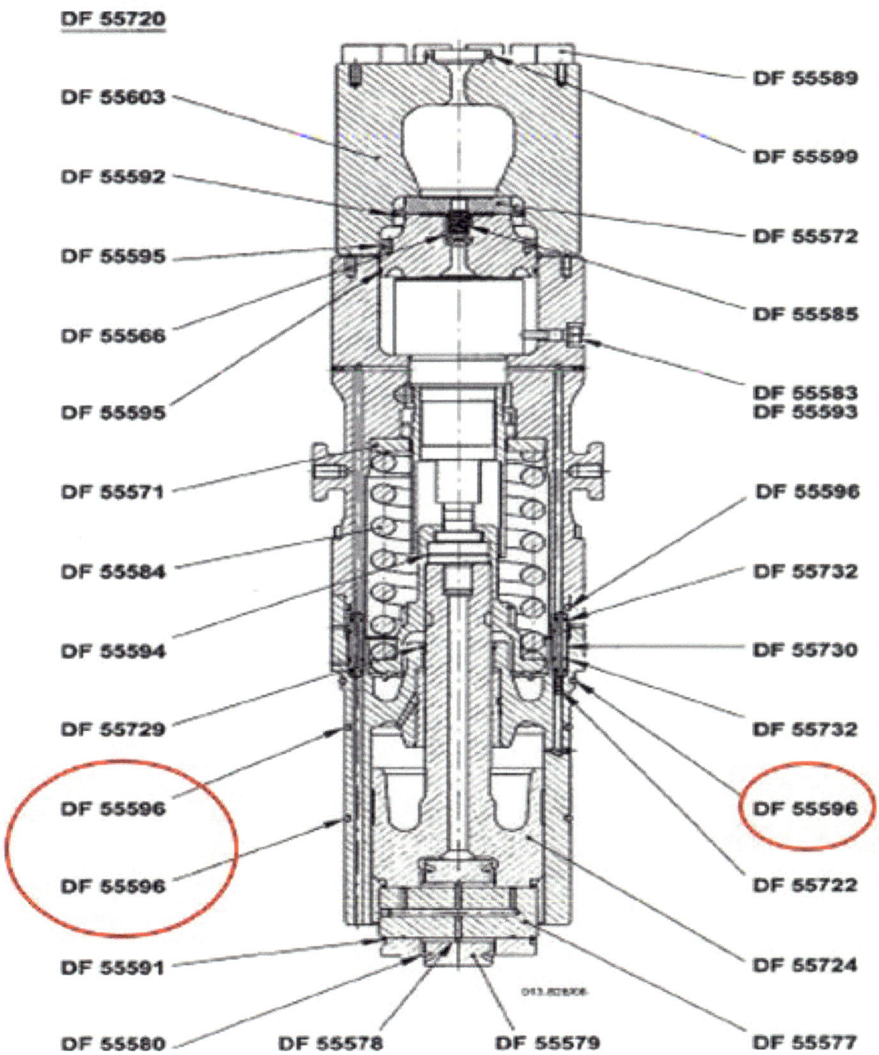

재생품 F.O.P 에 DF 94552 Tool 장착한 모습

정식 Tool 은 DF 94581 이지만
Chain Block 을 이용해도 된다.

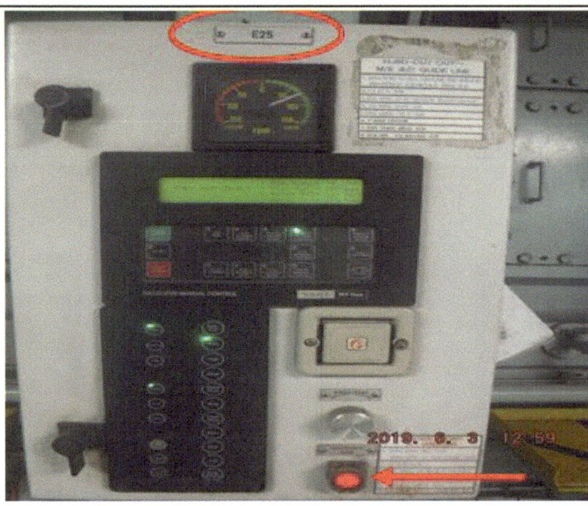

E-25 Panel 의 EM´CY Stop Button

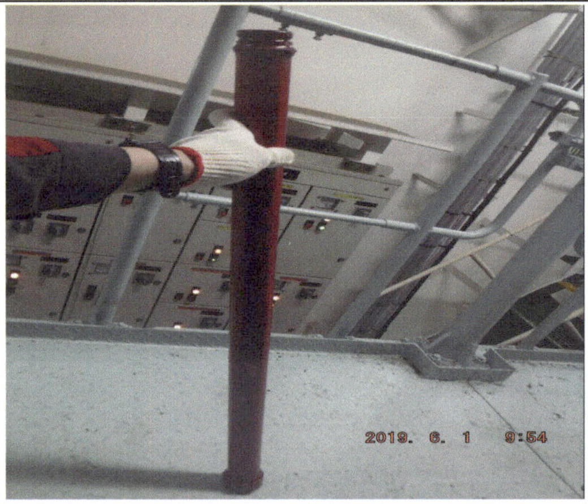

본선에서 제작한 F.O.P Bed Bolt 취외 Tool

소켓 양단을 잘라내어 파이프에 용접하면 된다.

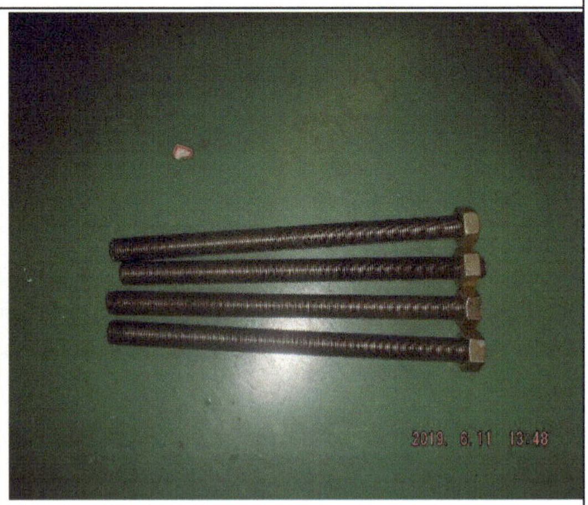

F.O.P 취외할 때 사용하는 Stud

(4) M/E F.O.P CUT OFF 방법

'Cut-off Special Tool'	30 ㎜ Nut 를 돌려 'START' 위치에 둔다.
	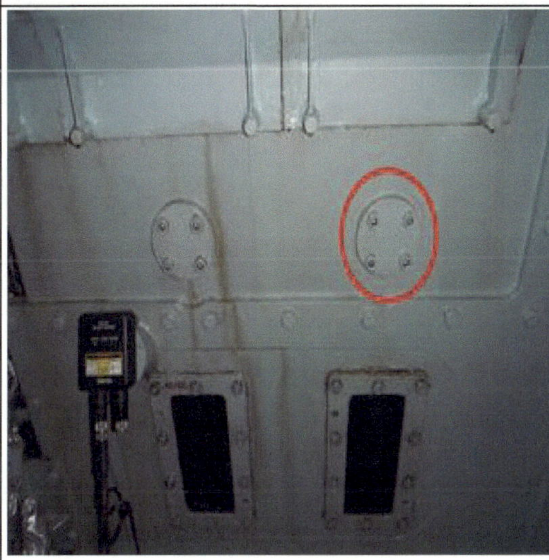
앞쪽도 'Top Position'이 위로 향하게 한다.	MLO Pump Stop 후 Cut-off 할 Pump 의 위의 표시 부분을 취외한다.

상기 동그라미부분을 볼 수 있고, Turning 을 하여 Pump 의 Roller 를 'Top Position'으로 맞춘다. 'Top'으로 맞춘 뒤 상기 표시 안에 'ㅁ'모양이 보인다.	'Cut-off Special Tool'을 'ㅁ' 모양에 맞추어 넣는다.
	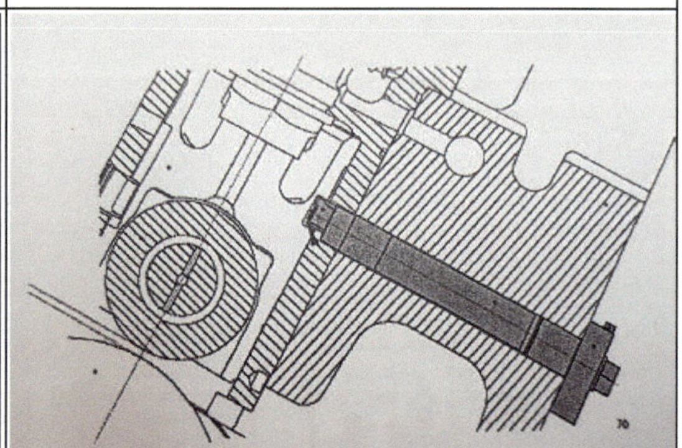
30mm Nut 를 돌려 'End Position'으로 맞추고 그 위에 고정용 볼트를 잠그고 움직이지 않게 한다.	다시 Turning 하여 Roller 가 'Top Position'에서 내려오지 않는지 확인한다.(Roller 가 내려오면 안됨!) 정상이면 MLO Pump 재 기동 후 엔진 시동한다.

Cut-off 한 F.O Pump 출구 측 Pipe 를 취외 후 Blocking Tool 사용 후 운항을 해야 하지만, 설치하는데 시간이 많이 걸림으로 긴급 상황일 경우에는 생략해도 된다.

Pump Non-Return Valve 가 작동상태 불량하면 역류하기 때문에 Blocking Tool 설치한다.

3) 분사 제어 장치

→ I.C.U(Injection Control Unit) 정비 주기 24000H~36000H이며 정비 주기에 맞게 교환하지 않고 이 또한 본선 상황에 맞게 사용한다. 40000~50000H시간 이상 쓰는 경우도 많다.
본선 컨디션에 따라 육상 재생품이나 신품이 있다면 순환 수리하면서 정비하는 것이 좋다. 담당 육상 감독과 협의하여 진행하면 되겠다.

→ Flex-View 상의 'on time'이 4.5ms 에 Alarm 발생한다.

→ 'On time'의 Normal 값은 1.0~1.2m 이며 3.5m 이거나 증가 추세이면 Rail v/v 신환해야 한다.

→ ICU 에 3 개의 Rail Valve 가 있다.

→ 각 신호는 4~20ms 의 전류 신호로 표시된다.

(1) 분사 제어 장치 누설여부 점검방법

● ICU 누설 여부

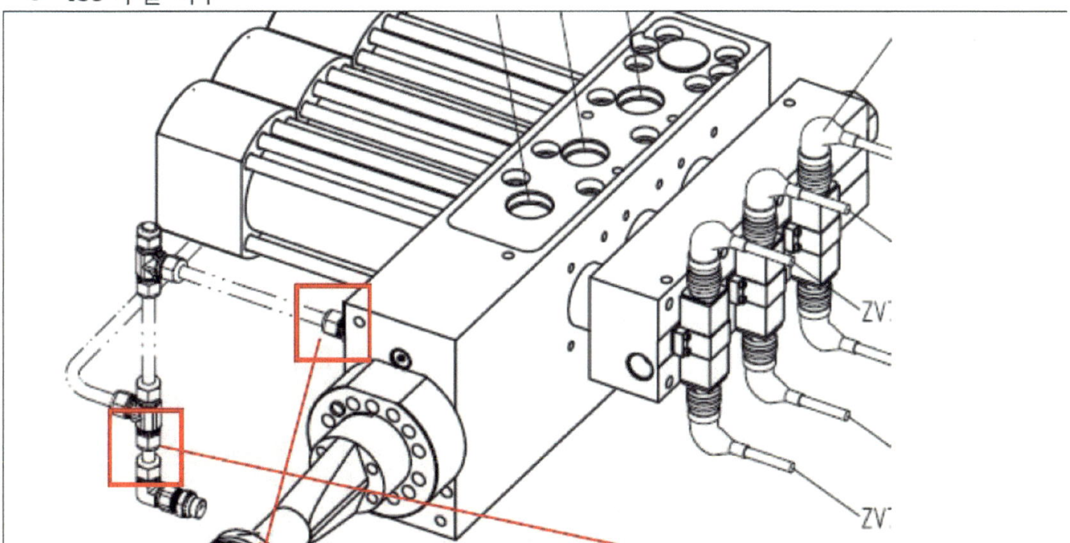

1- 운전중 UNION(1)을 풀어서 누유 여부를 점검 바랍니다.
2- 만일 UNION(1)에서 누유가 없다면 UNION(1)을 풀어 놓은 상태에서 UNION(2)을 풀어서 누유 여부를 점검 바랍니다. 단, 고온 부위인 관계로 화상에 유의 바라며 고온에 견딜수 있는 비이커나 캔을 이용하여 각 기통을 비교하기 위하여 일정시간 DRAIN을 양을 계측 바랍니다. RPM 변화없이 같은 조건에서 각 기통 계측 바람.
3- NCR 운진 기준 F.O 사용시 6 LTS/hour이내까지 정상 운전 범위

(2) 분사 제어 장치 관련작업 시 준비사항

① 주기를 완전히 정지 한다.

② Main LO → Crosshead Oil → Control Oil Pump 순으로 LO Pump를 stop 한다.

③ Servo Oil 및 LO filter를 stop 한다.

④ M/E F.O Auto Backwashing Filter Power Switch를 'OFF' 한다.

⑤ M/E F.O Booster Pump → Feed Pump 순으로 FO Pump를 Stop 한다.

⑥ E-25 Panel에서 EM´CY Stop Button을 누르거나 EM´CY Stop Solenoid Valve (Accumulator Side) Lever를 손으로 눌러서 Fuel Rail 내부의 압력을 완전히 제거 한다.

⑦ M/E F.O Indicator Filter의 Outlet Valve를 Close 한다.
(Outlet Valve 없는 경우 Inlet Valve를 Close하여 Line상에 F.O가 유입되지 않도록 해준다.)

⑧ EM´CY Stop Solenoid Valve(Accumulator Side) 주위 Pressure Check Pipe측 Valve를 Open하여 F.O가 완전히 배출 되었는지 확인한다.

⑨ Fuel Mixing Unit 측에서 134번 Valve(Tank Return) Valve를 Close한다.

⑩ 6번과 7번 CYL´ 사이 Rail Unit Plate Open하여 3.32-1,2,3 & 4 Valve Close 하고 아래 표시 된 Drain Valve를 열어준다.
(Drain Valve를 열면 밖으로 Drain이 되는 것이 아니고 Line상으로 Drain이 된다.)

Rail Unit 6번과 7번 실린더 사이 위치 | 동그라미: 3.32-1~4 Valve / 화살표: Drain Valve

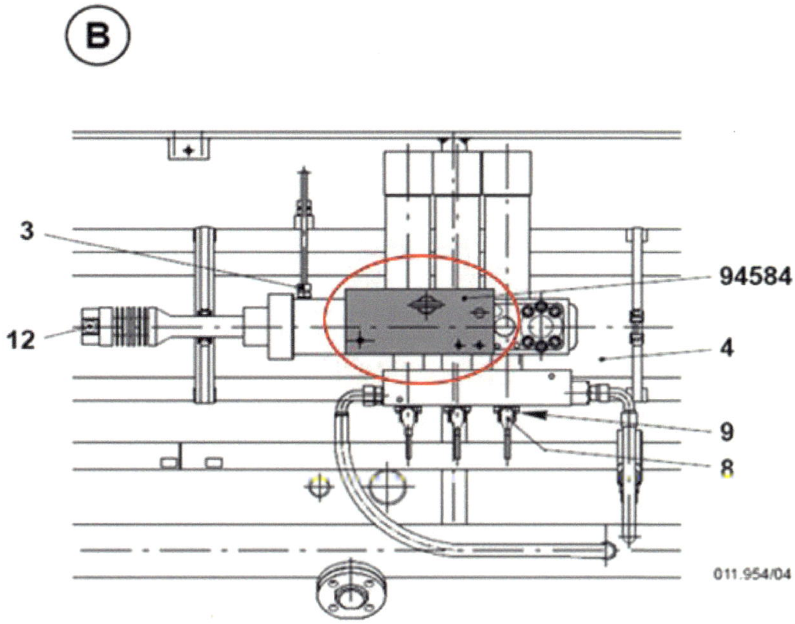

〈ICU 장착할 때 쓰이는 TOOL(Lifting plate 94584)〉

반드시 위와 같은 방향으로 설치한다.(반대방향으로 설치하면 안됨!)

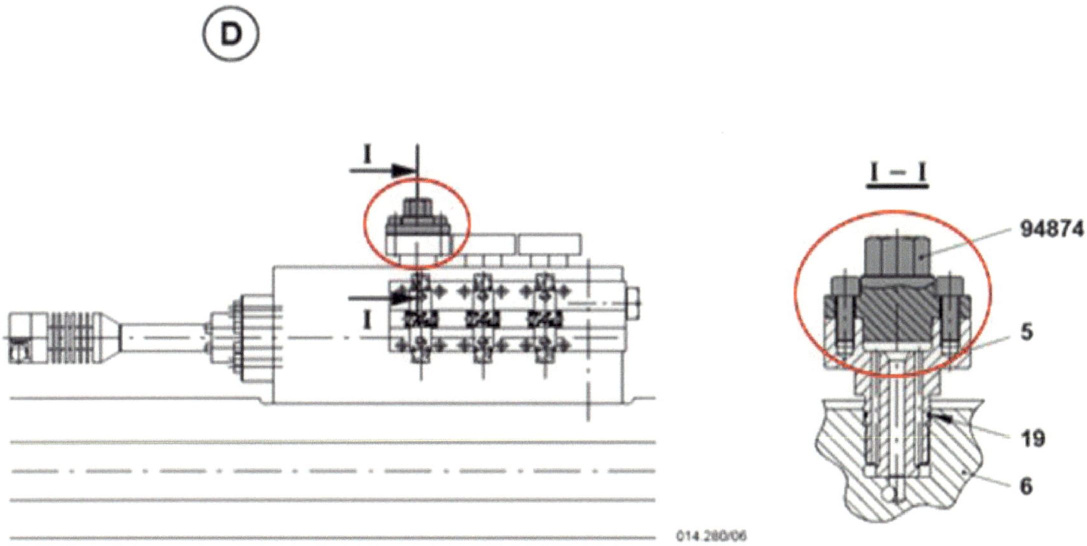

〈ICU의 Connection Piece Open & Close 할 때 사용하는 TOOL(Tightening Device 94874)〉

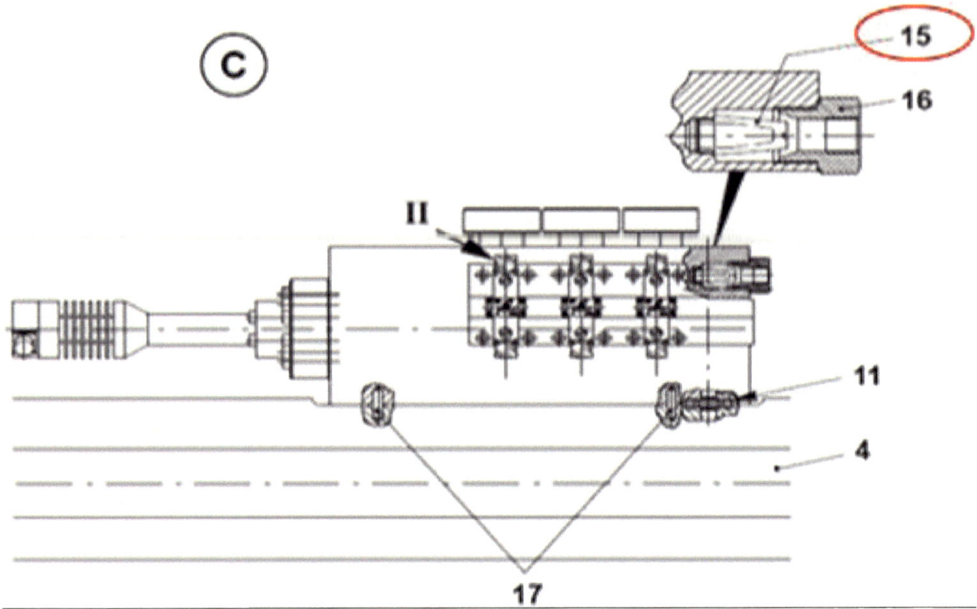

Filter(15)는 Control Oil이 ICU에 들어오기 전에 이물질 제거 위해 설치되어 있다. 정비 주기는 따로 없으며 VCU의 Filter처럼 한 번씩 소제한다.

〈Lip Seal〉

ICU 교환 시에는 Lip Seal도 필히 교환 하기 바란다.

사진처럼 Lip Seal 가운데 비어있는 이유는 고온 고압의 F.O가 Lip Seal 가운데의 틈으로 들어가서 Lip Seal을 넓게 펴주어 Sealing 역할을 할 수 있게 한다.

(3) 분사 제어 장치 교환방법

① 상기와 같이 사전 준비작업이 끝나면 ICU 에 연결된 FO High Pressure Pipe 를 분해한다.

② ICU의 Connection Piece Open & Close 할 때 사용하는 TOOL(Tightening Device DF 94874)을 이용하여 Connection Piece(DF 87354) 3EA를 풀어준다. **(Connection Piece(DF 87354)를 소제하고 O-ring(DF 87359)을 교환한다.)**

③ ICU와 Rail Unit에 연결된 Bolt(7 & 7a)를 풀어준다.

④ ICU와 연결된 각종 Pipe 및 FQS 측 Power Cable을 취외하고 ICU에 Lifting plate(DF 94584)를 장착한다.

⑤ E/R Overhead Crane Hook에 Chain Block을 연결하고 ICU를 취외한다.

⑥ ICU를 취외한 Rail Unit에 Spare Lip Seal(DF 55758)을 먼저 올려둔다.

⑦ 그리고 Spare ICU에 Lifting plate(DF 94584)를 장착하여 Rail Unit에 조립을 한다.(이때, ICU를 서서히 내리면서 Lip Seal(DF 55758)이 제대로 조립이 되는지 확인한다.)

⑧ ICU와 Rail Unit에 연결된 Bolt(7 & 7a)의 Thread에 Molykote를 발라 110NM으로 체결한다

⑨ 소제 및 O-ring 교환 한 Connection Piece Thread에 Molykote를 발라 ICU에 조립을 하고 TOOL(Tightening Device DF 94874)을 장착한 다음 700NM으로 체결한다.

⑩ 나머지 각종 Pipe 및 FQS Power Cable을 연결하고 F.O High Pressure Pipe를 연결한다.

⑪ 조작한 Valve들 원상 복귀한다.

L.O Pump 및 F.O Pump를 Start하고 F.O Rail 압력을 올려서 교환 한 ICU 누설 유무 확인한다.

*** Fuel Rail Unit 압력 올리는 방법**

F.O일 경우에는 Turning만 해도 Rail 압력이 올라가지만 보다 빠르게 Rail 압력을 올리고 싶다면 Supply Unit의 F.O Pump의 Rack를 Turning 하는 동안에 누르는 것이다.

하지만 계속 누르고 있을 수는 없기에 E-85 Panel에서 F.O Pump Actuator Power 4EA를 Off하고 Supply Unit의 F.O Pump의 Rack 앞으로 톡 치면 들어간다. 그 상태에서 Turning Gear로 Turning한다.

D.O일 경우에는 상기방법으로 해도 Fuel Rail 압력이 잘 올라가지 않기 때문에 Turning Gear를 빼낸 다음 F.O Pump Actuator Power 4EA를 Off 하고, Supply Unit의 F.O Pump Rack 앞으로 넣은 상태에서 Air Blow를 평소보다 조금만 해주면 Fuel Rail 압력이 올라간다.

압력이 올라가면 Flex-View에서 Injection Venting을 해주고 누설 유무 확인한다. Engine 시동 후에도 재확인해주시면 된다.

만약에 ICU 교환 한다고 Fuel Rail 압력을 다 빼서 비어 있는 상태, 또는 Injection Venting도 하지 않으면 나중에 출항 때 Engine Start 시에 Start Fail이 발생한다. 따라서 비어 있는 Fuel Rail 압력을 올리고 Injection Venting을 반드시 시행한다.

Lifting plate DF 94584	Tightening Device DF 94874

(4) 분사 제어 장치 감통(CUT-OFF) 방법

→ 아래의 방법은 ICU 자체에서 F.O가 흘러나올 때 Cut-off하는 방법이다.

만약 밖으로 F.O가 나오지 않는다면 Flex- View에서 해당 기통의 ICU를 Cut-off 만 하면 된다.

① Engine Stop

② F.O Pump & L.O Pump Stop

③ Fuel Rail 압력 제거 및 Control & Servo oil Rail 압력 제거

④ 아래 방법 참조

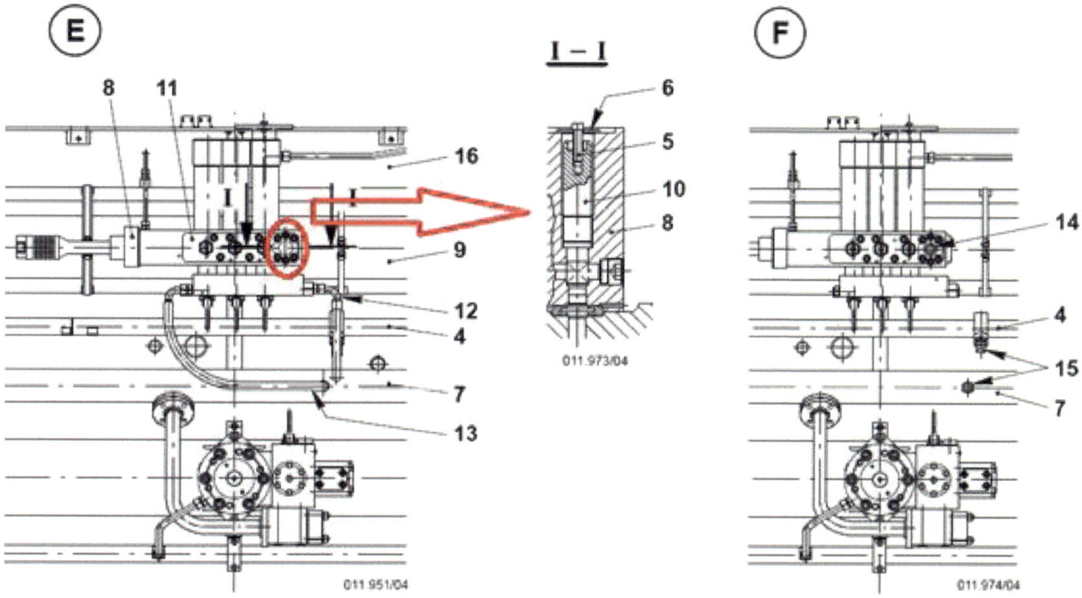

㉠ 상기 'O' 표시 부분에서 Washer(6), Screw(5), Plug(10)을 푼다.

㉡ Screw Plug(Tool 94585)를 취외 부분에 넣어 **270NM**으로 잠근다.

㉢ Flexible Pipe(12&13)을 취외하고 Nut With Conical Plug(tool 94587)로 Control Oil Rail과 Servo & Control Oil Return Pipe에 잠근다.**(NO. 4&7 쪽에 잠근다.)**

Screw Plug(tool 94585)	Nut With Conical Plug(tool 94587)

⑤ Flex-View에서 해당 기통의 ICU를 Cut-off 한다.

⑥ F.O Pump & L.O Pump Start후 OIL 누유 확인한다.

⑦ Engine Start

(5) Fuel Quantity Piston 관련 결함 시 조치 방법

① 주기 운전 중 FQP(Fuel Quantity Piston)관련 Alarm발생 시 M/E Slow 운전하면서 아래와 같은 방법으로 점검 및 조치하여 정상 복구 시킨다.

㉠ FQP Sensor Connector의 체결 상태를 점검하고 필요 시 Re-tight 시행한다.

㉡ FQP Housing을 분리하고 손으로 Quantity Piston을 전후로 움직여서 Free Up 시행한다.

㉢ FQP Housing을 분리하고 정비/수리용 Tool을 사용하여 Locking Nut(M5)를 분해한다.

㉣ Measuring Sleeve를 취외한 다음 Set Screw의 절손 여부를 확인하고 필요 시 수리한다.

㉤ Fuel Quantity Piston Sensor를 신환 한다.

② 상기의 방법으로 정상 복구가 되지 않으면 M/E Stop하고 아래와 같은 방법으로 점검 및 조치하여 정상 복구 시킨다.

㉠ Quantity Piston이 고착되어 손으로 Free Up이 불가할 경우에는 M/E Stop 한다. Emergency Shut Down Valve Lever을 손으로 눌러서 Fuel Rail 내부의 압력을 완전히 제거한 다음 압력을 채운 후 M/E Start 한다.

㉡ 동일 Cylinder에서 반복적으로 Alarm이 발생할 경우 FQPS용 Connector With Cable을 신환 한다.

* 'M/E Injection Quantity Piston Stuck in Max. Piston Alarm'이 발생하면 그 기통은 자동으로 Injection Cut-off가 된다.

* Flex-View에서 Injection Time 및 Return Time 계속 Hunting하는 경우 Stroke Sensor 신품으로 교환 및 Test한다.

* ICU 자체 문제인지 Stroke Sensor 문제인지 판단하는 방법으로는

㉠ ICU 자체 문제라면 Stroke Sensor를 취외하여도 작동하지 않는다.

㉡ Stroke Sensor 문제라면 Sensor 취외하면 평균값으로 ICU가 작동한다.

*** ICU 고착 시 : ㉠ Air blow ㉡ venting function ㉢ 개방 후 free up**

(6) M/E INJECTION TIMING FAIL & INJECTION TIME TOO LONG ALARM 관련

① M/E Injection Timing Fail 발생하는 이유

㉠ Injection Nozzle 불량

㉡ Injector Pipe에서 Leakage

㉢ Too Low Opening Pressure of Injection Nozzle

㉣ Rail Valve 불량

② M/E Injection Time Too Long 발생하는 이유

㉠ Rail Valve의 고장

㉡ Rough Sea상태에서 Quick Load Change

M/E Injection Time Too Long Alarm이 발생하면 2개의 Injector만 작동한다.

(7) 레일 밸브(Rail Valve)

→ 교환 주기 **24000~36000H**이며 일반적으로 Injection Control Unit 교환 시 같이 교환한다.

① Rail Valve는 ICU와 VCU(Valve Control Unit)에 Pre - Controlling을 한다.
각 CYL′ ICU에 3EA가 설치 되어있고 각 CYL′ VCU에 1EA가 설치 되어있다.

② Normal Operation ~1.0ms, max 4.5ms이다.

③ Rail Valve는 재생 수리 불가하다.

RAIL VALVE 실제 모습	RAIL VALVE 분해모습

IRON CORE 모습	VALVE SPINDLE 취부된 모습

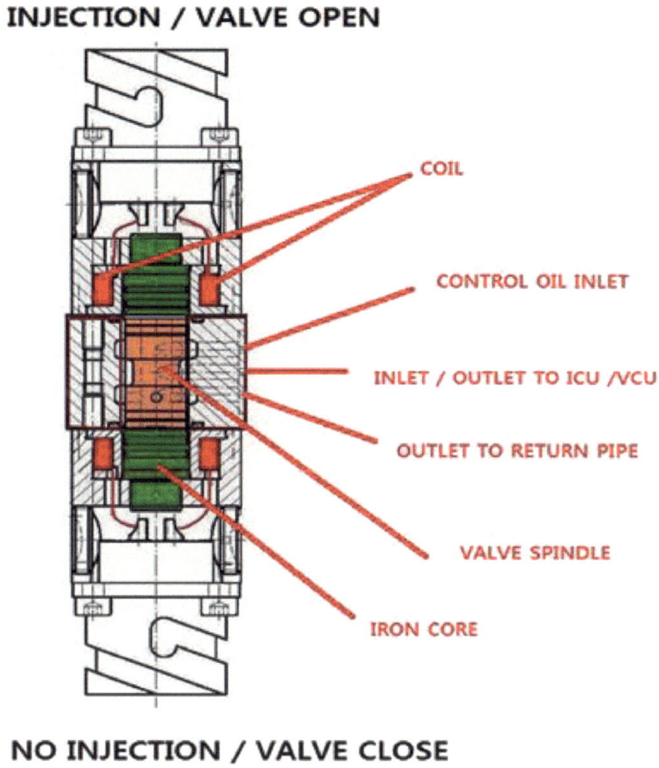

Injection쪽에 전류가 오면 Coil이 여자 되어 Valve Spindle을 올린다.

Injection이 되고 유지된다.

이러다가 No Injection쪽에 전류가 오면 밑의 Coil이 여자 되면서 Valve Spindle이 내려온다.

이때 Injection에서 Iron Core랑 Valve Spindle이 떨어지면서 에너지가 발생되는데, 이 에너지가 Feed Back으로 Valve Close 되었다는 신호를 준다.

Tip: Valve Spindle을 보면 위에는 구멍이 안 뚫어져 있고 아래는 구멍이 뚫어져 있는데, Valve Spindle를 반대로 넣으면 Rail Valve 작동 불가하다.

* Control Oil Supply Hose 및 Delivery Hose 관련

→ **Servo Oil Supply & Delivery Hose**와 같이 교환 주기 **18000~30000H**이다.

이 또한 본선에서 40000H이상 사용 하는 경우가 많다. 하지만 경화되기 전에 미리 청구하여 교환하는 것을 권장한다.

Control Oil Supply Hose는 Control Oil Rail에서 I.C.U(Injection Control Unit) Inlet으로 연결되고, Delivery Hose는 I.C.U(Injection Control Unit) Outlet에서 Servo Oil Rail로 연결된다. 어차피 Control Oil Rail이나 Servo Oil Rail이나 동일한 LO이고 역할만 다를 뿐이다.

Control Oil Rail에서 감압Valve를 거쳐 감압 되어 Servo Oil Rail로 들어가기 때문이다.

아래와 같이 도면을 참조하여 청구를 하면 된다.

대게 본선에 장착된 제품은 구형 Type이고, 청구해서 보급 받는 제품은 신형 Type일 것이다.

구품과 신품은 연결되는 Nipple Thread Size도 다르고, Nipple에 O-ring 유무 차이도 있다.

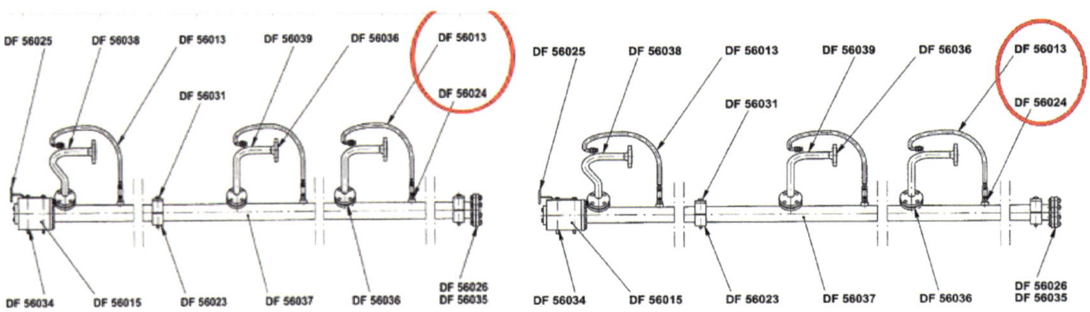

<CONTROL OIL SUPPLY HOSE FOR ICU>

 OLD TYPE NIPPLE은 ICU INLET측 VALVE에 연결가능	 NEW TYPE NIPPLE은 ICU INLET측 VALVE에 연결불가 (신품 NIPPLE PITCH는 2.0으로 동일하나 THREAD 두께가 달라 장착 불가함.)
 상기 ICU INLET측 VALVE 취외하고 HOSE를 DIRECT로 연결은 가능함.	 INLET VALVE 취외하고 신품 HOSE 조립한 상태

ICU측에 조립할 경우에 보급 받은 CONTROL OIL SUPPLY HOSE NIPPLE(NEW TYPE)과 본선 장착중인 HOSE NIPPLE(OLD TYPE)은 THREAD PITCH는 2.0으로 동일하나 THREAD THICKNESS가 상이하여 ICU INLET VALVE에 장착 불가합니다.

단, ICU INLET측 VALVE를 취외하고 HOSE를 ICU에 DIRECT로 연결을 하면 장착은 가능합니다.

CONTROL RAIL 측에는 기존 OLD TYPE NIPPLE 취외하고 NEW TYPE NIPPLE을 조립하면 장착 가능합니다.

하지만 만약 본선에서 ICU 또는 ICU RAIL VALVE 문제와 같은 IRREGULAR한 문제가 발견되어 작업이 필요할 경우에 기존에는 ICU INLET측 VALVE를 CLOSE하고 작업을 하면 가능하지만 신품 HOSE를 상기와 같이 체결하게 되면 ENGINE SHUT DOWN하고 작업을 진행해야 합니다.

내용 확인하시어 상기와 같이 조립을 진행해도 되는지 회신 바랍니다.

만약에 본선에 상기와 같이 ICU Inlet & Outlet 쪽에 Valve가 설치가 된 경우가 있다.

원래 Maker Standard에는 상기와 같이 ICU측에 Valve가 존재하지 않는다.

따라서 ICU Inlet & Outlet 쪽에 Valve가 설치된 경우는 선주 옵션으로 추가 신설 한 경우이고, 만약에 Valve를 장착하려면 제작 보급으로 진행해야 한다. 해당 Valve의 경우 운용상 큰 의미가 없으므로 Hose 교체 시에 취외하고 이력관리 한다.

결론은 Valve가 달려 있으면 신품 Hose와 연결이 불가하므로 정박 중에 L.O Pump Stop한 다음, ICU에 달려있는 Valve를 취외하고 신품 Hose 조립하면 된다.

4) 스타팅 에어 밸브

(1) 교환 방법

① 교환주기는 6000H~8000H이며 M/E Main Air Auto Shut Off Valve Close 한다.

Air Drain Valve(FWD & AFT) Open하고 Air Venting 한다.

(Main Air Auto Shut Off Valve Close하고 바로 작업 시작해도 된다.)

② 교환 하려는 기통의 Starting Air Valve의 Solenoid Valve를 풀어준다.

(해당 기통의 Starting Air Valve Pilot Valve Loop Fail 및 WECS Passive Fail Alarm이 울린다.)

③ Starting Air Valve와 연결된 Pipe들 및 5-2way Valve를 전부 분리한다.

(5-2way Valve는 먼저분리해도 되고, Valve Complete를 취외 한 다음에 분리해도 된다. 어쨌든 5-2way valve 정비를 위해서는 분리해야 한다.)

* 5-2Way Solenoid Valve는 정비 주기 18000H이지만, 보통 Starting Air Valve 정비 시에 같이 정비를 시행하는 것이 좋다.

④ Starting Air Valve Pressure Drop을 위해서 Head Bolt를 두개는 걸어놓는다.

(Pressure Drop 중요!)

⑤ Starting Air Valve 에 Eyebolt 2EA를 설치한 상태에서 Eyebolt에 Wire나 Rope를 연결해 놓고, E/R Overhead Crane Hook에 Rope를 이용하여 Chain Block을 장착한다.

Chain Block으로 조금씩 올려주면서 Air Pressure Drop이 완료되면 (4)번 항목에서 걸어둔 Head Bolt를 빼고 Starting Air Valve를 들어올린다.

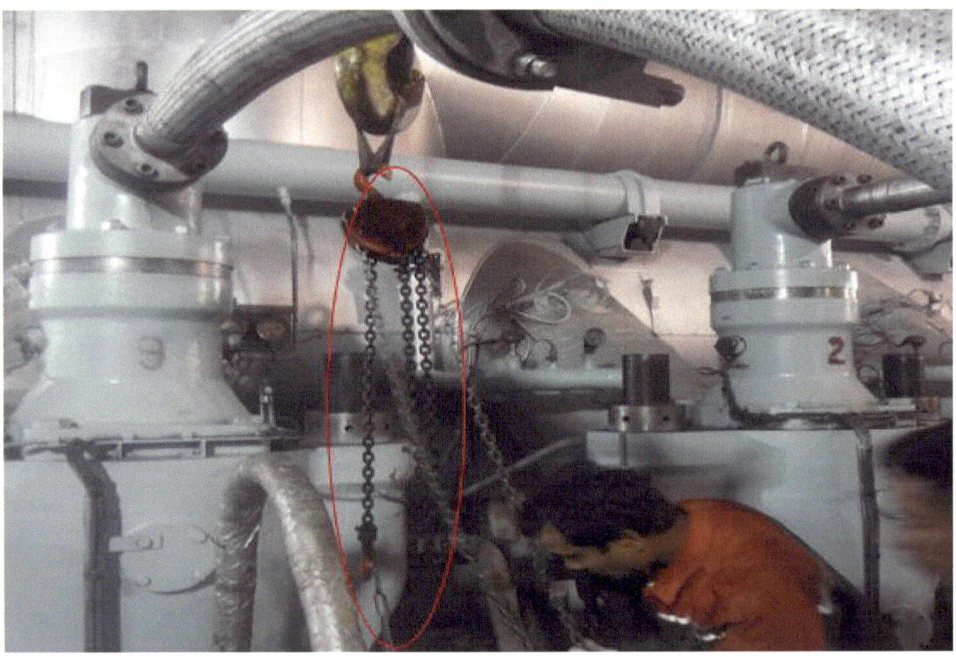

⑥ Starting Air Valve 취외한 Hole 내부 소제한다.

(소제 완료되면 직접 내부 Hole 을 꼭 확인한다.)

⑦ F.I.V 때와 마찬가지로 취외품 장착 되어있는 Union을 빼내고 신품 조립 전 Copper Gasket 집어넣고 조립한다.**(Copper Gasket 넣는 것 잊지 마세요!)**

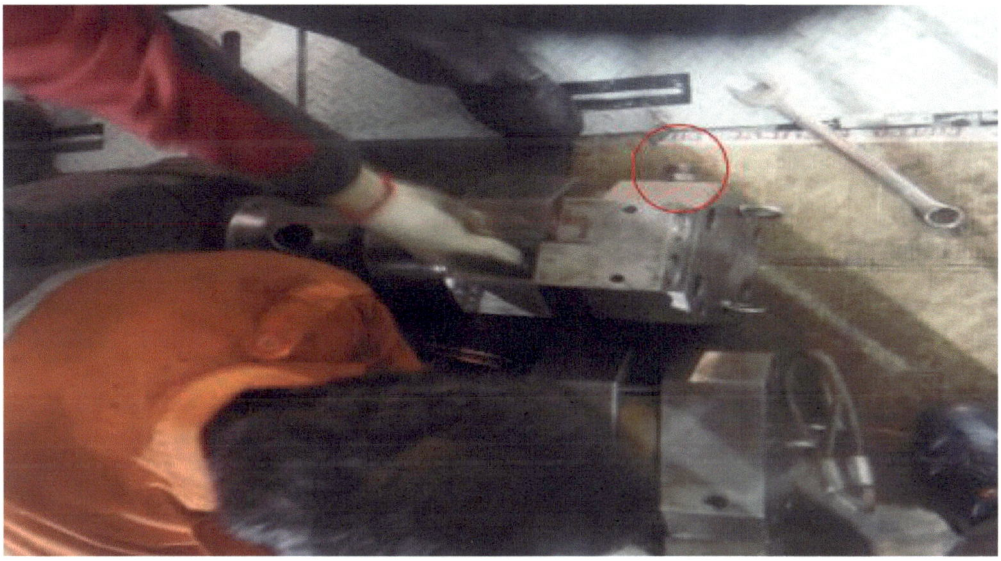

〈Union〉

⑧ Joint Ring(DF 27306)부터 Starting Air Valve 취외한 CYL´ Head Hole에 먼저 집어 넣는다.

정비 품 Starting Air Valve O-ring(DF 27302) 교환하고, Joint Ring(DF 27306)과 접촉되는 Valve 끝에 Molykote를 발라주고 조립을 한다.

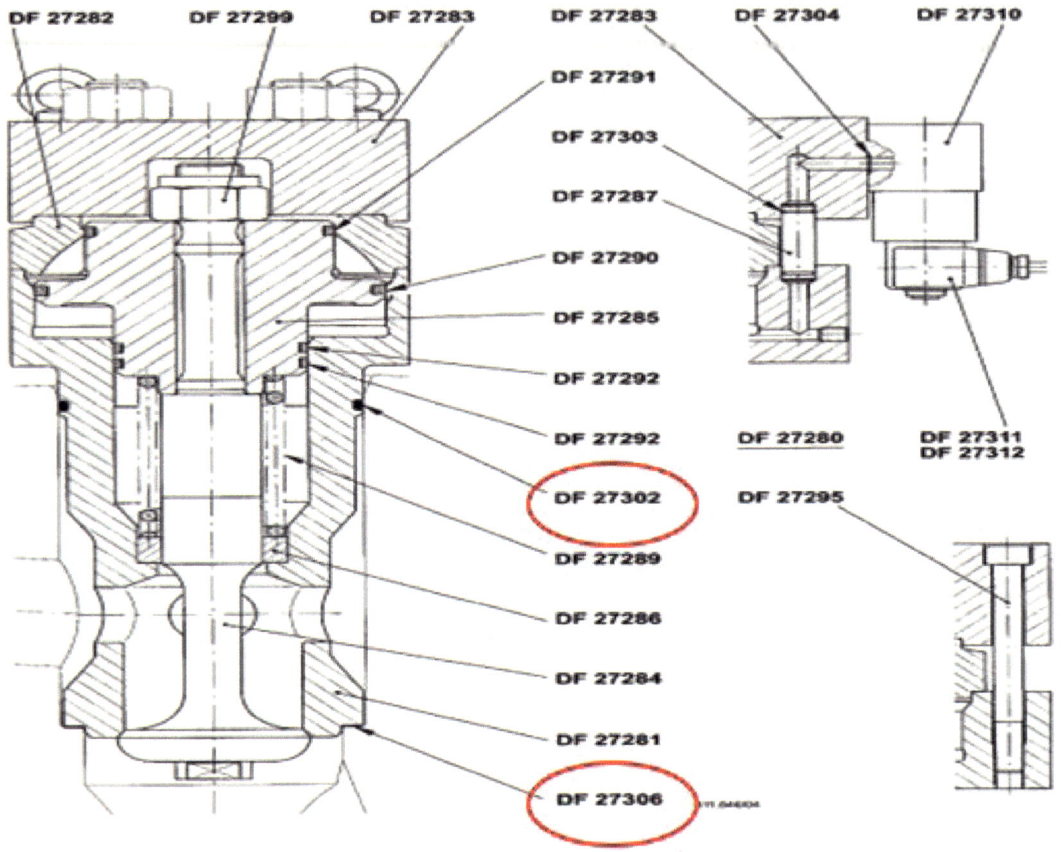
DF 27282
DF 27299
DF 27283
DF 27283
DF 27304
DF 27310
DF 27291
DF 27303
DF 27287
DF 27290
DF 27285
DF 27292
DF 27292
DF 27280
DF 27311
DF 27312
DF 27302
DF 27295
DF 27289
DF 27286
DF 27284
DF 27281
DF 27306

2004

(2) 분해 및 소제 방법

① Starting Air Valve Cover(DF 27283)에 체결된 육각 볼트를 풀고 Cover(DF 27283) 분리한다.

② Connection Pipe(DF 27287), Ring(DF 27282)를 분리한다.

③ Piston(DF 27285)를 분리하기 위해 Valve Spindle(DF 27284)의 끝단이 돌아가지 않도록 스패너를 물린 다음 Piston Head Nut(DF 27299)에 스패너를 물리고 풀어준다.

④ Piston을 취외한 다음에 Compression Spring(DF 27289) 취외한다.

Valve Spindle(DF 27284)를 Piston을 취외한 반대방향으로 취외한다.

⑤ 취외한 Connection Pipe(DF 27287) O-ring(DF 27303) 2EA 교환하고, Piston(DF 27285)에 장착된 Piston Ring(DF 27290,27291,27292)는 상태를 보고 교환한다.

(Ring이 절손 및 상처가 많거나 Ring을 움직였을 때 뻑뻑하면 교환하는 것이 좋다.)

만약 교환 했다면 조립 시에 Ring 과 조립되는 Body측에 충분히 L.O를 충분히 발라 조립하고, Ring 이 Position에 맞게 제대로 들어가는지 확인하면서 조립한다.

만약 그냥 힘으로 체결한다면 Ring이 부러지거나 휘어진 채 조립되어 Test 시에 작동이 안된다.(손으로 구부리면 구부려진다.)

⑥ 소제는 Brush를 이용하여 소제를 시행하고, 당연히 Piston Ring 부분은 소제하지 않는다.

⑦ Lapping 은 본선에 Lapping Tool이 있을 것이다.

Compound 작은 것에서 큰 것으로 사용하여 Lapping 소제 시행하면 된다.

(3) LAPPING 방법

① 본선에 보유 중인 Staring Air Valve Lapping Tool이 있을 것이다.

② 상기 그림과 같이 Staring Air Valve와 Joint Ring의 터치 면을 Lapping 해준다.

③ 또한 상기와 같이 Valve Spindle(DF 27284)을 Lapping Tool을 이용하여 Lapping 한다.

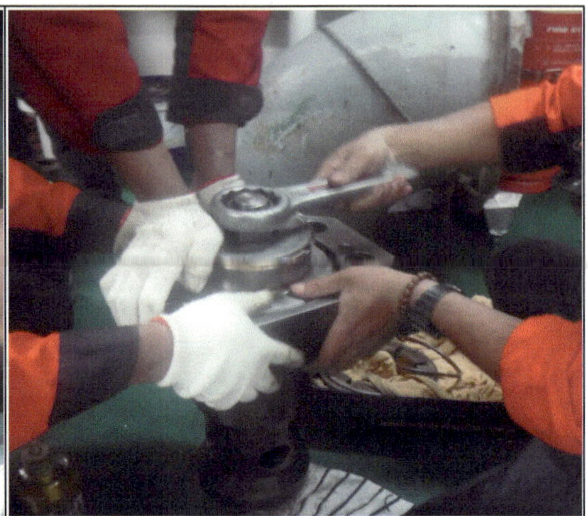
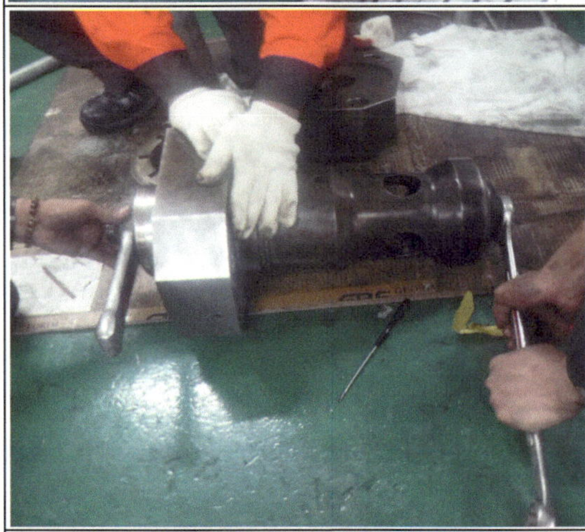

상기 그림은 분해 하는 과정이다.
조립과 분해는 서로 역순이다.
관련 O-ring은 전부 교환하고,
Piston Ring은 상태를 보며 교환하고,
Piston 조립 전에 윤활유를 충분히 발라
부드럽게 조립되도록 한다.
Lapping tool을 이용하여 Lapping하면 된다.

(4) TEST 방법

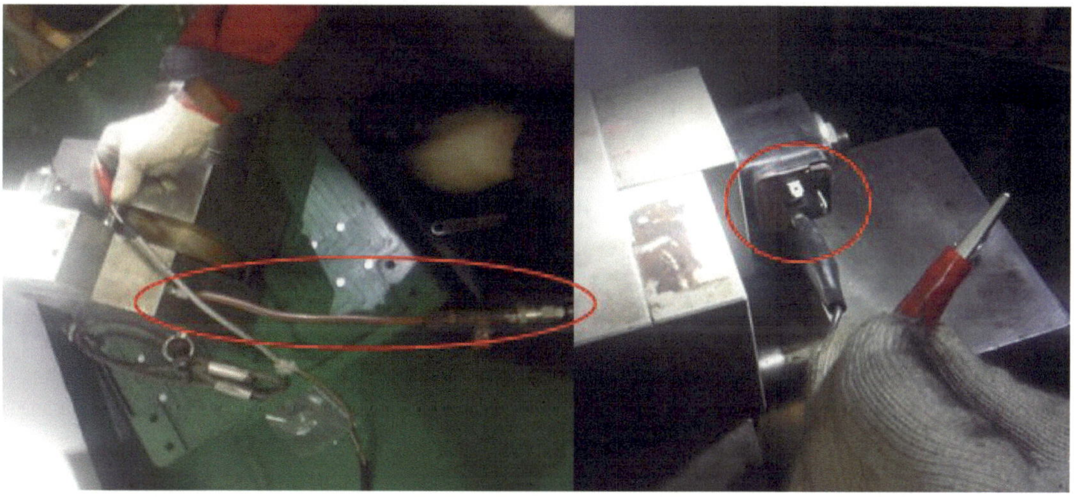

① 5-2way Valve를 정비한 후에 정비된 Starting Air Valve와 조립한다.

(5-2way 정비 방법은 따로 설명하지 않겠다. 교환 주기는 16000H이다. 즉, Starting Air Valve 2번에 1번꼴로 정비를 한다.

개인적으로 Starting Air Valve 정비 시에 같이 정비하는 편이며, 각종 O-ring이랑 각종 Clip Ring, Coil등을 교환하고 내부 소제하면 된다.)

② 상기 첫번째 그림처럼 Starting Air Valve 에 5-2way Valve를 조립한다.

에어라인 연결하고, 두번째 그림과 같이 5-2way Valve Coil에 DC 24 V인가하여 밸브 작동하는지 TEST한다.

DC 24 V인가하면 Valve Open되고 소자 시키면 Valve Close된다.**(JUMP CABLE 필요함)**

DC 24V는 통상적으로 ECR AMS 뒤쪽에 DC24V 공급되는 곳에 보면 Spare로 따로 Test Cable을 만들어 놓았을 것이다. 아니면 Battery Spare가 있으면 연결하여 사용하면 된다.

③ 만약에 Test가 되지 않는다면 경우의 수는 **세가지**이다.

㉠ Starting Air Valve가 조립 잘못 되었거나(Piston Ring 조립 잘못)

㉡ 5-2way Valve 정비 잘못 및 5-2way Valve Coil이 불량하거나,

㉢ DC24V 제대로 인가되지 않거나.

상기 3가지 경우에 대해서 Starting Air Valve가 문제인지 확인을 위해서는 5-2way Valve를 뒤집어서 설치하여 Air를 집어넣어 본다.

작동이 잘된다면 Starting Air Valve는 조립 잘된 것이고, 작동이 안되면 Piston Ring 재확인한다. 작동이 잘되면 5-2way valve 신품을 조립하여 Test 해보고, 만약에 신품을 조립해도 안된다면 DC24V 전원 계통을 재확인 해본다.

* STARTING AIR VALVE PILOT VALVE LOOP FAIL ALARM

S/BY 및 운항 중에 Starting Air Valve Pilot Valve Loop Fail Alarm이 발생하는 경우는 승선 경험을 기준으로 하면 **네가지** 이다.

㉠ Starting Air Valve 5-2 Way Solenoid Valve Coil과 Power Cable이 체결이 잘 안되었거나,

㉡ 5-2Way Solenoid Valve의 Coil이 오랜 사용으로 상태 불량하거나,

㉢ Power Cable 내부 Cable 상태 불량하거나(단락 및 피복이 벗겨져서 어스가 발생하거나),

㉣ E-95(각 CYL′ Head 앞에 있음.) Panel 내부 및 외부 결선 불량.

위 네가지로 해당 Alarm은 Clear할 수 있다.

EXH′ Valve에 대해서 설명하겠지만, E-95 Panel 안에 EXH′ Valve Stroke Sensor Cable이 연결되니 필요 시 교환한다.

〈EXH′ Valve Stroke Sensor Cable(왼쪽)
Starting Air Valve 5-2 Way Solenoid Valve Cable(오른쪽)〉

* PARAMETER CHANGE

Parameter Change

The parameter settings are configured during commissioning and requires higher lever user access to be changed. However, they can be inspected.

1 Select the **Misc Menu** then **Parameter Change**

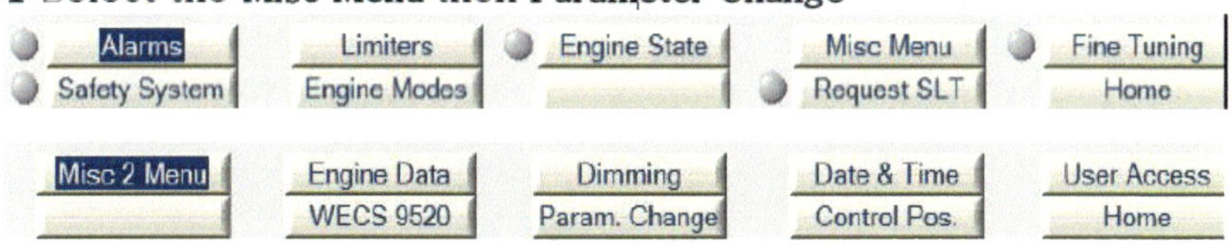

2 In the Main Function Overview you will find several sub-functions. Select the "start stop reversing"

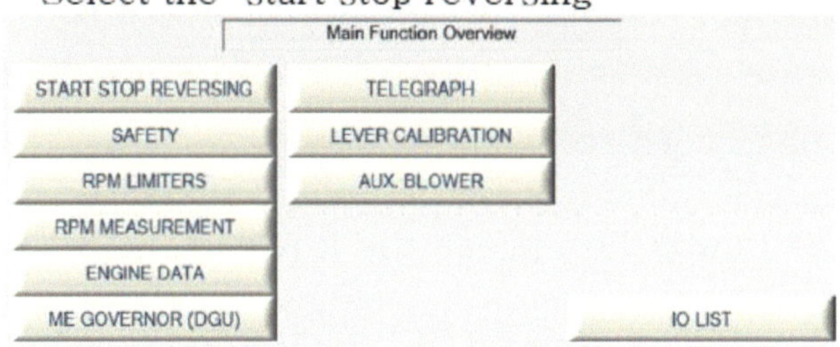

3. Select the "start air pressure"

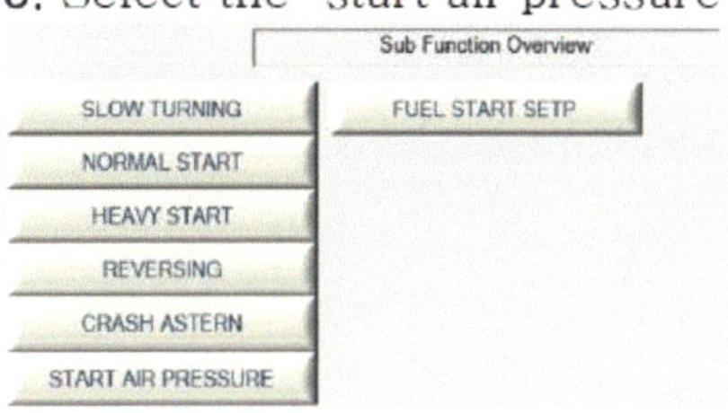

4. To change a parameter, select the parameter by turning the rotary knob until value is highlighted (Password: 41436).

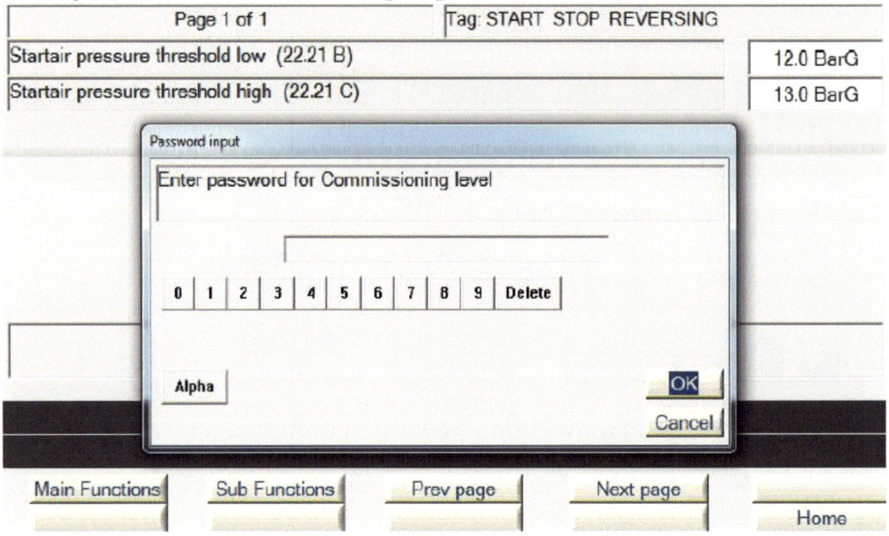

5. Then press the rotary knob (password for commissioning access will be required-41436).
6. Adjust the value by turning the knob, then press the knob to activate the parameter value change.
7. To return to the sub-menu select "Sub Functions", or if you want to return to the main parameter menu select "Main functions"

- Start air pressure threshold low ; 12bar
  Bridge start block interlockAlarm level

- Start air pressure threshold high ; 13bar
  Alarm auto reset pressure level

* Start Air Pressure Bridge Interlock이 있는 이유

안전한 엔진 사용을 위한 기능이며 엔지니어가 최소한의 여유를 갖고서 문제 발생시 기관 운전 모드이다. ECR에서는 압력에 대한 제한이 없으므로 최소 압력까지 기동가능하다.

ACP Panel에서 수정가능하다.

에어 압력 수정

→ 12 Bar Low Pressure
  Alarm 발생과 브리지 기동 불가능한 압력이다.

→ 13Bar High Pressure
  Alarm 자동 리셋 압력이다.

만약 접안 시 Air Press 가 12Bar 이하로 낮아져 Start Air Pressure Bridge Interlock AL 발생한다면, 급하지 않을 경우 Air Charging 할 때까지 기다리고, 시간이 촉박 하다면 ECR 로 내려서 ECR 에서 운전한다. 상기 관련은 M/E Shop Test 에 자세히 나와 있으니 참조한다.

5) 크랭크 앵글 센서

(1) 점검 사항

① L.O 상태 점검

순찰 시 CA Sensor 상부에 있는 L.O Line 손으로 만져 L.O가 순환되고 있는지 확인 한다.(System L.O 온도 40~45도, L.O가 정상적으로 들어가지 않으면 BRG 손상 된 것이다.)

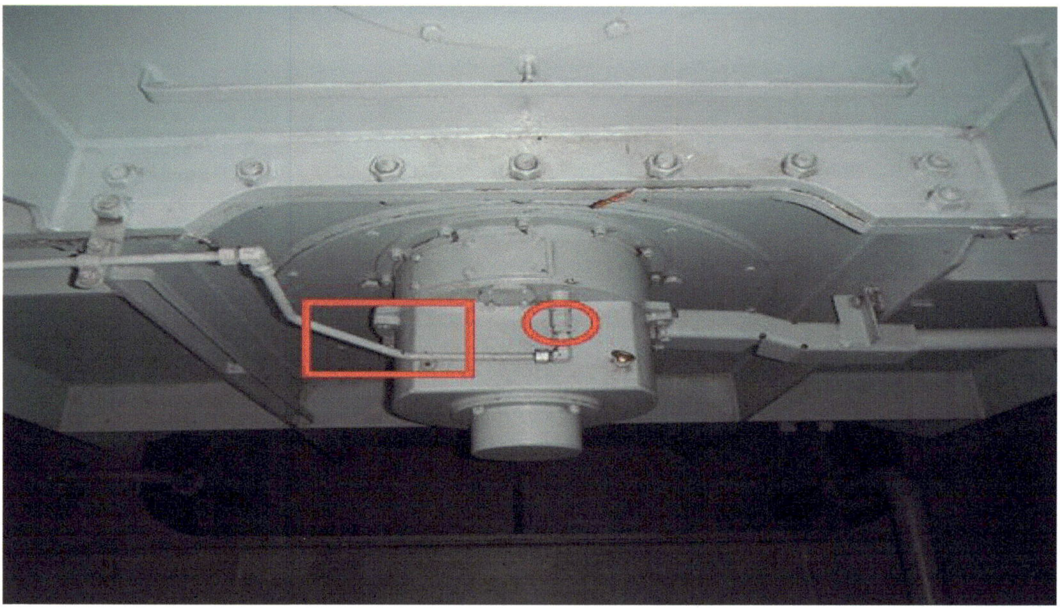

(상기 'ㅁ'부분이 따뜻하지 않을 시 '0'부분(THROTTLE VALVE)가 막힌 것이니 정비한다.)

② Toothed Belt 점검

Sensor에 있는 두 Red Line이 일치하지 않으면, Belt에서 Slip이 일어나는 것이고, Belt의 Tension 조정이나 교환이 필요하다.(30Nm)

③ The Spring Loaded Coupling 손상

#1 CYL TDC일 때 Crank Shaft Punch Marking 12시 방향에 없다면 The Spring Loaded Coupling 손상된 것이다.

④ CA sensor 손상

상기의 윤활유 순환 상태 Red -Marking Line, #1CYL TDC Mark가 모두 정상인

데 이상이 있으면, Sensor 자체가 손상된 것으로 Sensor Assembly로 교환한다.

(2) 교환 관련

교환 시 Sensor, Cable(Sensor부터 E96까지) 같이 있어서 Spare 상태 그대로 교환한다.

만약 Sensor만, 혹은 Cable만 교환 시 오작동 할 수 있다.

(3) 기타 주의사항

CA sensor 통신 Cable을 보호하는 Cover는 평소 밟고 디니거나 작업 시 밟고 작업할 시 내부 Cable이 손상되어 오류를 발생시킬 수 있으니 주의해야 한다.

운전 중 Sensor의 회전 부를 잡고 있는 Belt는 건들면 안된다.(틀어지면 오류가 발생할 수 있다.)

Crank Angle Sensor 1개 작동 시 운전에는 지장 없으나 2개 모두 고장 나면 Shut down 된다.

(4) Crank Angle Sensor 교환 방법

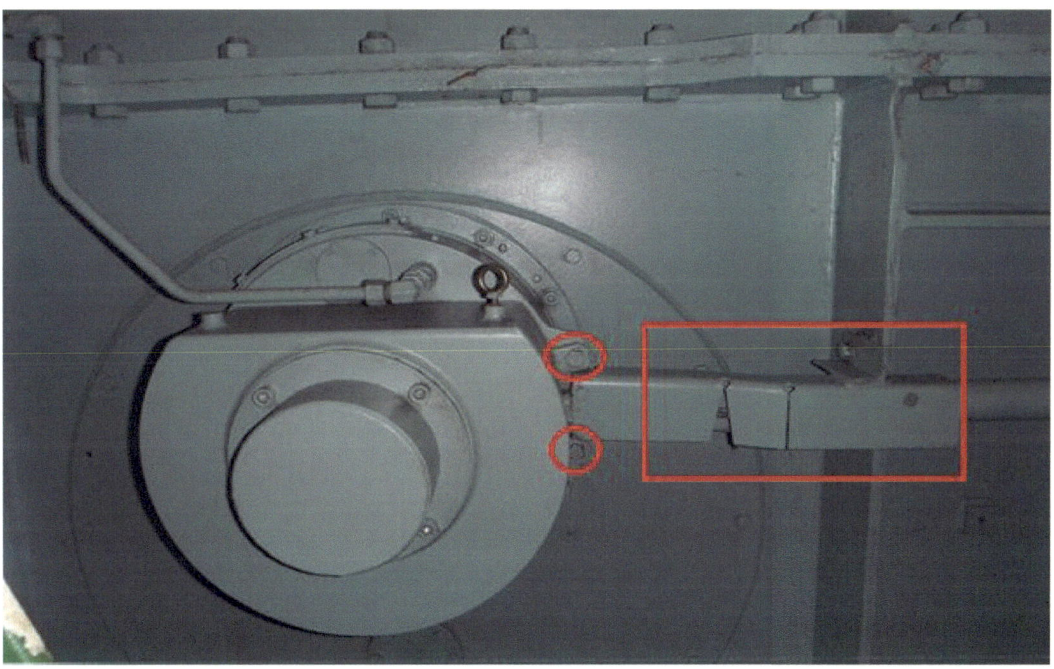

① 상기 'ㅁ'부분을 취외한다.(Protector Cover)

② 'O'부분도 Bolt를 풀어내고 Cover를 취외한다.

③ CA Sensor가 보이면 Turning gear로 Turning하여 NO.1 CYL'를 TDC로 맞춘다.
(MCP화면 및 Flex-View 에서 Crank Angle 360도가 되면 NO.1 CYL를 TDC로 맞춘 것이다.)

④ CA SENSOR 취외하고 신품으로 조립한다.

⑤ BELT를 취부 한다. 취부 시 Belt Tension은 **30NM**으로 한다.

⑥ BELT 취부 시 아래의 그림과 같게 한다.

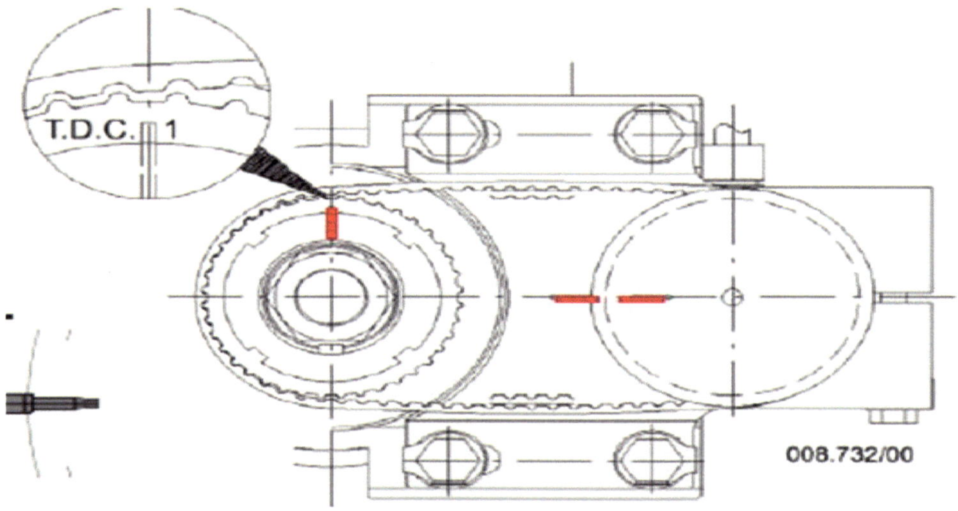

⑦ CA Sensor 및 Belt 장착 완료 뒤 Flex-View에서 Crank Angle값을 보정하여 Sensor 1과2의 값을 같게 한다.

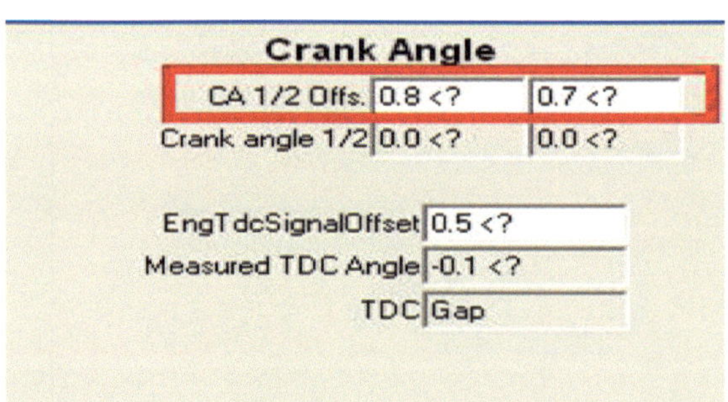

상기 표시 부분(CA 1/2 offs.)을 조정하여 Crank Angle 1/2값을 같게 한다.
(Flex-View에서 흰색 부분만 값을 수정이 가능하다.)

⑧ Turning 하여 CA Sensor 가 정상 작동하는지 확인한다.

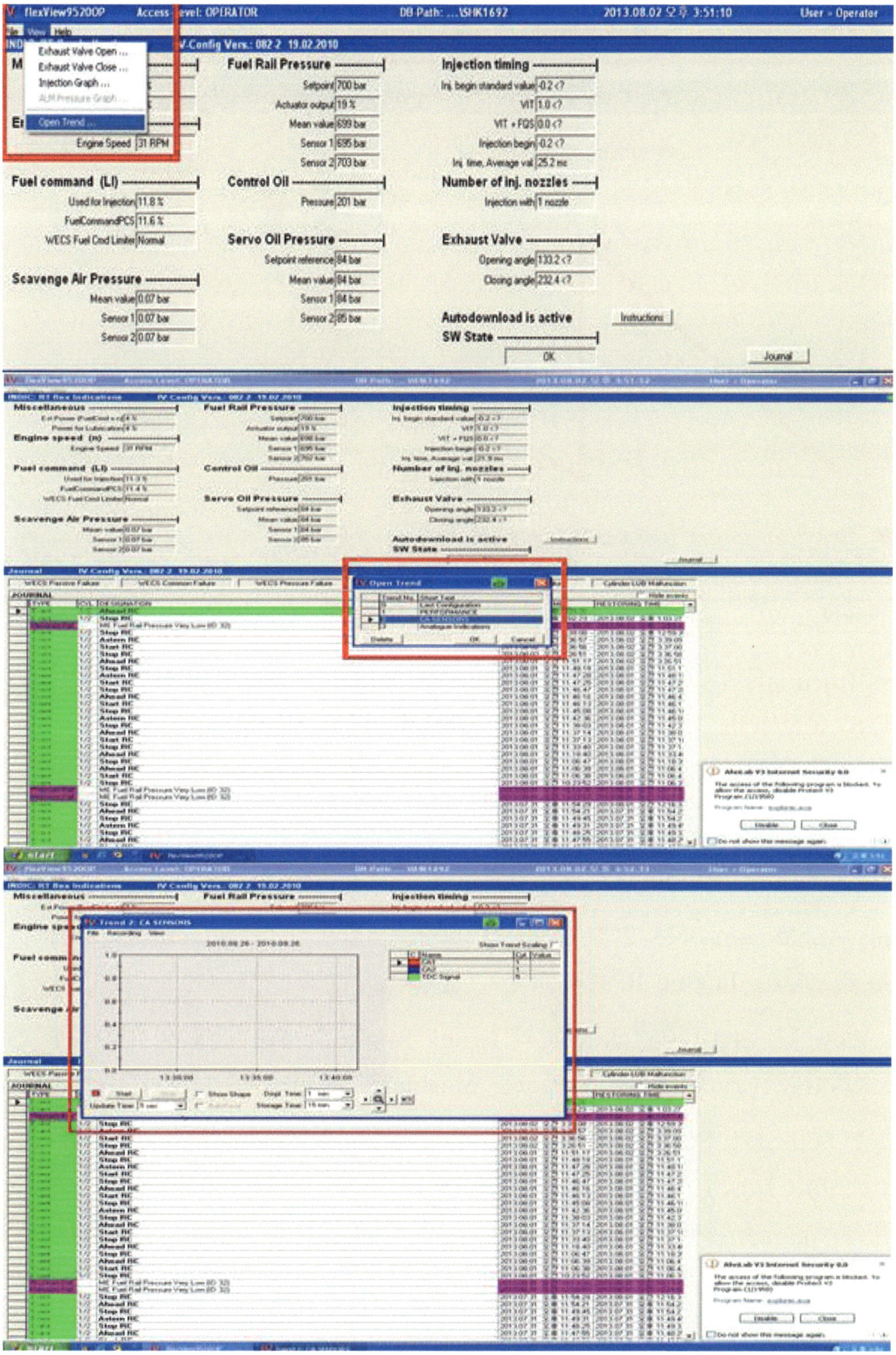

Flex View에서 View → Open Trend → CA Sensor 지정 후 OK를 클릭한다.

Start를 누르면 그래프가 나타나는데 이것을 보고 CA Sensor 정상 여부 확인한다.

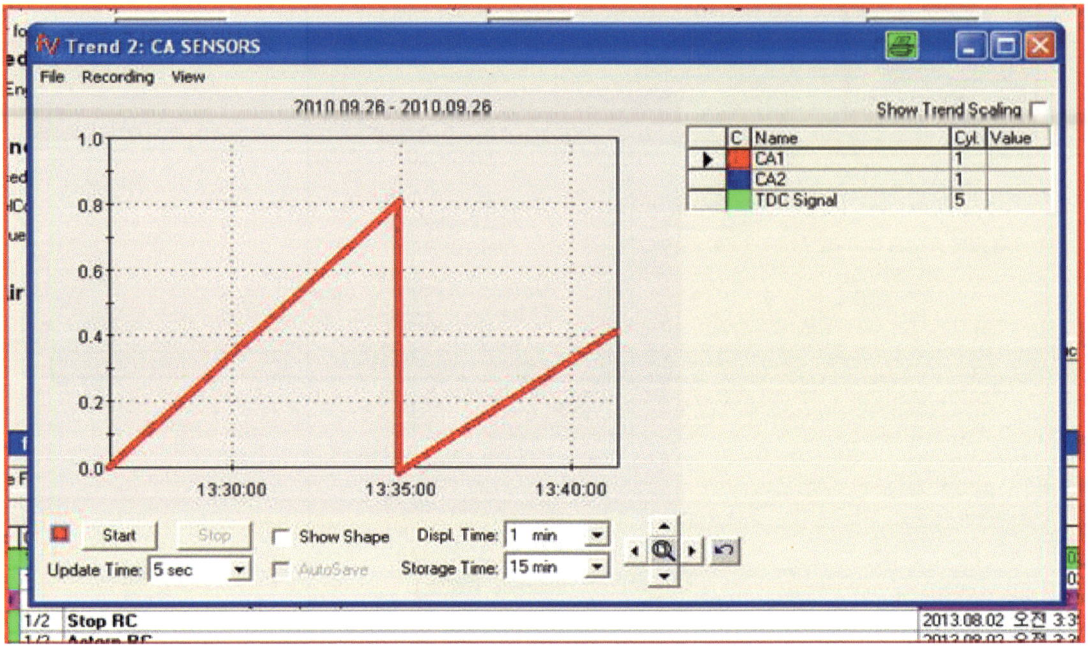

→ Turning하여 그래프가 상기와 같이 삼각형 모양이 나오면 정상이다.

(ENG 운전시에는 속도가 빨라 상기의 그래프가 나오지 않는다.)

⑨ COVER 조립한다.

* Crank Angle Sensor 간단한 설명

Crank Angle Sensor는 2개 설치되어 있다. 역할은 F.O Injection, EXH′ Valve Open & Close, Engine RPM의 기준이 된다.

Flex View에서 NO.1 CYL의 TDC와 Crank Angle Sensor 값을 읽어 오차를 Offset으로 보정한다. Crank Angle Sensor는 Master와 Stand-by로 나누어진다.

Master Sensor와 Stand-by Sensor간에 Reading값의 Deviation에 따라 Engine Slow / Shut Down 시스템이 작동이 된다.

DEVIATION: 1° ALARM, 2° SLOW DOWN, 4° SHUT DOWN

(5) Crank Angle Sensor 교환 사진

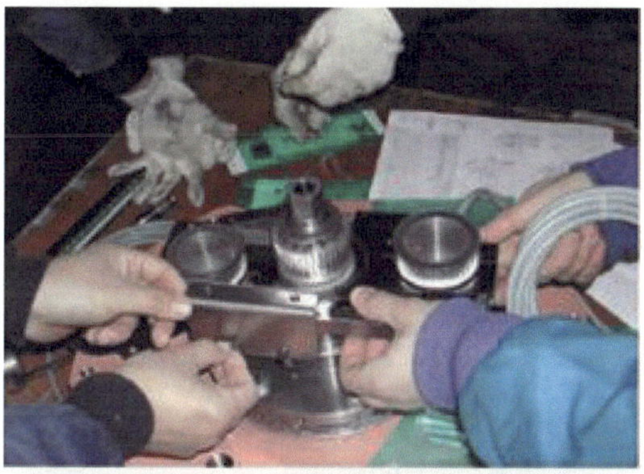
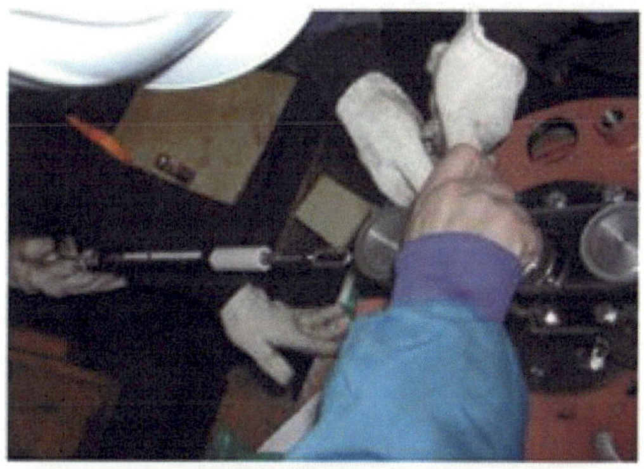
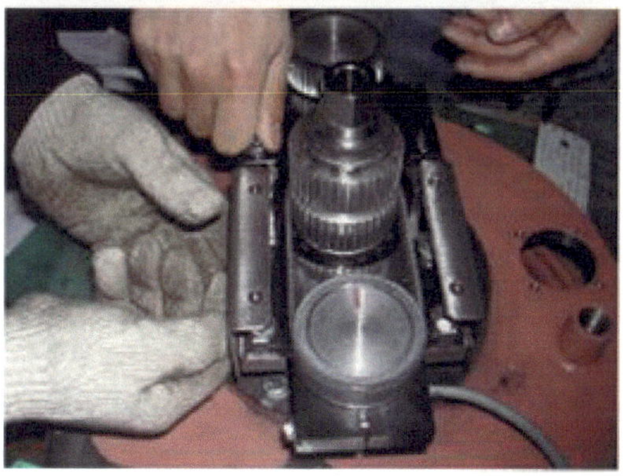

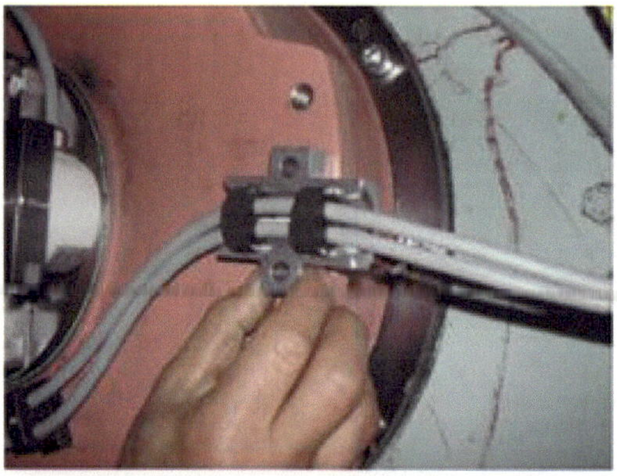

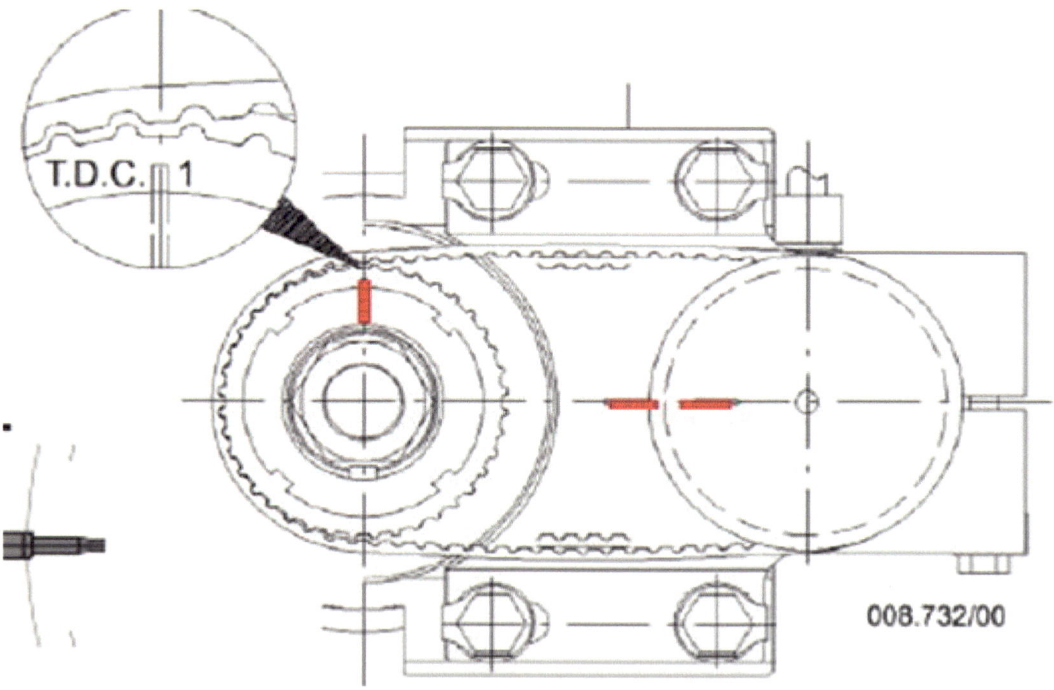
T.D.C.
1
008.732/00

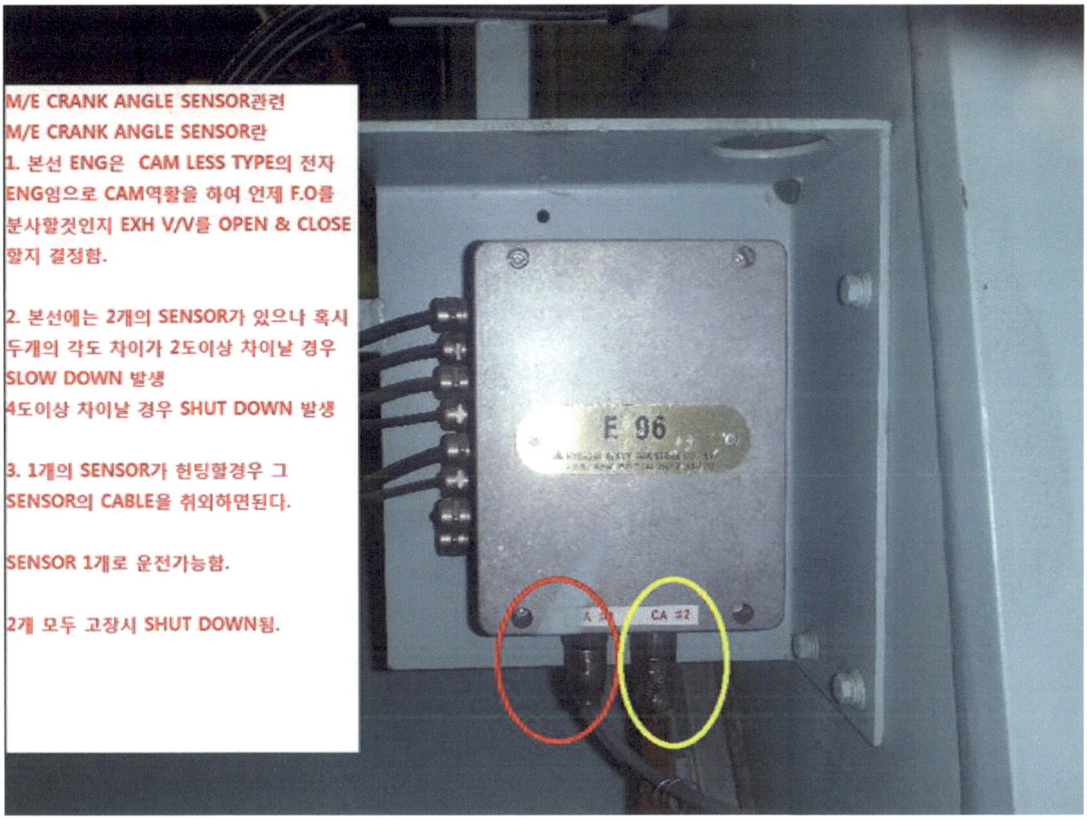
M/E CRANK ANGLE SENSOR관련
M/E CRANK ANGLE SENSOR란
1. 본선 ENG은 CAM LESS TYPE의 전자 ENG임으로 CAM역활을 하여 언제 F.O를 분사할것인지 EXH V/V를 OPEN & CLOSE 할지 결정함.
2. 본선에는 2개의 SENSOR가 있으나 혹시 두개의 각도 차이가 2도이상 차이날 경우 SLOW DOWN 발생
4도이상 차이날 경우 SHUT DOWN 발생
3. 1개의 SENSOR가 헌팅할경우 그 SENSOR의 CABLE을 취외하면된다.
SENSOR 1개로 운전가능함.
2개 모두 고장시 SHUT DOWN됨.
E 96
CA #2

6) 서보 오일 펌프

(1) Servo Oil Pump Filter 소제 방법

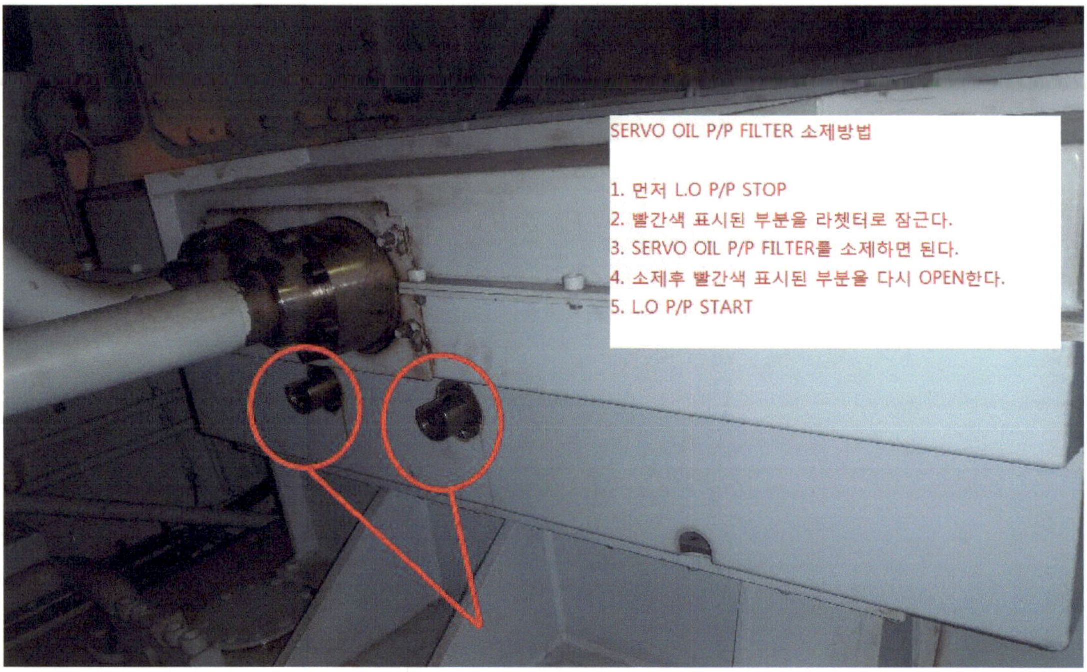

(2) Servo Oil Pump Pinion 취외 방법

① 본선에서 거의 취외 할 경우가 없지만, 비상상황으로 Pinion이 손상되어 취외하여야 할 경우 아래와 같은 방법으로 취외하면 된다.

② 우선 Servo Oil Pump를 취외한다.

③ Flange 및 Pump Support를 순차적으로 취외한다.

Pump Support를 취외 할 때 Pinion도 같이 빠질 수 있음으로 Pinion에 각목을 두고 망치로 쳐서 같이 안 빠지게 한다.

④ Shaft를 취외한다.

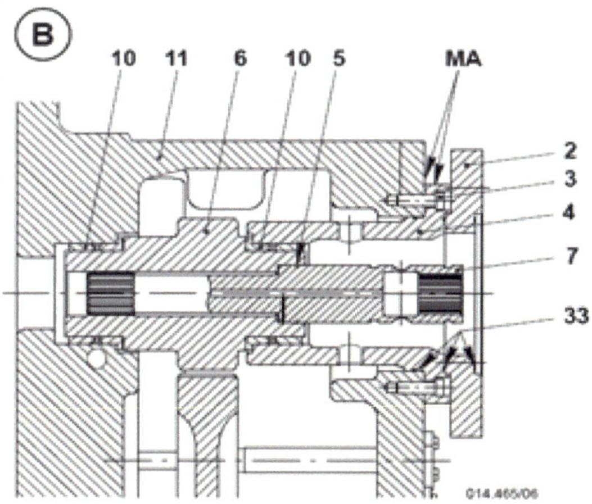

그림 10번은 Bearing Bush이다.
본선에서 취외 시 본선에서 취부 불가하다.
(질소 냉 박음으로 되어있음.)

실제 SHAFT 모습이며 옆의 그림 5번 SNAP RING 때문에 잘 빠지지 않는다.

⑤ Tool을 장착한 후 취외하면 된다.

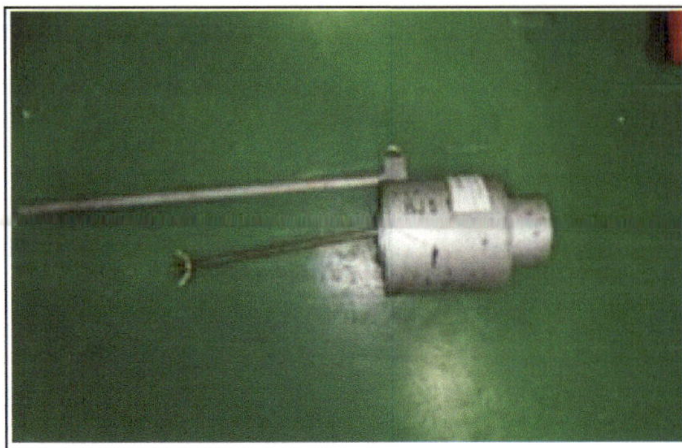

Union 취외 tool 이다.

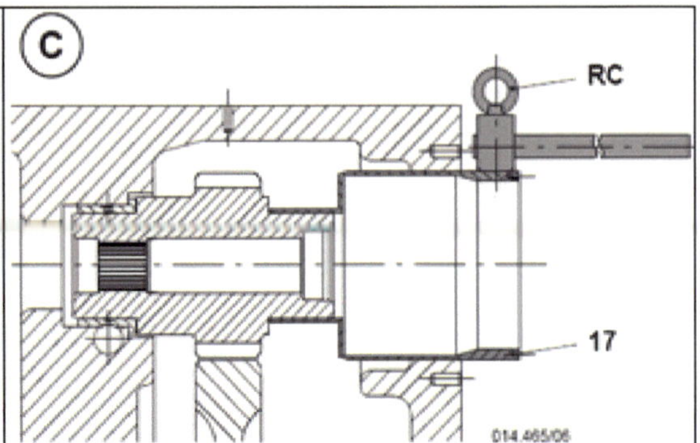

상기 그림과 같이 Guide Bush Tool만 장착한다.

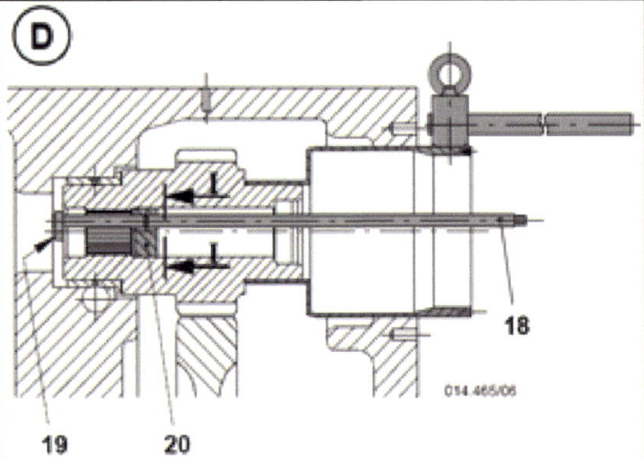

Stop Rod를 그림과 같이 넣는다.

넣을 때 그림과 같이 넣어야 한다.

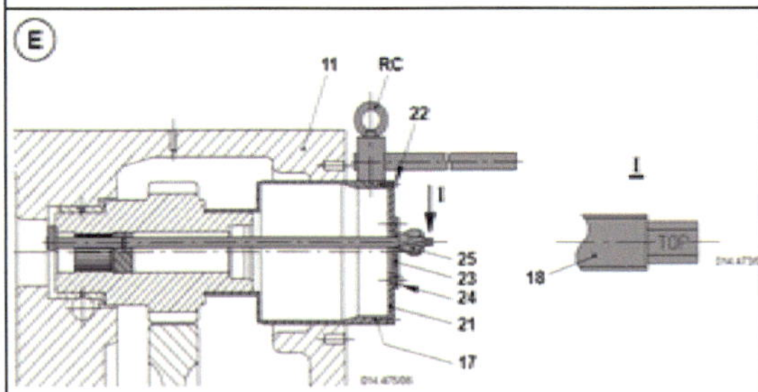

Stop Rod을 180도 돌려서 그림과 같이 한다.

180도 돌리면 그림과 같이 된다.

그 상태에서 23번 Flange를 닫는다.

25번 Wing Nut를 잠그면 조금씩 Union이 취외된다.

(취외하기 전 미리 Eye Bolt에 Chain Block을 걸어 두어야 한다.)

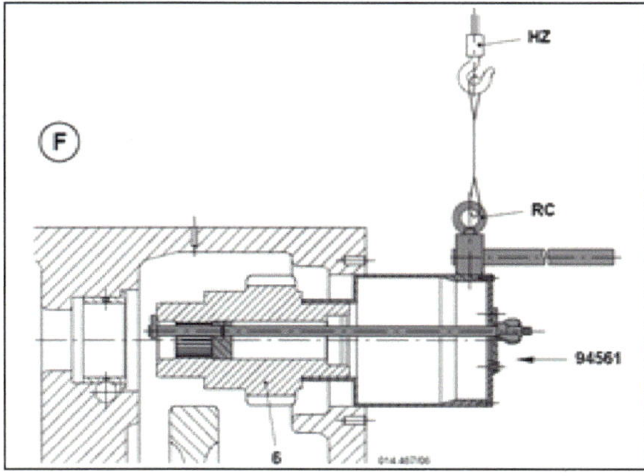	그림과 같이 Chain Block 이용하여 취외 한 Union을 빼내면 된다. (두꺼운 Blind Flange로 구멍을 막은 후 운전 하면 된다.)

Servo Oil Pump는 정비 주기 **24000H**이지만, 실제 정비 주기시간마다 점검 하진 않는다. 승선하는 배 마다 어떤 배는 신조 이후 교환을 하지 않아 60000H 또는 70000H 였다. 본선 담당 육상 감독과 협의하여 진행하면 된다.

7) 보조 블로워

AUX. Blower 교환 주기는 **3000H**입니다.

고온 다습한 구역을 항해하는 선박은 교환 주기가 더 짧다. 통상 3000H에 교환하며, 취외한 AUX. Blower는 본선에서 정비(Bearing, Lock-seal, seal-ring) 또는 육상으로 재생 수리 신청을 한다.

처음은 본선에서 정비를 하고 두번째로 육상 재생 수리 신청 또는 육상 수리 신청해도 된다. 본선 사정에 맞게 진행하면 된다.

게다가 본선에서 정비 시에 Bearing은 Open Type이 아닌 Seal Type을 장착 한다. Open Type은 주기적으로 그리스를 주입해야 하지만, Seal 타입은 그리스 주입을 하지 않아도 되고, 경험 상 OV'HL 주기가 Open Type이 더 짧다. 참고로 신품 Motor의 경우 명판에 보면 Open Type으로 되어있을 것이다.

Drain Pipe에서 Air가 나오면 Air Lock-seal이 불량 또는 교환 주기가 도래했다는 것을 의미한다. 취외 및 조립 시 Power Off 하고 항상 Paint Marker로 표시를 하고 취외 및 조립을 시행한다. Junction Box까지 교환하면 시간이 오래 소요되므로 AUX. Blower Cable만 취외하고 조립할 경우 작업 시간 을 단축할 수 있다.

분해 및 조립 시 Stuffing Box에 Gas Lock-seal 2ea 들어가는데 Stuffing Box 방향 및 Gas Lock-seal 방향 제대로 확인하고 조립하도록 한다.

예전 Model의 Motor의 경우에는 Power Cable J/Box 내부에 Heater Cable을 연결할 수 있도록 되어있으나, 최근에 나온 것들은 Heater Cable을 연결하지 않도록 되어 있다. 그러면 Stop 했을 때 Space Heater는 어떻게 작동하게 될까?

Stop 중 시퀀스 회로를 보면 UVW 3상 전원에 Heater 선 연결하여 공급 Power에서 Transformer를 거쳐 변압을 시키고, Power Cable 자체에 전압을 공급하여 Heater를 작동시킨다.

다른 특이사항은 없고 본선에 장착되어 있는 AUX. Blower Motor가 어떤 Type인지 미리 파악하고, Open Type Bearing인 경우에는 주기적으로 잊지 말고 Grease 주입해주면 된다.

8) 플렉스 제어 모듈(FLEX CONTROL MODULE)

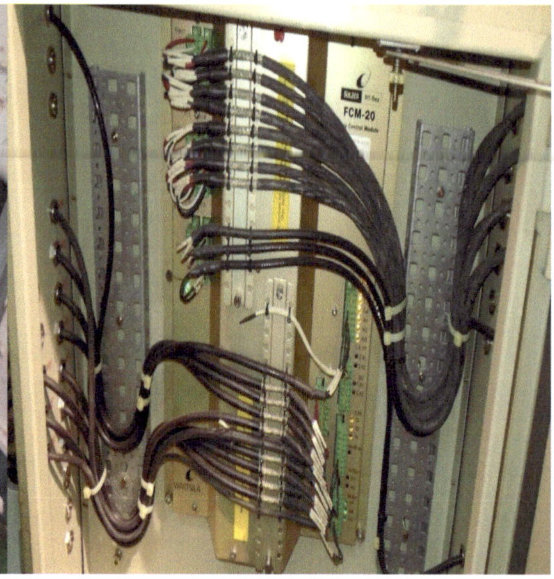

F.C.M(Flex Control Module) 정비 주기는 36000H~50000H이다.

예를 들어, Flex-View에서 FCM #1,2 Alarm이 있으면 실제로 Local에 FCM Panel 열어서 Modbus 및 다른 Alarm이 와있는지 점검하도록 한다. 위 상기사항 때문에 통신문제 Alarm들이 수차례나 왔던 적이 있었다.

교환은 Engine Stop후 E-85 Panel에서 FCM Power Off후 FCM 통째로 교환하면 된다.

교환할 때 주의할 점은 E-90(각 실린더 FCM 위치하는 곳에 있음)에 S/BY 0 번 FCM 장착되는데, 단순히 FCM 문제라고 고과기부속에 있는 신품 및 재생 수리품 FCM 을 꽂으면 안된다.

E-90 Panel 에 장착되어 있는 0 번 FCM 을 장착을 하고 신품이나 재생 수리품을 E-90 Panel 에 장착을 해야 Data 가 Back-up 및 Update 가 된다.

그냥 상기 언급한 대로 신품이나 재생 수리품을 장착 하면, Data 가 Back-up 이 되어 있지 않아 FCM 끼리 서로 Communication 할 때 에러가 발생한다.

9) BMS 리셋

선박 설계마다 조금씩 다르지만 아래의 2가지 경우에서 본선이 어디에 해당하는지 확인하고 적용하면 된다.

(1) CASE 1

1) Bridge console ACP 오른쪽 Cover를 열고 PSO-P1 Module의 Switch 5개를 Off 한다.

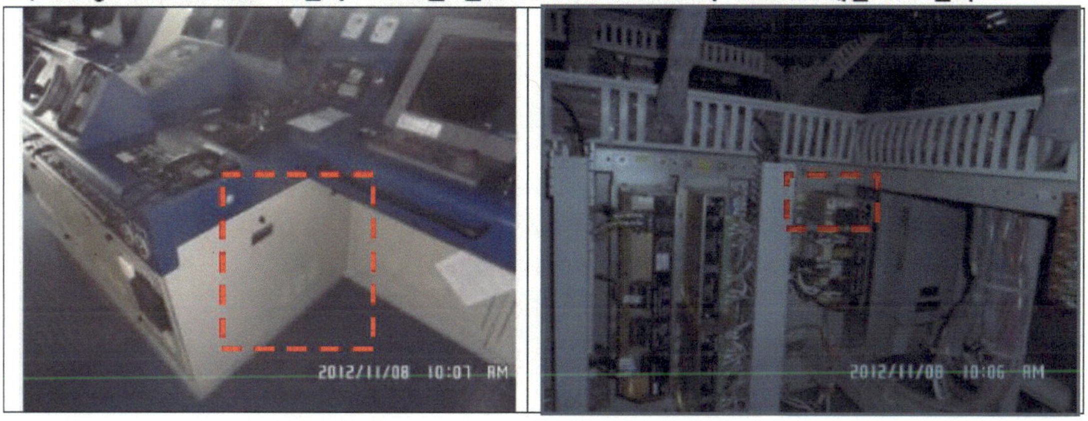

2) ECR control console ACP 하부의 Cover를 열고 PSO-P2 Module의 Switch 5개를 Off 한다.

3) Engine room partial deck에 있는 E-25 Panel (Egine control local stand) 내부의 PSO-P3 상부의 Switch 5 개를 Off 한다.

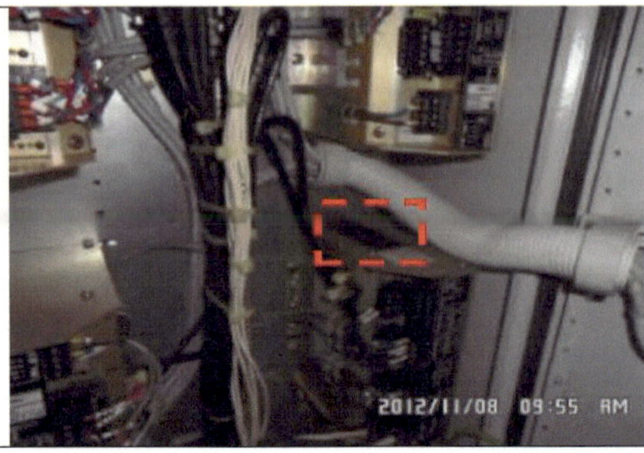

4) Engine room 3rd deck Sewage treatment 뒤의 E-85 Panel 내부 모든 Switch를 차례로 Off 하여 WECS, FCM의 전원을 차단한다.

5) ECR Console 뒤편의 'DC 24V MCCB & FUSE RACK' Cover를 열고 '24 VDC-15A UPS POWER & FUSES CABINET1' 내부의 Switch 4개를 Off 한다.

6) ECR M/E Manual control panel 하부 Cover를 열고 '24 VDC-15A UPS POWER & FUSES CABINET 3' 내부의 Switch 3개를 Off 하고 5분 후 다시 On 하면서 5) → 4) → 3) → 2) → 1) 순으로 전원을 복구한다.

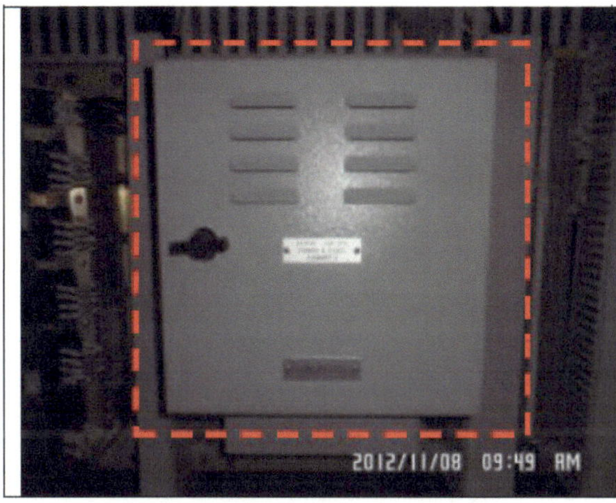

(2) CASE 2

1) Bridge console 오른쪽 Cover를 열고 PSO-P Module의 Switch 5개를 Off 한다.

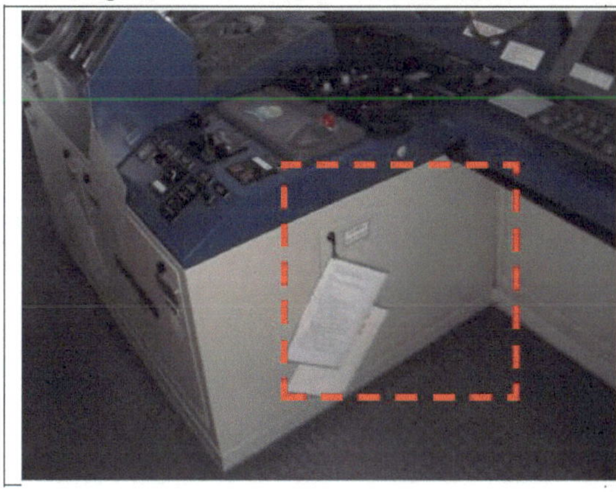

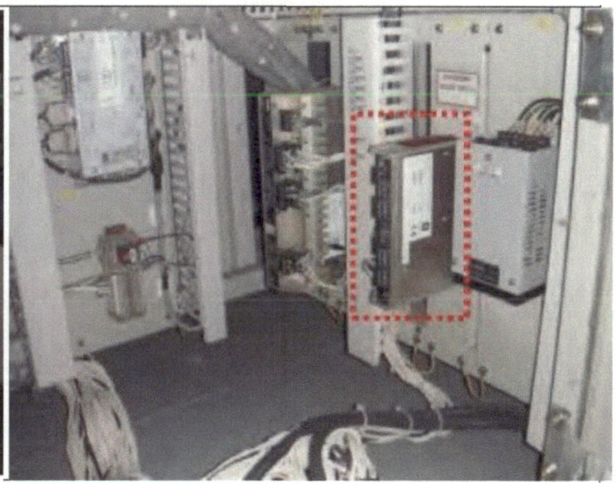

2) Engine room partial deck에 있는 E-25 Panel (Egine control local stand) 내부 PSO-P 하부의 Switch 5 개를 Off 한다.

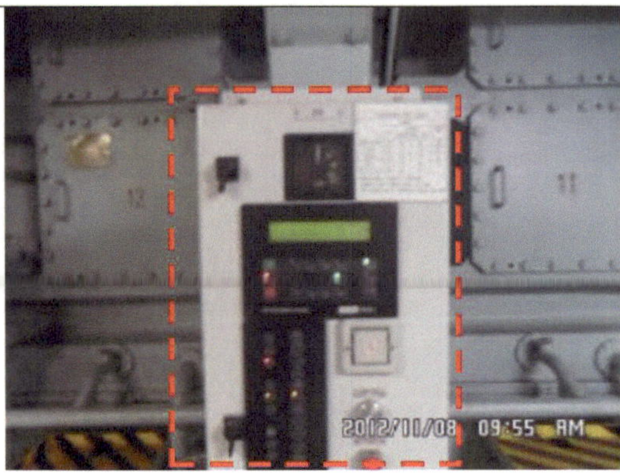

3) Engine room 4th deck 청정기 실 옆의 E-85 Panel 내부 모든 Switch를 차례로 Off 하여 WECS, FCM의 전원을 차단한다.

4) ECR Console 뒤편 STBD 측 Cover를 열고 '24 VDC-15A UPS POWER & FUSES CABINET' 내부의 Switch 7개를 Off 하고 5분후 다시ON하면 3) → 2) → 1) 순으로 전원을 복구한다.

10) ALM-20(ADVANCED LUBRICATION MODULE-20) 및 윤활

(1) AML-20(Advanced Lubrication Module)

ALM -20은 Lubricating Pump가 정확하게 작동하는지 Check하는 Control Unit 이다. 각 기통 마다 ALM-20이 설치되어 있고, 각 기통의 Lubricating Pump를 Control 한다.

ALM-20은 WECS-9520과 Communication 및 Pulse를 전달하며, 압력을 Monitoring 한다.

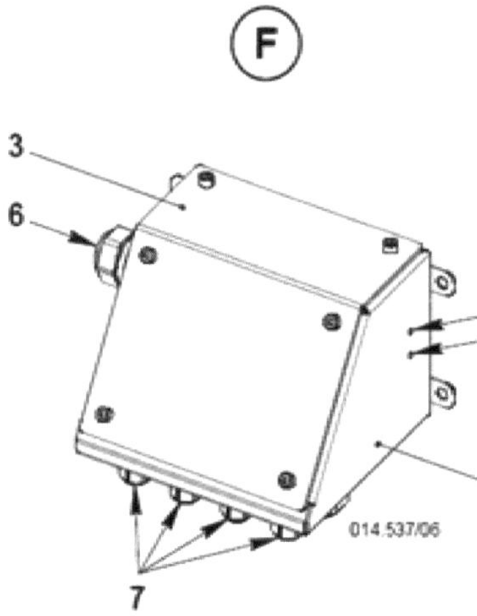

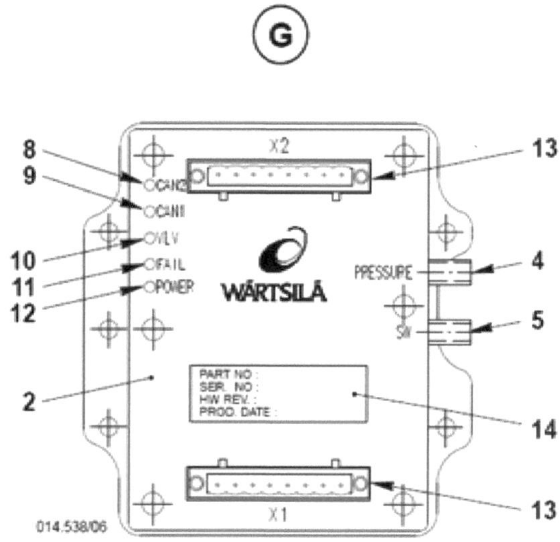

POWER ⇒ Green(Constant): 24V DC 공급

FAIL ⇒ Red(Constant): Solenoid Valve 또는 Pressure Transmitter 단락

Red(1 Blink): Solenoid Valve Open Contact

Red(2 Blinks): Pressure Transmitter Open Contact

Red(3 Blinks): Identification Resistor Failure

VLV ⇒ Yellow(Blinking): Sol v/v 정상작동

Red(Constant): Sol v/v 단락 Or Open Contact

CAN2 / CAN1 ⇒ Yellow(Constant): CAN Bus Active

Red(Constant): CAN Bus Failure

만약 FAIL에 Red(Constant) 점등되면 VLV에 Alarm 왔는지 Pressure에 Alarm 왔는지 확인 한다.

VLV에 Alarm 오면 Solenoid Valve 문제이고 Pressure에 Alarm 오면 Pressure Transmitter 문제이다.

(2) CYLINDER LUBRICATION 관련 사항

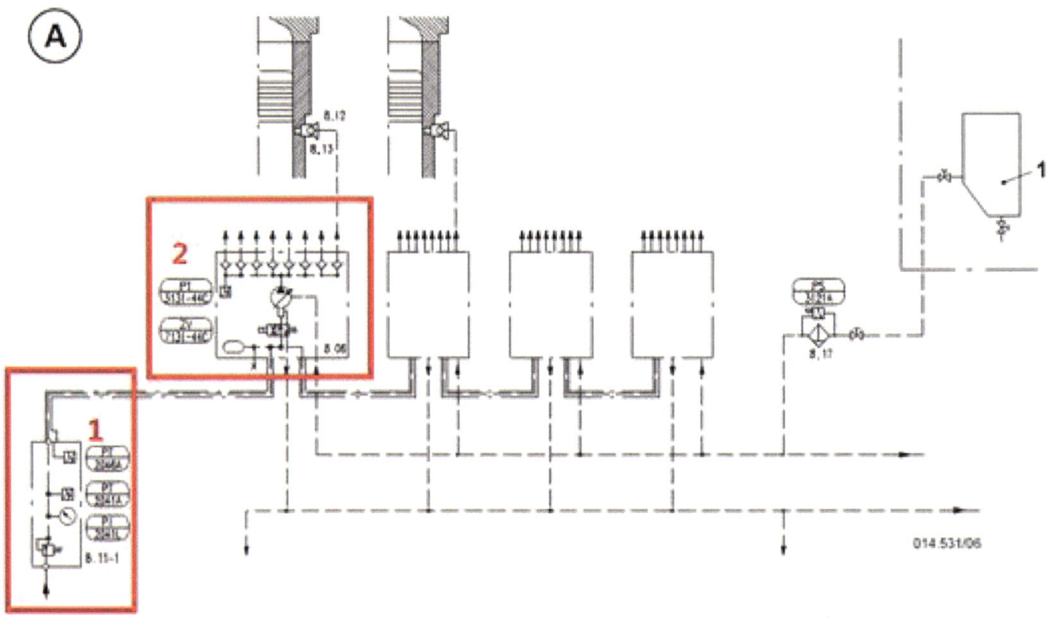

① Pressure Reducing Valve

② Lubricating Pump

〈① Pressure Reducing Valve〉

〈② Lubricating Pump〉

① Pressure Reducing Valve는 Servo Rail에서 오는 Servo Oil을 50Bar로 감압 시켜 Lubricating Pump로 보내는 역할을 한다.

② Lubricating Pump는 50Bar로 감압된 Servo oil이 작동유로써 Pump 작동시켜 CYL' Oil을 각 CYL.Liner에 주입시킨다.

* LUBRICATING PUMP의 ACCUMULATOR 관련 사항

Pulse Lubricating System

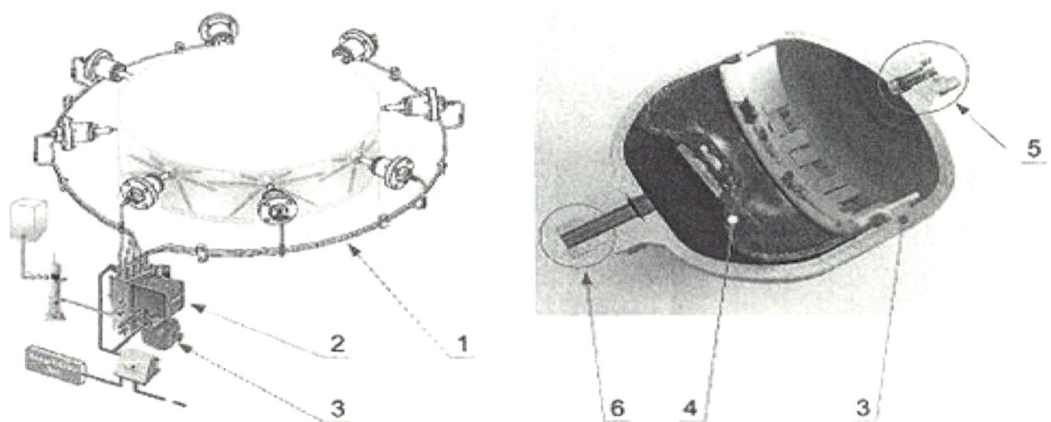

1. *Cylinder lubricating system,* **2.** *CLU4 lubricating module,* **3.** *Accumulator, volume 0.75 l,* **4.** *Membrane,* **5.** *Gas filling port,* **6.** *Servo oil port*

Fig. 1

〈Accumulator 단면 사진입니다.〉

Membrane을 경계로 오른쪽은 질소가스 구역이고 왼쪽으로는 Servo oil구역이다.

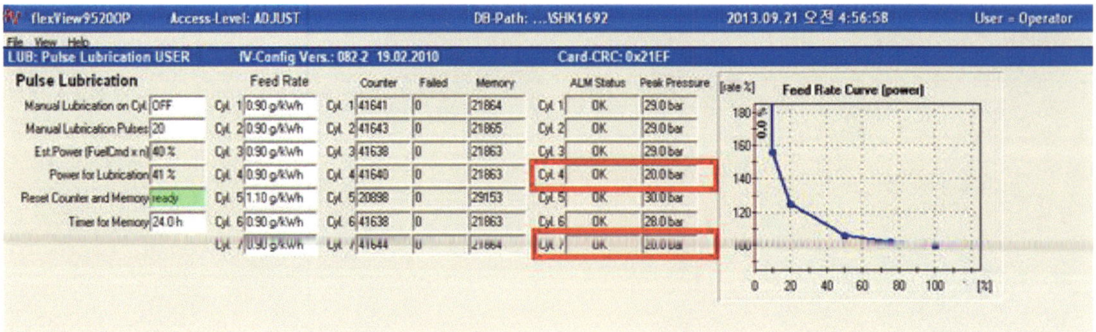

Flex-View에서 상기 그림과 같이 Peak Pressure가 다른 기통보다 압력이 낮거나 **20Bar이하** 이면 Accumulator에 질소 가스를 보충한다.

질소 가스를 보충하여도 계속해서 다른 기통보다 압력이 낮거나 **20Bar이하**이면 대부분 **Membrane 손상**되어서 동 현상이 발생한다.

* LUBRICATING PUMP의 ACCUMULATOR에 질소 충전 및 점검 방법

(1) 전체 CYLINDER의 ACCUMULATOR에 질소 충전 및 점검할 때

Control diagram of servo oil supply for RT-flex engine

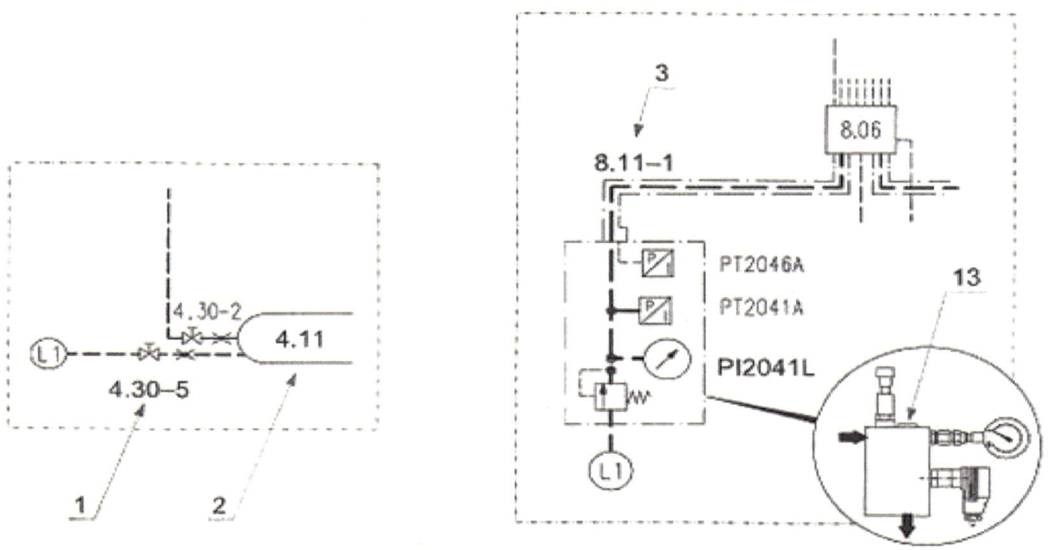

1. *Stop valve: 4.30–5,* **2.** *Servo oil rail: 4.11,* **3.** *Pressure reducing valve: 8.11–1,* **13.** *Screw plug*

Fig. 6

〈Stop Valve〉

〈Pressure Reducing Valve〉

① L.O Pump를 Off한다.(Control Oil Pump만 Stop해도 된다.)

② 4.30-5 Stop Valve를 Close한다.

③ 13 Screw Plug를 조금 열어 Pipe에 존재하는 압력을 제거한다.

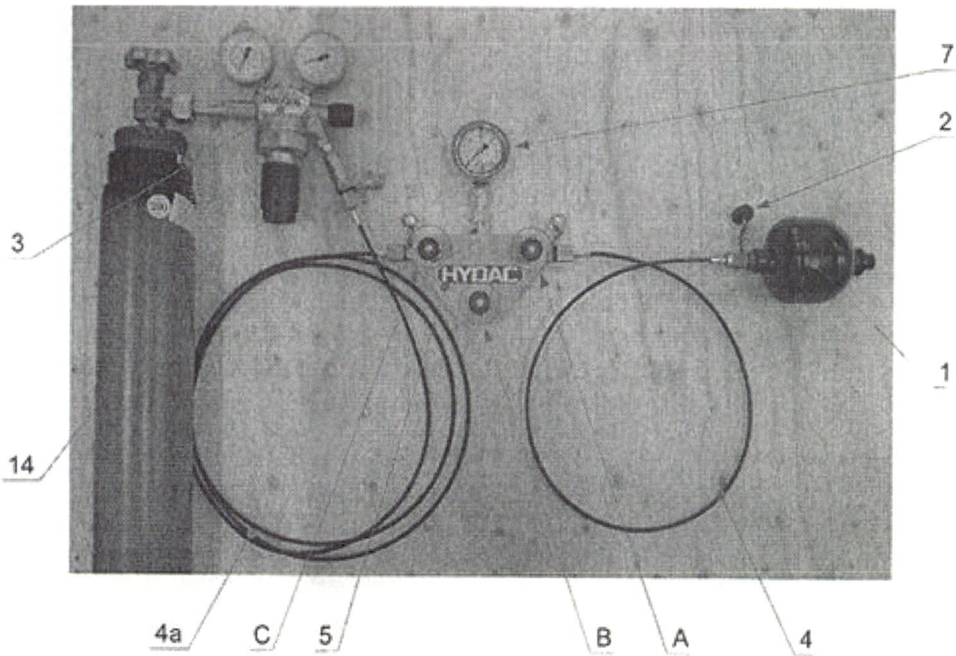

1. *Accumulator,* **2.** *Protection cap,* **3.** *Pressure reducing valve,* **4.** *Hose – length 1 m,* **4a.** *Hose – length 4 m,* **5.** *Control unit with three valves,* **7.** *Pressure gauge 0 to 60 bar,* **14.** *Nitrogen bottle,* **A.** *Valve,* **B.** *Valve,* **C.** *Valve*

Fig. 7

〈질소 충전 및 점검하는 장비이다. 상기 그림과 같이 설치하면 된다.〉

④ 상기 그림에서 A, B, C Valve를 모두 Close한다.

⑤ A Valve를 열어 7번 Pressure Gauge로 압력을 본다.**(현재 Accumulator의 질소 압력이다.) → Min 20Bar / Max 25Bar**

⑥ 만약 **20Bar~25Bar**사이면 다시 A Valve를 Close하여 점검을 끝내면 된다. **20Bar**이하이면 질소 충전을 하면 된다.

⑦ 3번 Pressure Reducing Valve의 Outlet Pressure를 대략 **30Bar**로 맞춘다.

⑧ A Valve를 열고 그 다음에 C Valve를 열어 Accumulator에 질소를 보충한다. 25Bar가 도달되면 A Valve를 잠그고 C Valve를 잠근다.

⑨ 장비에 있는 질소 가스를 Vent하고 취외하면 된다.

⑩ 다시 4.30-5 Stop Valve를 열고 13 Screw Plug를 잠그고 L.O Pump를 운전한다.

(2) 한 CYLINDER의 ACCUMULATOR에 질소 충전 및 점검할 때

→ 앞의 준비 과정만 다르다.

Ⓓ

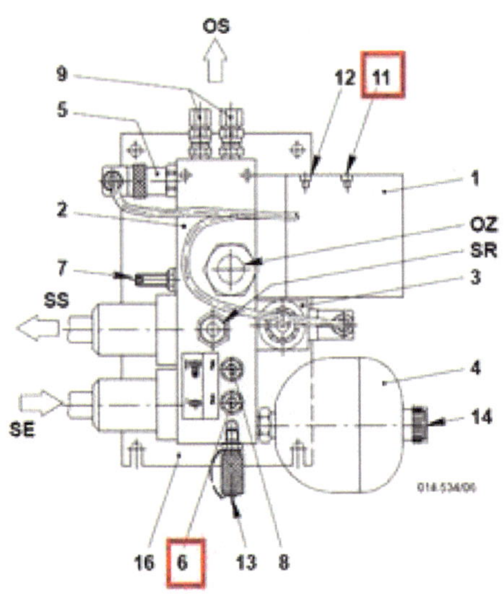

6번을 잠그고 11번에서 servo oil venting후 상기와 같이 질소 충전 및 점검을 하면 된다.

Tip : 단 6번 Valve가 확실히 Close 된다면 상기 방법으로 하면 된다.
11번 Venting Screw는 최대 3바퀴만 까지만 Open하도록 한다. Venting시 Oil이 잘 안보이니 주의해야 한다.

Accumulator의 Membrane이 손상되었다면, 질소 충전 및 점검 시 Gas Filling Port로 L.O가 나온다.
Accumulator 질소 압력이 없거나 Membrane이 손상되어도 운항에는 지장이 없으나, 가까운 항구에서 점검해야 한다.

(3) ACCUMULATOR 교환 방법

① Control Oil Pump Stop 한다.

② Shut Off Valve for Servo Oil Close 한다.

③ Accumulator 교환 한다.

④ Shut Off Valve for Servo Oil Open 한다.

⑤ Control Oil Pump Start 한다.

11) 배기 밸브

(1) 교환 방법

① 정비 주기는 24000~36000H이며 작업 전 LO Pump Stop 한다.

(Control Oil Pump → RPLS Pump(설치된 선박의 경우) → Cross-head Pump → Main LO Pump) Spring Air를 잠그면 Drain이 되고 Spring Air 압력이 떨어진다.

〈Spring Air Valve〉

* LO Pump부터 Stop하지 않고 Spring Air부터 잠그면, 전 기통 EXH′ Valve Spindle 열린 상태로 아래로 내려가게 된다. VCU Rail Valve가 작동되면 Spindle이 아래로 꽂힌다.

Spring Air 넣어 EXH′ Valve Spindle Close 되거나 Flex-View에서 정상 복구 되면 다행이지만, Valve Spindle이 아래로 주저앉아 올라오지 않으면 EXH′ Valve Venting Valve(DF 27538)를 Open하여 Venting 시키면서 올려야 한다.

CYL′ Head Water Drain을 시켜준다.

 **Inlet Valve Close**	 **Outlet Valve Close & Venting Valve Open**
 CYL´ Head Water Drain Valve Open (Normal Close)	 상기 중간 Valve Open하면 Drain 된다. (Normal Close)
 Venting Valve(Normal Close)를 조금씩 Open 하면 오른쪽 그림에 표시된 곳으로 물이 빠지기 시작한다.	 Drain이 나오는지 확인하고 Drain이 종료되면 작업 시작한다.

㉠ EXH´ Valve의 J.C.F.W In & Out Valve Close

㉡ CYL´ Water Drain Valve Open

㉢ 중간 Valve(Drain Valve) Open

㉣ CYL´ Venting Valve Open 하면 Drain 시작된다.

㉤ Drain 종료 후 작업 시작한다.

(J.C.F.W In & Out Butterfly Valve Seat Ring이 불량하면 전 기통 CYL´ Water Drain이 되어 팽창 Tank Level이 줄어들 수 있다.

팽창 Tank가 HT/LT로 구분 되어있는 선박은 괜찮지만, 그렇지 않은 경우 팽창 Tank Level이 계속 줄어 들면 G/E 운용에 지장을 초래하므로 Jacket Pump를 stop 한다.

그 후 Pipe Line확인하여, 관련 Valve를 Close한다.

대체로 팽창 Tank 출구 Valve(M/E Jacket Water로 가는 Valve,

Jacket Cooler In & Out Valve 및 By-pass Valve,

Jacket Pump Outlet Valve,

F.W.Generator(조수기) By-pass Valve를 Close 한 다음 다시 팽창 Tank Water를 보충하여 Level을 올린 다음 CYL´ Water Drain을 실시한다. 팽창 Tank가 줄어 들지 않는다면 작업을 시작해도 된다.

Butterfly Valve Seat Ring이 불량하면 정박 시간이 상대적으로 긴 항구에서 Line 차단하여 교환하고, Spare가 없다면 차후 선용품으로 청구한다.)

② EXH´ Valve에 연결된 Pipe들 전부 풀어내고 Hydraulic Pipe Drain Valve를 열어 LO Drain 후 E/R Overhead Crane을 이용하여 취외하여 옆 CYL´ Hydraulic Pipe에 걸쳐 둔다.<u>(Jacket Water Line, EXH´ V/V Stroke Sensor, Hydraulic Pipe 취외)</u>

* Hydraulic Pipe를 풀어내기 전 Peeler Gauge로 Housing(DF 84654)와 EXH´ V/V와 연결 부간극을 미리 확인하여 조립 시에 참조하도록 한다.

〈Hydraulic Pipe〉

〈유압잭〉

EXH´ Valve Expansion Joint에 위/아래 방향을 표시하고 취외한다.

Expansion Joint는 Overhead Crane에 Chain Block을 연결하여 Rope를 걸어 취외하면 된다.

취외 Tool이 있으면 Tool을 사용한다.<u>(대체로 그냥 Rope만 사용해도 된다.)</u>

(Expansion Joint 반대로 조립 하면 배기가스로 인해서 Expansion Joint 끝단이 손상 되거나 파손될 수 있고, 그런 경우에 T/C로 들어가서 손상 시킨다.

Expansion Joint 내부를 보면 EXH´ Valve에서 나가는 부분이 더 넓고, EXH´ Manifold로 들어가는 부분이 더 좁다.)

③ E/R Overhead Crane 이용하여 유압 잭을 EXH´ Valve Stud Nut에 설치하고, 유압 잭, 유압 호스를 유압 펌프에 연결한다.

(유압 잭을 Stud Nut에 체결하고 유압잭 Venting 밸브 Open한 상태에서 유압 잭의 Round Nut가 Stud에 밀착(Clearance = 'X')이 되도록 Tight 해준다.

Close할 때 Venting Valve로 LO가 튀어 올라오지 않게 천으로 막아준 상태에서 Round Nut를 시계방향으로 Tight하여 Stud에 완전히 밀착 시키면 된다.

만약 상기 방법처럼 하지 않고 유압을 걸어주면, 유압 Hose가 터지거나 유압잭에 문제가 발생 할 수 있다.)

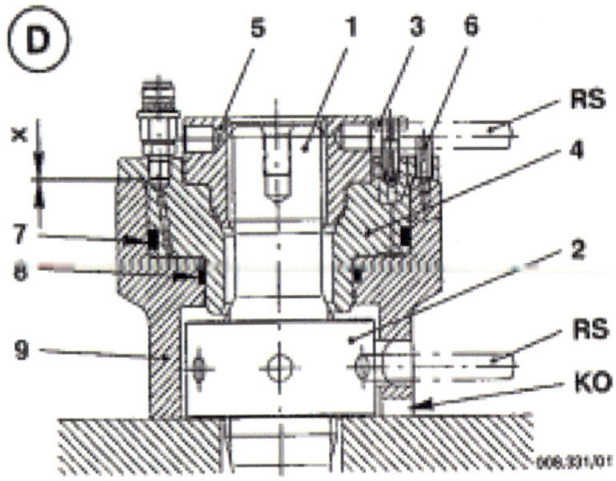

→ Clean the threads of waisted studs 1 of the valve cage as well as the area around nuts 2 (Fig. 'D').

→ Place hydro tensioning device consisting of two pre-tensioning jacks on the two waisted studs 1 (Fig. 'D') which have to be loosened (arrangement according to Fig. 'E')

→ Open vent screw 3 of each pre-tensioning jack

→ Screw round nuts 5 onto waisted studs 1 until there is no or very little clearance at 'x'.

→ subsequently slacken round nuts by about 1 1/2 turns (for loosening only).

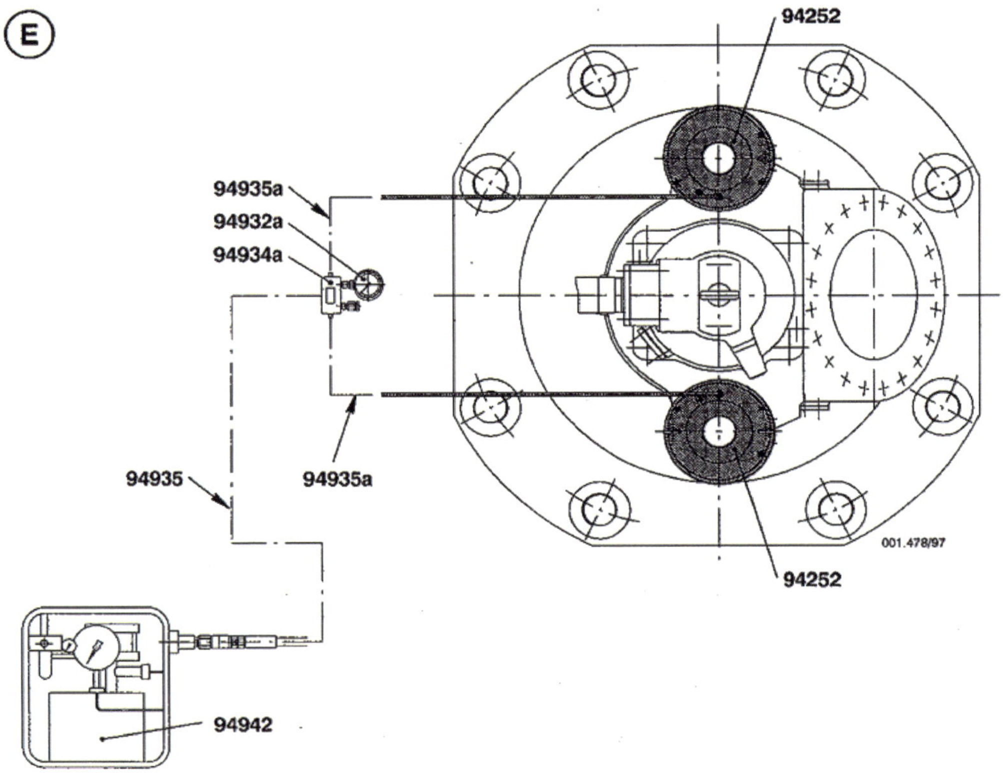

〈상기 그림 참조〉

(간혹 유압을 걸어주는 것이 실린더를 눌러주는 것이라고 말하기도 하지만, 실제로는 그렇지 않다. 인장 Stud이기 때문에 Stud를 인장력으로 잡아 당겨주는 것이다. 그러면서 간극이 생기고 Nut를 풀 수가 있는 것이다.)

유압 잭 Round Nut를 Stud에 밀착 후 Venting 하였으면 Round Nut Full Tight에서 **반 시계 방향으로 한바퀴 반을 풀어준다.**

(유압 원리를 이해하면 된다. 많이 풀거나 안 풀면 유압 너트와 유압 잭의 피스톤이 달라붙는다.)

유압 잭의 Venting Valve를 살짝 Open하고, 유압 펌프에 유압 호스와 유압 잭을 연결시키고 유압을 서서히 올리면서 Venting Valve로 L.O가 나오는 것이 육안으로 확인되면 Venting Valve Close한다.

유압을 **1020BAR**를 걸어준 다음 **Stud Nut가 움직이면 한 바퀴 반 Open**한다.

유압을 **500BAR**까지 낮추어 주고 **Stud Nut를 조금 더 풀어준 다음**에 유압 해제 및 유압 잭을 Overhead Crane으로 빼내고 Stud Nut를 모두 풀어 준다.

다시 말해, 두 번에 걸쳐서 **1020Bar, 500Bar**로 유압을 걸고 해제를 하면 유압 잭과 Head Stud Nut가 달라붙는 일이 없다.

(유압을 걸 때 유압 호스에서 LO가 누설하지 않는지 확인한다.

만약에 LO 누설하면 유압 호스가 제대로 체결이 안되었거나, 호스가 불량한 것이니 교환한다. 참고로 원래 Stud Nut 풀 때 압력이 체결 할 때 보다 더 크다.)

④ Stud Nut를 다 풀고 EXH′ Valve을 취외 및 조립하는 Lifting Tool(94265C)을 Overhead Crane 이용하여 EXH′ Valve에 걸고 천천히 취외한다.

Exhaust Valve

Removal and Fitting of Exhaust Valve, Replacing of Waisted Studs

Tools:

1	Hydr. tensioning device	94252
1	Valve protector	94262
1	Suspension device	94265(c)
2	Lifting lugs	94811
1	Pressure gauge	94932a
1	Hydr. distributor	94934a
1	HP hose	94935
2	HP hoses	94935a
1	Hydraulic unit	94942

Key to Illustrations:

1	Waisted stud	9	Cylinder
2	Nut	10	Expansion piece
3	Vent screw	11	Protection pipe
4	Piston	12	Valve cage
5	Round nut	13	Valve spindle
6	Pin		
7	Sealing ring	KO	Slot
8	Sealing ring	RS	Round bar

1. General

Prior to the removal of an exhaust valve, drain first the cylinder cooling water from the respective cylinder (see 2708–1), and close the air inlet to the air spring at the control air supply.

The exhaust valve can be removed from the cylinder cover or transported as whole unit (without cylinder cover) with suspension device 94265.

The valve cage must be suspended as shown in Fig. 'A'.

Remark: Pay attention to:

- General Guidelines for Lifting Tools 0012–1.
- Utilization of Protection Tubes on rail unit 3302–1.
- General Application Instructions 9403–4 for hydraulic pre-tensioning jacks.

• If the exhaust valve is not to be dismantled at site immediately, mount the valve protector 94262 (Fig. 'B').

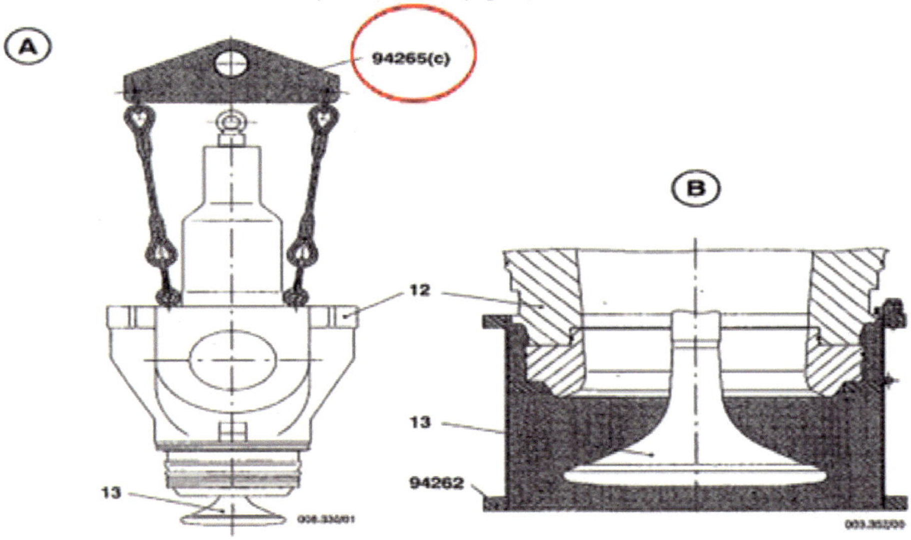

취외하여 Engine Plate Side에 내려놓을 때는 보다 단단한 Frame이 있는 곳에 내려 놓는다.

EXH' Valve 천천히 취외 한 다음, Joint Ring(DF 27570) 빼내고 그라인더로 내부 소제한다.

Hydraulic Pipe 및 Expansion Joint 또한 그라인더로 깨끗이 소제한다.

⑤ 소제가 완료되면 Piston에 올라가고 Engine Turning 한 다음 Cylinder 아래로 들어간다. Cylinder 내부 Liner 상태 및 Head Crack 유무를 확인한다.

(Color Checker를 이용하여 Head 하단 부 Crack 유무를 확인한다.)

⑥ Hydraulic Pipe Housing(DF 84654)의 O-ring(DF 84662) 2EA를 교환하고 Joint Ring(DF 27570) EXH′ Valve 조립 전에 미리 Cylinder 내부에 집어넣는다.

추가로 Hydraulic Pipe Housing도 Spare가 있다면 바꿔 주는 것이 좋다.

(매끄럽게 조립을 위해서 Joint Ring 에는 그리스나 Molykote 바르지 않는다.)

정비된 EXH′ Valve 조립하기 전에 O-ring(DF 27564, 27565)를 교환하고, Lifting Tool(94265C)을 Overhead Crane을 이용하여 EXH′ Valve에 걸고 천천히 조립한다.

(주의할 점은 EXH′ Valve 구멍과 Stud 를 일직선이 되게 맞춘 다음에 서서히 집어넣는다. 일직선이 맞지 않고 삐뚤어지게 장착 된 상태에서 엔진 시동하면 배기가스 및 LO 누설한다.

따라서 EXH′ Valve 집어넣는 구멍과 볼트를 완전히 일직선 되게 맞춘 다음 Joint Ring 제대로 조립되었는지 확인하면서 천천히 내려준다.)

⑦ EXH′ Valve 장착 잘 되었으면 취외 할 때와 마찬가지로 Overhead Crane 이용하여 유압 잭을 Stud Nut 에 집어넣고 Venting Valve Open 한다.

Round Nut 를 이용하여 유압 잭의 Piston 을 Cylinder(Support)에 밀착되도록 체결한다.

그 다음, 유압 잭의 Venting Valve 를 살짝 Open 한 다음에 Round Nut 를 Full Tight 상태로 두고 유압 펌프로 유압을 걸어준다.

분해 때와 동일하게 Venting Valve 로 L.O 가 나오는 것을 확인하면 Venting Valve Close 한다.

유압 1000BAR 를 건 다음, Stud Nut 를 계속 천천히 시계방향으로 Full Tight 한다.(조립 할 때처럼 유압 1000BAR 를 걸 때 LO 누설 유무 확인하고 유압 너트를 Close 한다.)

유압 펌프의 유압 해제하고 한번 더 1000BAR 를 걸어서 Stud Nut 확인 후 유압 해제한다.

⑧ EXH′ Valve 장착이 잘 되었으면 Expansion Joint 조립하는데 방향이 중요하므로 미리 취외 전 표시해둔 방향 그대로 조립한다.

(Expansion Joint 조립할 때 정확한 Position 에서 Bolt 조립한다.

정확한 Position 이 아닌 상태에서 억지로 조립하면 내부 Thread 상하여 일이 커진다.

따라서 Bolt 를 조립 전에 제대로 얼라이언스가 맞는지 확인한 다음에 Bolt 를 체결 한다. Chain Block 을 이용하여 움직이면서 Bolt 를 구멍에 맞추고 장착하면 된다.)

Expansion Joint 장착하였으면 Hydraulic Pipe 장착하는데, 장착 할 때 필러 게이지로 조립 전 확인 한 간극과 동일하게 맞춰준 다음에 조립한다.

Hydraulic Pipe 아래 부분부터 먼저 Bolt 를 걸어준다.

위 부분 조립할 때 Rope 걸고 Chain Block 으로 아래로 당기면서 위 부분을 Bolt 로 연결한다.

⑨ 취외 한 Jacket Water Pipe Gasket 바꿔주고 관련 액세서리 전부 조립한 다음에 J.C.F.W Valve 원상 복귀하여 Head Water 를 채운다.

(팽창 Tank 가 Venting 역할 하지만 J.C.F.W 입구 Valve Open 후 Venting Valve 를 Open 하여 Venting 을 한번 더 확인하는 편이다.)

Spring Air Valve 를 열고 압력이 복구 되면 LO Pump 를 기동한다.

(Main LO Pump → Cross-head Pump → RPLS Pump(설치된 선박 경우에만) → Control Oil Pump)

분해 시 : L.O Pump Stop → Spring Air Close

조립 시 : Spring Air Open → L.O Pump Stop

이유는 EXH´ Valve Spindle 아래로 주저 앉아버리는 경우를 방지하기 위함이다.

⑩ ECR Flex-View 에서 관련 EXH´ Valve Manual Close & Open Test 를 하여 작동 잘하는지 확인하고, 출항 후에 조립한 부분의 누설 유무, 작동상태 및 이상 소음 재확인 한다.

*** EXH´ Valve Upper Housing 만 교환하는 경우에도 L.O Pump Stop 및 Spring, Air Close 한다.**

(2) EXH′ Valve 분해 방법 및 소제 방법

① 분해 방법

Spare EXH′ Valve 을 Lifting Tools 과 Overhead crane 을 이용하여 작업하기 안전한 곳으로 옮긴다.

Upper Housing Bolt 를 풀고 Lifting Tool 을 이용하여 Upper Housing 을 들어 올린다.

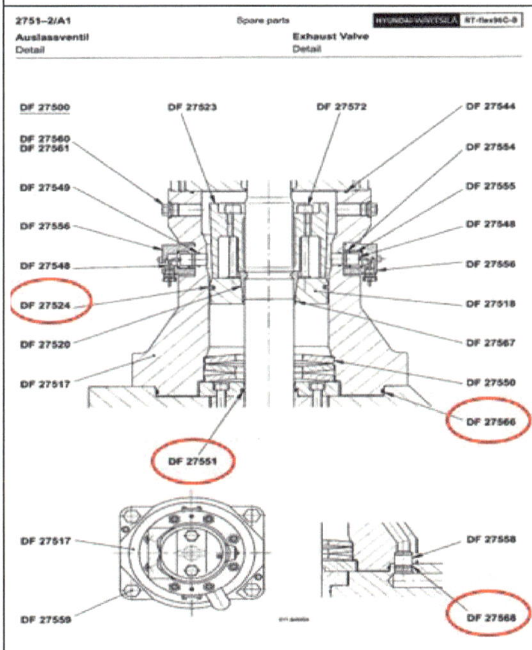

왼쪽 그림을 참조한다.

1. Measuring Cone(DF 27523) 육각 볼트를 분해한다.
2. Piston(DF 27518)을 아래로 빼낸다. (Piston 을 아래로 뺄 때 손 조심한다!)
3. Cotter(DF 27520)을 위로 빼내고 아래로 빼낸 Piston(DF 27518)를 취외한다.
4. Spring Disc(DF 27550)를 취외한다.(조립 할 때 Spring Disc 도면의 방향대로 조립!)
5. Rod Joint Ring(DF 27551) 및 O-ring(DF 27514) 교환한다.
6. O-ring(DF 27568)을 교환한다.

	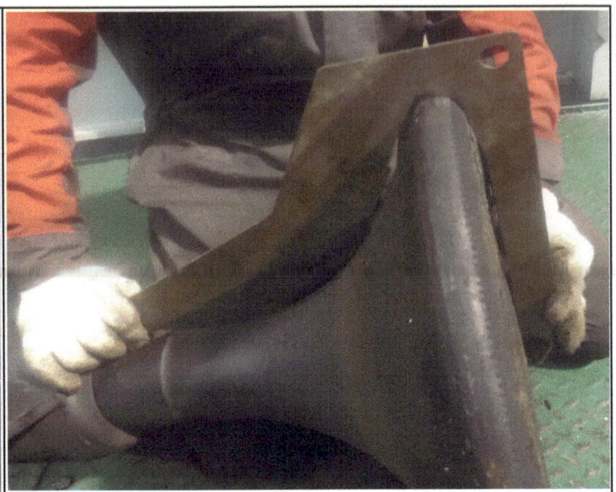
Valve cage 를 Lifting Tool 이용하여 들어올리면 Valve Spindle(DF 27600)만 남게 된다.	상기 그림과 같이 Valve Spindle 의 마모 값을 계측하고 12 ㎜ 가 초과하면 재생 수리 한다. 또한 칼라 체크하여 Crack 유무를 확인한다.

* 각종 O-ring 은 아끼지 말고 전부 교체한다.

* Valve Spindle(DF 27600) 취외하여 Valve cage 내부를 보면 Guide Bush O-ring(DF 27514)가 있는데, Guide Bush(DF 27504)의 O-ring(DF 27514)은 매번 정비 할 때마다 교환하지 않는다. Spindle 을 취외하여 Valve Cage 내부를 확인하여 O-ring 상태를 보고 교환을 하였다.
Rod Joint Ring(DF 27551)은 O-ring 과 Joint Ring 들어가는데 보통 O-ring 들 조립할 때와 같이 그리스를 바르지 않는다. 만약 바르게 되면 O-ring 과 Joint Ring 접촉이 안되고 빠지므로, Distance Ring(DF 27505) 내부 소제만 하고 바로 집어넣는다.

* Valve Drive(DF 27525) 매번 정비 할 때마다 내부 O-ring(DF 27543, 27544) 교환하지 않는다.
배기 변 Valve Drive 밖으로 L.O 가 누설했을 경우에만 취외하여 내부 O-ring 및 점검 하였다.

* EXH′ Valve Seat(27516)은 Instruction Book 참조하여 계측 마모 초과하면 교환 및 정비한다. 상태가 양호하면 Brush 로 소제 한다.(MAX: 3MM, 15MM ß Instruction Book 참조)

* EXH´ VALVE DRIVE 측 정비 및 분해 방법

→ EXH´ Valve를 정비품으로 교환을 하고 Main Engine 기동 시에 EXH´ Valve 측에서 소음이 크게 난다면 EHX´ Valve Drive 측을 확인해보아야 한다.

완충 작용을 제대로 하지 못하여 크게 소음이 발생하기 때문이다.

취외품의 정비 방법은 다음과 같다.

① EXH´ Valve Upper Housing과 연결된 Valve Drive측 Bolt 4EA를 풀어낸다.

② Overhead Crane을 이용하여 EXH´ Valve Drive측을 취외한다.

③ EXH´ Valvc Drive 4EA Bolt를 풀고 Overhead Crane 이용하여 Valve Drive Housing(DF 27526)을 들어 올리면 Intermediate Flange(DF 27535) 및 Piston Guide(DF 27529)가 분해된다.

④ Overhead Crane 이용하여 Hexagon Head Bolt(DF 27545) 2EA 분해한다. Damping Element(DF27534) 취외하고 Shim Ring(DF 27536)을 분해한다.

⑤ Hexagon Head Bolt(DF 27545) 취외한 곳에 알맞은 Size Eye Bolt를 조립하고, Rope 이용하여 Valve Drive Housing(DF 27526) 들어내면 Inside & Outside Piston(DF 27540,27539)만 남는다.

⑥ Valve Drive Housing(DF 27526)의 Vent Screw(DF 27538)을 분해한다. 분해 한 각종 Part의 손상 부위 및 O-ring(DF 27533, 27543, 27544) 상태를 점검한다.

EXH´ Valve(배기 변) 정비품으로 교환을 하였는데 Engine 운전 시 RPM(D.SLOW - FULL) 구간에서 큰 소음이 발생하고 RPM을 55 이상 증속하면 소음이 줄어드는 경우가 있었다.

가까운 항구에 접안하여 EXH´ Valve Drive측만 다른 정비품으로 교환하고 운항 중에 점검 결과 Inside Piston(DF 27540) 일부에서 파손 부위 발견하였고, Damping Element (DF 27534) 손상부위 발견하였다.

Inside Piston 신품교환 및 Damping Element(DF 27534) 손상부위를 Sand Paper, Metal Polishing 작업하였고 조립 및 교환 Test 결과 정상적으로 작동하였다.

보통 EXH´ Valve 정비를 할 경우 Valve Drive측은 잘 점검하지 않으므로, 교환 후 소음 및 완충작용이 제대로 되지 않는다고 판단되면 분해 점검한다.

Intermediate Flange(DF 27535),
Piston Guide(DF 27529)

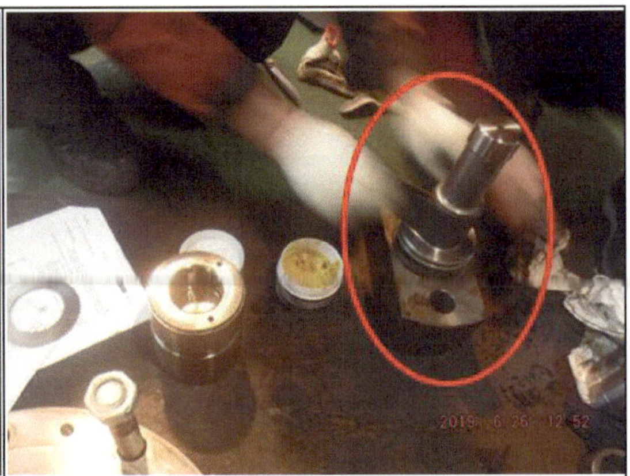

Damping Element(DF 27534)를 Sand Paper 및 Metal Polishing을 이용하여 작업

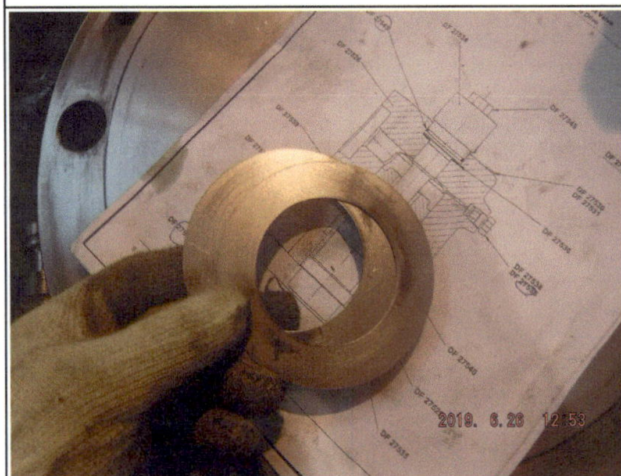

Shim Ring(DF 27536)

Inside & Outside Piston(DF 27540,27539)
좌측 Inside Piston 손상부위

Valve Drive Housing(DF 27526)

Vent Screw(DF 27538)

② 소제 방법

EXH′ Valve Seat 를 안착 시킬 수 있는 Tray

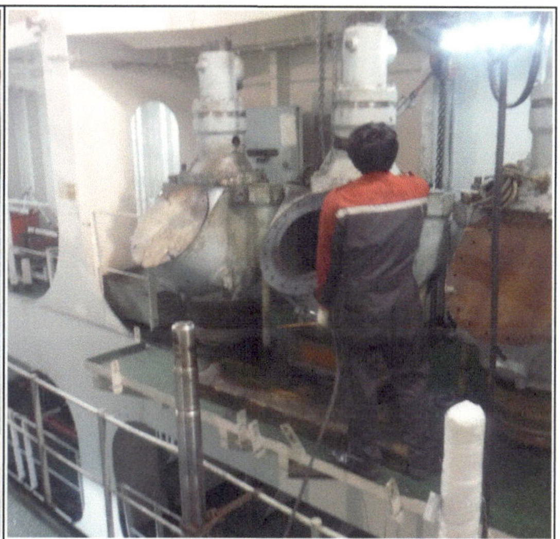

EXH′ Valve 안착 시키고 Water Line 준비한다.

Water 를 넘치지 않게 채운 다음 덮어준다.

1. EXH′ Valve Seat 를 Tray 에 안착 시킨다. (없으면 제작한다.)
2. 배기 변 안착 시키고 Water Line 준비하고
3. Water 를 Valve Cage 넘치지 않도록 채운다.

취외하여 내부 확인하면 카본이 많을 것이고, 카본을 쉽게 제거하는 방법은 하루 정도 물에 담근 후에 다음날 소제하면 보다 쉽게 소제가 가능하다.

그 후 Guide Bush 아래까지 물을 채운다.

4. 하루 정도 물에 담근 다음에 소제 완료하는데, 가이드 부쉬는 소제 하지 않는다.
   배기 변 Seat 까지 소제 하고 마모 계측하여 초과하면 Seat 교환한다.
   (MAX: 3MM, 15MM ß Instruction Book 참조)

(3) 조립 방법

→ 조립은 분해의 역순으로, 중요부분만 기술한다.

조립 전에 Valve Drive 적혀 있는 Number 및 Valve Spindle Number 기록을 한다.(History 관리를 위함.)

① 조립할 때 Spindle과 Valve Cage를 먼저 조립한다.

(Spindle을 세운 다음 Valve Cage를 Lifting Tool을 이용하여 천천히 조립)

(조립 할 때 Spindle 및 Guide Bush 안쪽도 Spindle과 접하므로 충분히 L.O (System Oil) 발라 매끄럽게 조립될 수 있도록 한다.)

② Valve Cage 바깥쪽 작은 구멍으로 Air를 불어넣어서 Guide Bush 내부 Air Blowing 확인한다.**(그 구멍이 LO 구멍이다. 스핀들을 LO로 윤활 시켜주는 곳이다.)**

③ Distance Ring(DF 27505) 조립하기 전에 파인 홈이 L.O가 Seal 되는 곳이다.

L.O(System Oil)바르고, Spring Disc(DF 27550), Cotter(DF 27520)를 도면 방향대로 조립한다.

④ Piston(DF 27518), Measuring Cone(DF 27523)을 조립할 때 손 부상을 조심한다.

(Piston(DF 27518) Joint Ring(DF 27524) 조립할 때는 Top 부분이 아래를 향하도록 조립한다. Top Making이 없는 Joint Ring은 아무 방향으로 조립해도 무방하다.

노란색 노끈으로 상하좌우 방향으로 당기면서 조립하거나, 한 사람이 Piston Joint Ring에 노끈을 연결해서 잡고 있고, 나머지 한 사람이 원의 방향으로 당기면서 조립하면 쉽게 조립된다.) Measuring Cone(DF 27523)의 Bolt는 Molykote를 바르고 **200NM** 으로 체결한다.

⑤ Upper Housing O-ring(DF 27566), Bush(DF 27558) O-ring(DF 27568) 교환하고 Upper Housing을 조립한다. 그 후 Spindle 작동 Test를 시행하면 된다.

*** 조립 시 Torque는 Measuring Cone(DF 27523) Bolt 200NM으로 체결하는 것 밖에 없다.**

(4) EXHAUST VALVE TEST

① Test를 위해 Lifting Tool을 이용하여 EXH' Valve를 들어올리고 Air Line을 준비한다.

(Engine Plate Side에 내려놓을 때는 보다 단단한 Frame 측에 내려 놓는다.)

② 아래 그림과 같이 Gauge가 장착된 Test Tool이 본선에 있다.

〈EXH′ VALVE TEST TOOL〉

〈TEST SPINDLE〉

Air를 이용하여 Spindle이 제대로 작동하는지 확인하면 되는데, Air를 넣으면 Spindle이 올라가고 Air를 빼면 Spindle이 천천히 내려온다.

EXH′ Valve를 Lifting Tool 이용하여 들어 올린 상태에서 Air 넣고, Gauge 상으로 압력 형성되면 Air Valve Close 한다.

15분 이상 유지하여 Spindle이 내려오지 않는지 확인한다. Spindle이 만약에 내려온다면 내부 O-ring 및 Piston Ring의 조립이 잘못 된 것이다.

(Spindle과 Valve Cage 터치 부분이나 안쪽을 확인한다고 절대 손을 넣지 않는다. 육안으로만 확인하면 된다.

손으로 확인하는 중에 누군가 실수로 또는 의사소통 문제로 Air 공급하여 Spindle이 움직일 경우 큰 인명 사고가 발생할 수 있다. 이런 사고 사례가 빈번하다.)

③ Test가 제대로 되었다면 Spare로 보관하는 곳에 단단히 안착시킨다.

12) 서보 오일 오토 백워싱 및 바이패스 필터

→ LO Auto Filter와 같으니 Servo Oil Auto Filter 관해서만 설명

(1) Control Panel

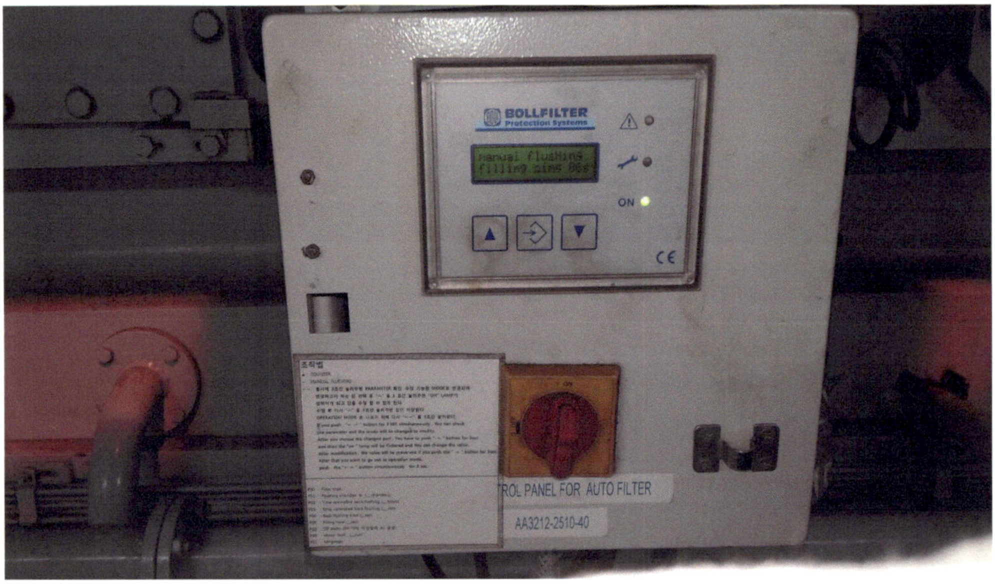

'→' Button: Manual Flushing(Motor on)

'▲▼' Button: '▲▼'을 동시에 3초 정도 눌러주면 Parameter 확인 가능하며 수정 가능한 Mode로 변경된다. 변경하고자 하는 값 선택 후 '→'을 3초간 눌러주면 'ON' Lamp가 깜빡이게 되고 값을 수정 할 수 있게 된다.
수정 후 다시 '→'를 3초간 눌러주면 값이 저장 된다.
Operation Mode로 나오기 위해 다시 '→'을 3초간 눌러준다.

P00: Filter Type

P01: Flushing Chamber 수 (_ Chambers)

P02: Time Controlled Back-flushing (_ Hours)

P03: Time Controlled Back-flushing (_ Min)

P04: Back-flushing time (_Sec)

P05: Filling Time (_Sec)

P08: DP alarm (DP 75% 이상 일 때 AL 발생)

P09: Motor Fault (_mA)

P11: Language

(2) AUTO FILTER

→ Control Panel의 Setting 시간에 따라 자동으로 Motor가 돌며 Filter Position이 변경되면서 Flushing을 해준다.

순찰 중 만약 Air 누설되는 소리가 들리면 아래 그림처럼 Air Pressure Control Valve 및 5-2way Solenoid Valve쪽을 점검하면 된다.

5-2way Solenoid Valve

Air Pressure Control Valve

Air Pressure Control Valve에서 Air가 누설하면 왼쪽 5-2way Solenoid Valve 옆 Air Supply Valve를 Close하고, Accumulator의 Air 압력이 떨어지면 신품으로 교환한다.

5-2way Solenoid Valve 교환 시에도 상기 그림 참조하여 교환하면 된다.

5-2way Solenoid Valve 작동 안되면 Lower Piston 제대로 작동을 못하고 Back washing이 안 된다.

Auto Filter가 Filter Change 작동하지 않고, Backwashing 제대로 되지 않는다고 판단 시 5-2way Solenoid Valve을 점검 해본다.

교환 시에 아래 그림과 같이 조립하고, 만약에 검은색 판을 반대로 조립하면 Lower Piston 으로 한쪽으로만 Air 공급되므로 작동이 안된다.**(도면에 Solenoid 작동원리를 보면 이해가능)**

Manual 로 Solenoid Valve 를 작동할 수도 있다. 아래 그림에 참조.

<옳은 방향>

<반대 방향>

(옳은 방향으로 조립하면 Air 가 양쪽으로 공급되므로, 평소에는 Piston Close 되어 Seal 된다.

반대 방향으로 조립하면 Air 가 한 쪽으로만 공급되어(Piston Open 방향으로만 Air 공급)작동이 되지 않는다.

5-2Way Solenoid Valve 조립 시에 너무 힘주어 Tight 를 하면 검은색 판이 깨진다. 검은색 판이 깨지면 L.O 가 아래로 누설하게 되니, 만약에 5-2Way Valve 아래로 L.O 가 누설하면 Complete 로 바꾸지 말고 검은색 판만 바꾸면 된다.)

① Lower Piston

Lower Piston O-ring 이 상태가 안 좋으면 Piston Air Seal 을 제대로 못하여 L.O 가 Air Line 으로 넘어가서 5-2way Solenoid Valve 및 Air Pressure Control Valve 으로 L.O 가 누설 할 수 있다.

Air Supply Valve Close 한 다음 Pressure Control Valve, 연결된 Pipe 들 Open 하여 Air 압력을 낮춰준다.	Accumulator Gauge 를 보고 압력 Drop 확인한다.

Air Supply Valve 와 연결된 Pipe, Power Cable 을 취외한다. 5-2Way Solenoid Valve 육각 볼트 취외한다.	Pipe 와 육각 볼트 분해한다. Lower Piston Chamber 및 Cover 분리한다.
	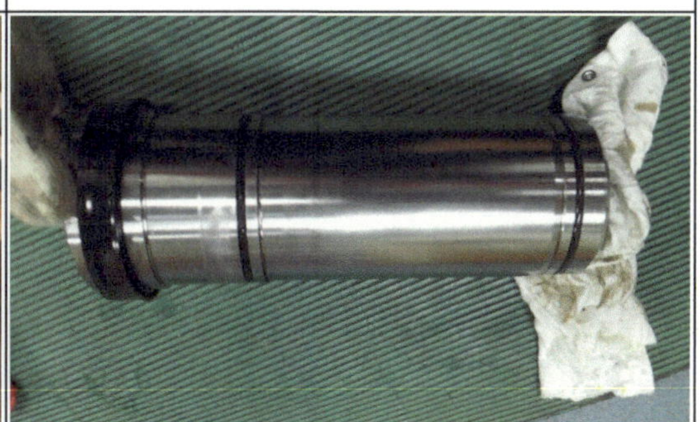
Drain 빼내고, Chamber 내부 확인한다.	Lower Piston 입니다. Groove Ring 1 개, O-ring 2 개 조립된다.

* 153 페이지의 4번째 그림에 보듯이 Lower Piston Chamber Cover 취외하려면 Coaming을 절단해야 취외 가능하였다.**(취외 후 다시 용접 한다.)**

* Lower Piston만 확인 하고 싶다면, 다른 것 모두 생략하고 Air만 Drop시키고 Cover 육각 볼트만 풀어내어 Lower Piston을 취외하면 되지만, 내부 Groove Ring 및 O-ring을 교환하고 싶다면 Chamber 통째로 취외하면 된다.

  Lower Piston에 Groove Ring(1개) 및 O-ring(2개)이 있고, Chamber O-ring(2개)이 있다.

* 승선 시에 Servo Oil Auto Filter에서 정박 및 운항 중에 L.O가 누설한다고 Accumulator Safety Valve 및 Air Pressure Control Valve에 동 파이프로 Blinding 되어 있었다.**(절대 상기 방법과 같이 하면 안된다.)**

  일단 원인은 아래 사진처럼 Lower Piston 을 취외하여 확인해보니 O-ring이 손상되어있었으며 5-2Way Valve 검은색 판이 반대로 조립되어 있었다.

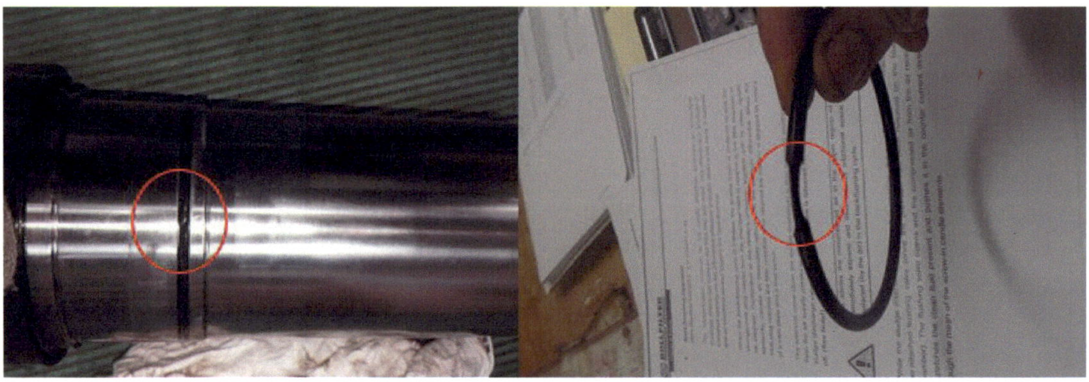

〈Lower Piston O-ring〉

② Auto Filter Candle 소제 방법

Candle Chamber 분해 전에 운항 중이라면 By-pass Filter로 Position을 교환한다. 정박 중이라면 By-pass Filter로 Position 교환하거나 LO Pump Stop하고 작업하면 된다.

Control Panel에서 Manual Flushing을 하여**(Chamber 수만큼 한바퀴 회전하는게 좋다.)** Chamber 내부 LO Drain을 모두 시켜주고, Air Supply Valve Close하고 취외하면 된다.

Control Panel Power Off 한다.**(MLO Pump Start → Panel 'On' 한다. 차압 Alarm 발생 때문)**

왼쪽이 By-pass Filter
오른쪽이 Auto Filter 이다.

Valve Position 변경

Valve change 가 안될 경우 표시된 Valve 를(Normal Close) Open 하여 압력 평형을 맞춘다.

Chamber 연결된 Pipe, Chamber 육각 볼트를 취외하고 Chamber 들어내면, Filter Candle 및 Support 가 있다.

Filter Candle 을 Tool 을 이용하여 Support 에서 분리하여 소제한다.

소제 완료 및 조립 한 다음 Air Supply Valve Open 및 Chamber Pipe를 살짝 Open 한 상태에서 Control Panel Power On 한다. 그 후 Manual Flushing 을 하여 Air Venting 한다.**(한 바퀴 돌린다. 상기 그림에서 6 개 Chamber 이므로 6 번 (위의 4 번째그림))**

만약에 Auto Filter 내부 전체를 확인 해볼 필요가 있을 경우에 아래와 같이 점검한다. 상기 언급한 대로 LO 가 누설하여 내부 확인을 위해 취외해 보았다.

㉠ Control Panel Power Off 한다.(Servo Oil Filter Failure Alarm 발생)

㉡ Motor Junction Box 열어 Power Cable 을 때고 절연 테이프로 절연 처리한다.

㉢ Position limit s/w 를 취외한다.

㉣ Cover 들어내면 내부 확인 및 Lower Piston 보인다.

Motor Power Cable 분리한다.

Position limit s/w

③ By-pass Filter

분해 및 조립 시 화살표 방향 꼭 확인 한다!

차압 게이지에 연결된 Pipe 를 분리하여
Venting 한다.

13) 윤활유 펄스제트 필터

→ 운항 및 순찰 중, 사용 중인 M/E LO Pulse-jet Filter에 차압이 클 경우 Filter Change한 다음 Drain한다.

Filter Cover 및 Filter Element 취외하여 소제한다.

소제 완료한 다음에는 반드시 Venting을 하도록 한다.

순찰 때마다 주기적으로 차압 확인한다.

• M/E PISTON COOLING OIL NON-FLOW ALARM 관련

현재 사선 RT-Flex Engine에서 가끔씩 발생하는 Piston Cooling Oil Non-flow Alarm 관련하여 간략하게 기술하면, Pressure S/W 작동 불량 및 S/W 내부 Cable 피복이 벗겨져 Earth 발생, 실제로 Non-flow가 되지 않았음에도 Non-flow Alarm 이 발생하여 Engine Shut Down되는 경우가 종종 있다.

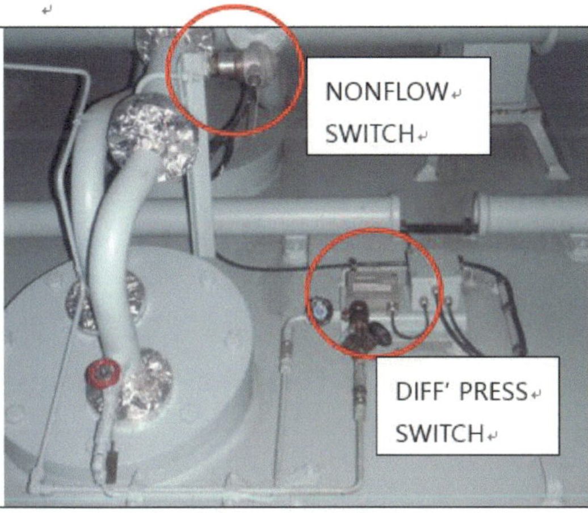

두 SWITCH 가 직렬로 연결되어 있음.

BURNT 된 흔적

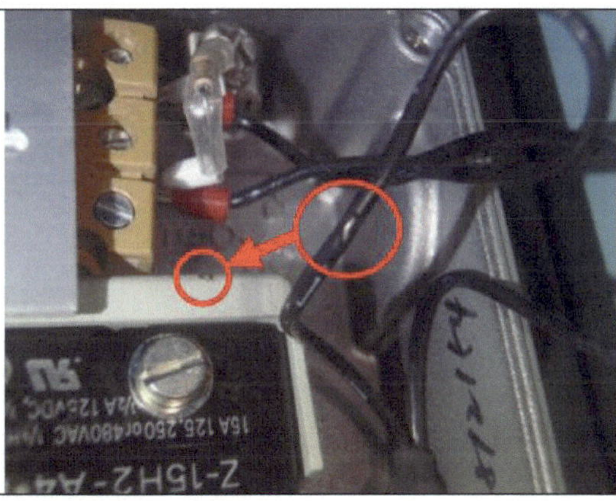

CABLE 피복이 벗겨짐.

절연 TAPE 및 CABLE TIE를 이용 수리 함.

* M/E PISTON COOLING OIL NON-FLOW ALARM이 발생했을 때 조치 방법

예를 들어 NO.1 CYL의 P.C.O Non-flow Alarm이 발생했다고 가정 하면,

① Alarm 발생 후 M/E Shut Down이 발생한다.

② AMS에서 NO.1 CYL P.C.O Outlet Temp′ 확인하여 타 기통과 온도 차이 발생하는지 확인한다.

③ 운하 통항 중이거나 입, 출항 S/BY와 같이 Engine Stop 할 수 없을 경우 Shut-down Cancel을 눌러 우선 운항을 한다.

④ 온도 차이가 급속도로 발생 시 실제로 L.O Non-flow 되는 것이며, Non-flow 되는 원인을 찾아 수리한다.**(거의 1 기통만 Non-flow 되지 않는다.)**

⑤ AMS에서 NO.3 CYL′ P.C.O Outlet Temp′ 정상이면 P.C.O Sensor, Cable 및 Pressure Switch에서 문제가 발생하는 것이다.

⑥ 그러면 우선 Terminal Box에서 Cable Jumping하여 Alarm Clear 하면 된다.

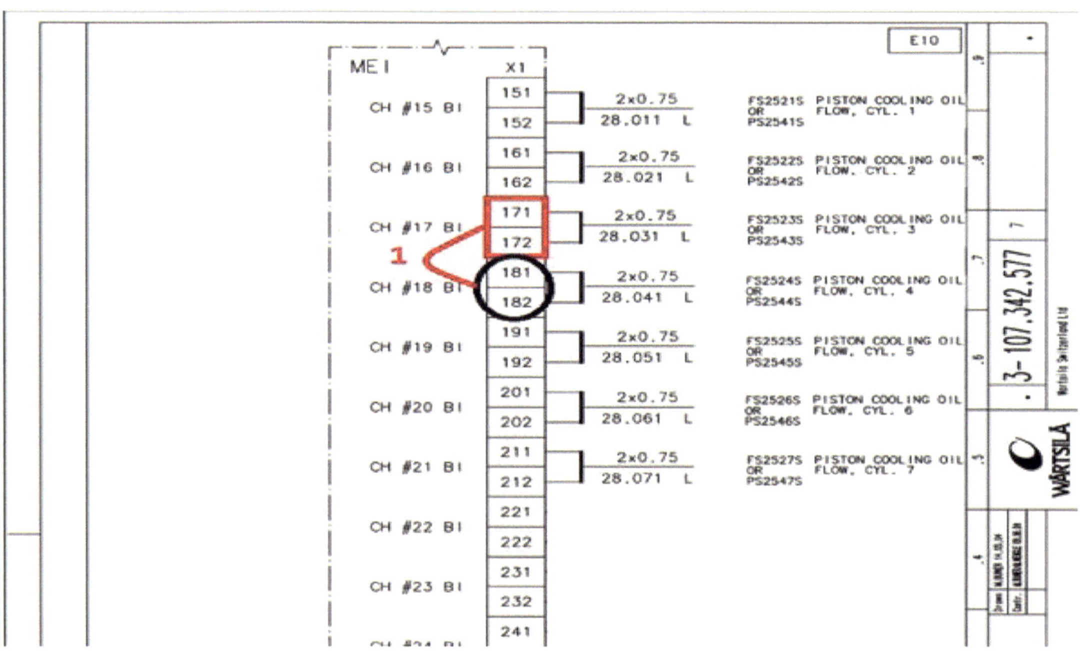

상기와 같이 Jump Cable로 181,171을 Jumping 하고 172,182를 Jumping하면 Alarm Clear된다.

⑦ 정박 및 해상 기후가 좋아 Engine을 정지 할 수 있다면 Cable과 Sensor를 점검한다.

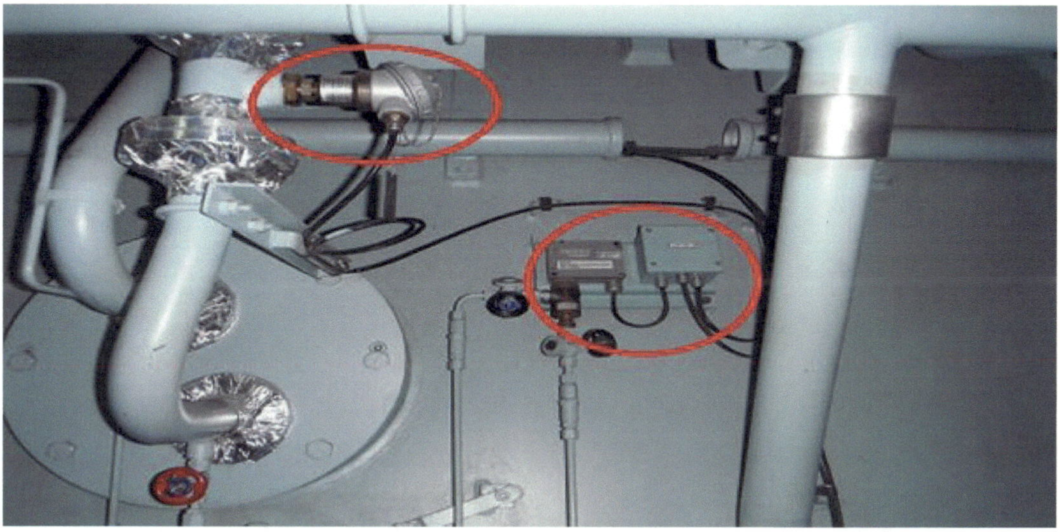

상기 표시 부분을 Open하여 Cable 손상되었는지 확인하고, 발견되면 수리한다.

Non-flow Sensor를 취외하여 Flow Detector를 누르면 COM과 NO(Normal Open)는 붙어있고 Com과 NC(Normal Close)는 떨어져야 한다.

반대로 Flow Detector를 안 누르고 있으면 COM과 NO(Normal Open)는 떨어져야 하고 COM과 NC(Normal Close)는 붙어야 한다.

14) 연료유 오토 백워싱 & 인디케이터 필터

(1) F.O Auto Filter

상기 F.O Auto Back Flushing Filter는 Jet Type으로 Filter자체에 펌프가 있다.

FO Supply & Booster Pump를 Stop하면 반드시 FO Auto Back Flushing Filter 또한 Stop 한다. 그렇지 않으면 FO Auto Back Flushing Filter 자체 펌프가 공회전하여 펌프가 손상될 수 있다.

차압 Alarm이 발생하면 상기 그림처럼 취외하여 소제 하면 된다. Solenoid Valve가 장착 되어있다. 작동 중에는 화살표에 빨간 불이 들어오는데, 작동하지 않으면 Solenoid Valve 취외하여 신품이나 정비 품으로 교환하고 취외품은 정비한다.

게다가 양 측 Filter 사이 중간 부 Pipe Line에 작은 Filter가 들어간다. 간혹 막혀서 오작동 하는 경우가 발생할 수 있으니, Filter 소제 할 때마다 취외하여 점검한다.

(2) F.O Indicator Filter

다음은 F.O Indicator Filter 이다.

By-pass Valve를 열고 Inlet & Outlet Valve를 잠근다.

Drain Valve에 Hose를 연결하고 Hose를 F.O Sludge Tank Sounding Cock에 집어넣은 상태에서, Venting Line에 Air Line을 연결하여 Drain을 한다.

아니면 본선에 상황에 맞게 Drain Valve만 열어서 Drain 시켜도 된다.

Cover Open하고 Filter 취외하여 소제하고 집어넣는다.

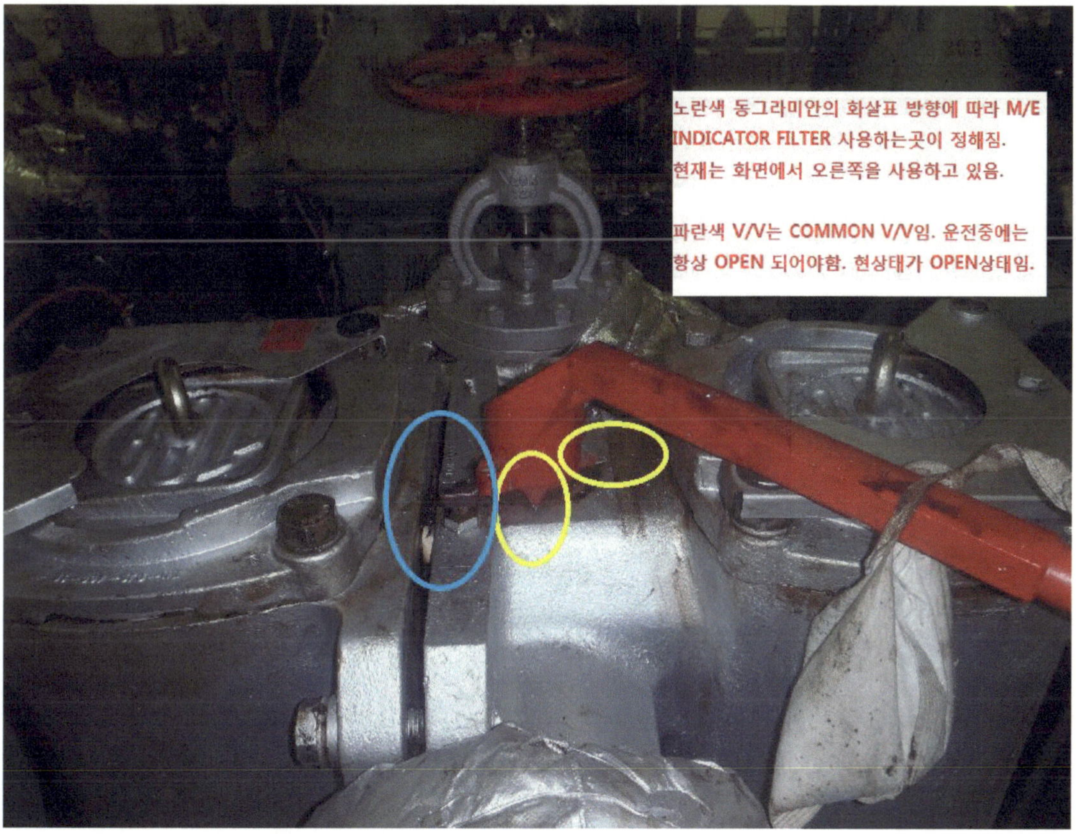

M/E F.O INDICATOR 소제시 이 V/V는
CLOSE해야함.
CLOSE시 수직으로 일직선이 되도록한다.
조금이라도 비뚤어지면 옆에있는 FILTER의 기
름까지 계속 나옴.

F.O INDICATOR FILTER 차압발생시 3WAY V/V를 노랑색 화살표와 같
이 움직이면 된다.
INDICATOR FILTER소제는 3WAY V/V SEAL 불량으로 항해중에는 시행
하지 않으며 정박때 시행함. 항상 M/E F.O P/P STOP후 소제작업함.
F.O HEATER에 들어가는 STEAM도 CLOSE함.
현재 빨간색 VENTING V/V가 불량하여 파란색 V/V
를 추가로 취부함.

* M/E F.O Indicator Filter 의 하부에서 Steam 이 누설되는 경우가 있다.

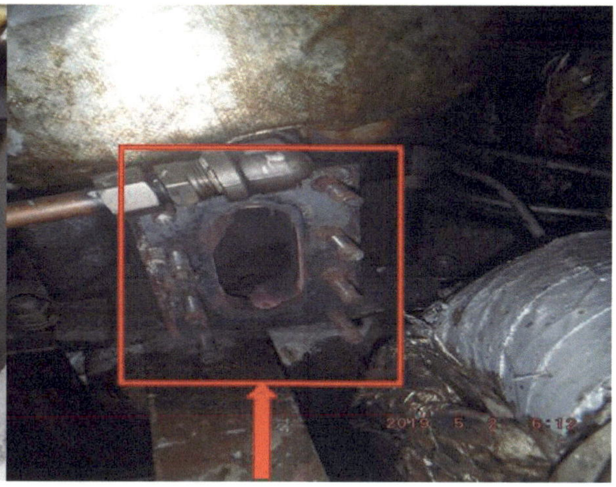

상기 표시된 부분은 Steam 만 들어가는 부분이다.

만약에 상기 표시된 부분에서 Steam 이 누설하면 Gasket 이 손상된 경우이다.

M/E F.O Indicator Filter Steam Inlet Valve(M/E F.O Heater 뒷 편에 위치) Close 하고, 연결된 Steam Line 을 취외하고 Gasket 교환 작업한다.

M/E F.O Indicator Filter Steam Inlet Valve 는 양측 Filter 에 Common 으로 연결되며, Valve Close 시 양측 Filter 에 Steam 이 들어가지 않는다. 운항 중에 잠시 Steam Valve Close 해도 괜찮다.

F.O 가 계속 순환하면서 사용하고 있고, 다른 부분에서도 계속 Heating 을 하고 있기 때문이다.

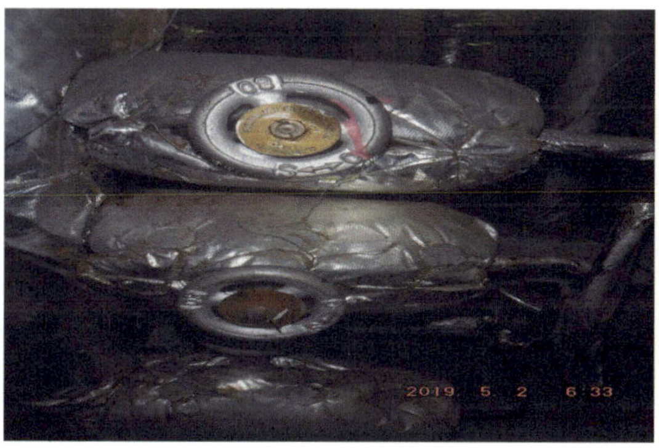

〈Steam Inlet Valve〉

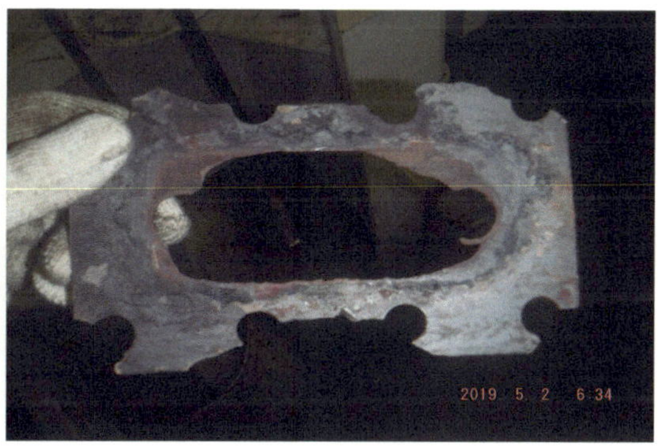

〈손상 된 Gasket〉

Steam Gasket 으로 교환하고 조립 후에 다시 Steam Valve 를 열어 준다.

15) 에어 쿨러

또한 운항 중에 Cooler F.W 온도를 평소에 주의 깊게 관찰하도록 한다.
필요 시 Chemical Cleaning 을 시행 한다.

16) 피스톤 정비

94350

94215

유압 펌프

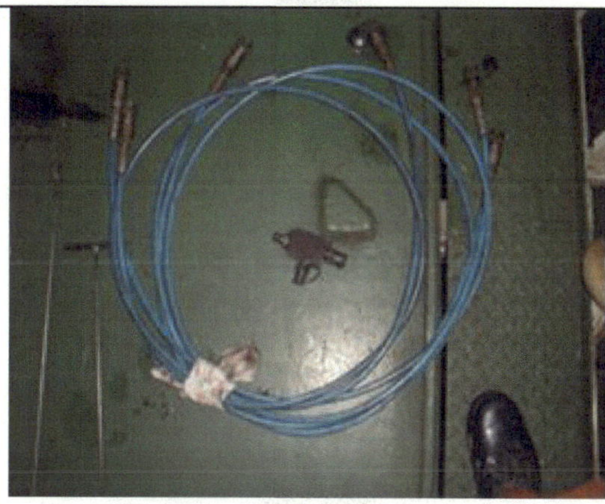

유압 라인

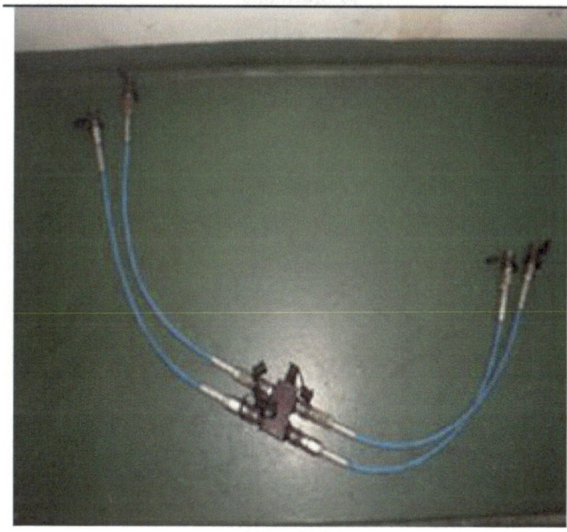

유압 라인

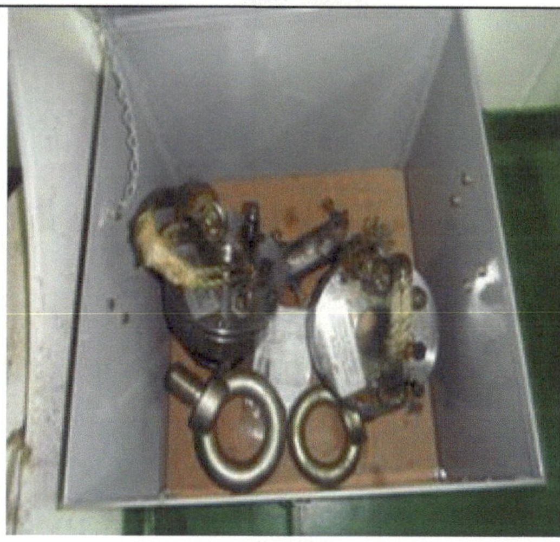

94340

94346

94342a

94341

94209

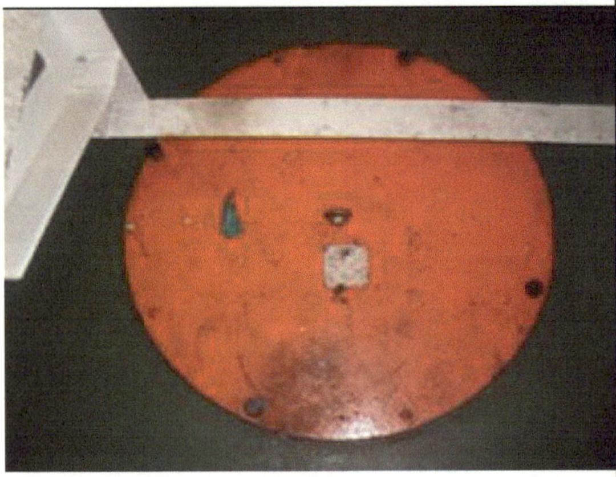

94345d

94143

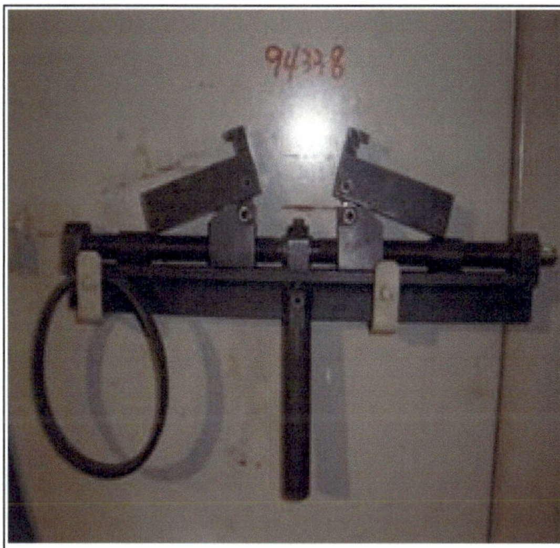

94338

94345

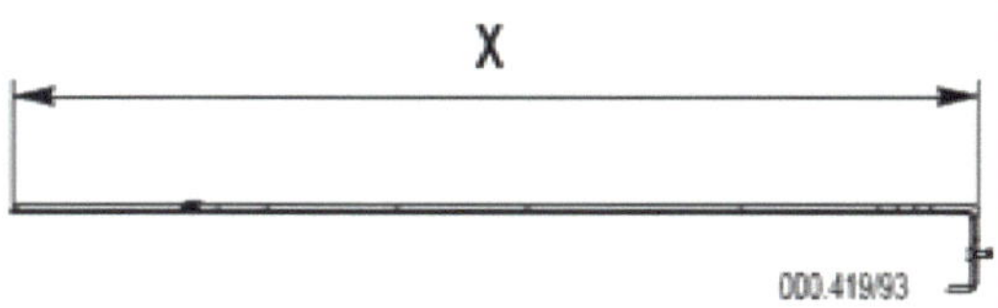

94225(Liner 계측 Tool)

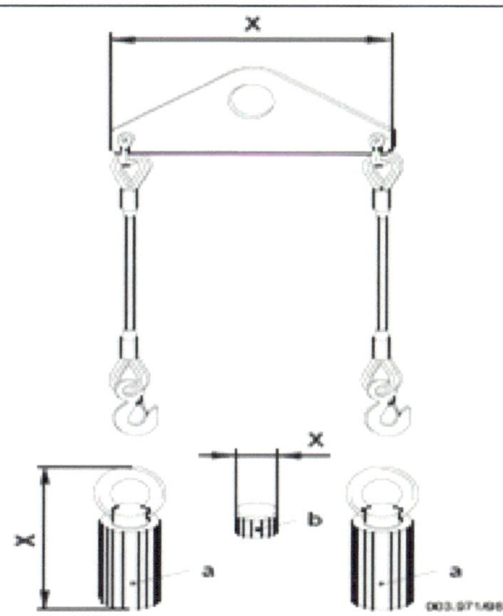

94265

정비 주기는 **18000~20000H** 이며 상기 그림과 같이 준비하면 된다.

L.O Pump Stop → Spring Air Close → CYL′ Head Water Drain 후에 작업 진행하면 된다.

계측 Tool(Liner, Crown, EXH′ Valve Spindle etc.), Feeler Gauge, Torque Wrench, 유압 잭, 발판, 각종 Tool, 사다리 등을 준비 해 놓는다.

다음은 준비할 Spare 이다.

Cylinder Liner Spare

→ DF 21250(Joint Ring = 1EA), DF 21251(O-ring: 1EA), DF 21252(O-ring: 1EA)

Stuffing Box Spare

→ DF 23170(O-ring: 1EA / Stuffing Box 분해 시에만 필요), DF 23171(O-ring: 2EA)

Cylinder Head Guide Jacket

→ DF 27117(O-ring: 1EA), DF 27118(O-ring: 1EA)

Piston

→ DF 34013(O-ring: 1EA), DF 34012(O-ring: 1EA), DF 34425(Top Ring: 1EA), DF 34428(2,3,4 Ring: 3EA), DF 34065(Piston Head: 1EA)

* Piston Crown 을 조립할 때 뒤집어서 조립한다.

〈Piston Crown〉

상기 그림처럼 Crown 한 쪽에 아이 볼트를 걸어서 Overhead Crane 을 이용하여 들어준 다음, Overhead Crane 에 Chain Block 을 걸고, Crown 의 반대 측 또한 Eye-bolt 를 연결한 다음 Chain Block 을 이용하여 댕겨주면 Crown 이 수직으로 세워진다.

반대로 눕히려면 상기 설명한 방법 반대 방향으로 걸어주고, Overhead Crane 을 사용하여 Piston Crown 을 눕히면 된다.

(1) PISTON OVERHAUL(분해)

① Piston 을 작업 전에 미리 Tool, 공구 및 Spare(O-ring 및 Joint Ring 등)들을 준비한다.

작업 전에 CYL′ Head Water Drain 을 한다. 각종 연결 된 Accessory 들을 분해한다.

② Head 유압 잭(DF 94125)을 Overhead Crane 을 이용하여 설치하고, 유압 잭 Venting Valve 를 Open 한 다음에 Round Nut 를 Tight 하여 Venting 한다.

Venting 이 끝나면 Venting Valve 를 잠그고, **유압 잭의 Round Nut 를 Full Tight 후 한 바퀴에서 한 바퀴 반을 풀어 준다.(Venting Valve Open 하여 유압 잭을 Full Tight 하면 Venting 이 되면서 유압 잭의 Round Nut 를 Stud 에 밀착(Clearance = X)시켜주는데, 이렇게 하지 않고 유압을 걸어버리면 Hose 가 터지거나 유압 잭에서 문제가 발생할 수 있다.)**

유압 펌프를 이용하여 **1020BAR** 를 걸어준다.

Head Stud Nut 가 움직이면 한 바퀴 반을 Open 한다.

그 후 유압 펌프로 유압을 **500BAR** 근처까지 낮춘 다음, **Head Stud Nut 를 조금 더 Open** 한다.

마지막으로 유압 해제 및 Head Stud Nut 를 모두 풀어 준다.

다시 말해, 두 번에 걸쳐서 **1020BAR, 500BAR** 로 유압을 걸고 해제를 하면 유압 잭과 Head Stud Nut 가 달라붙는 일이 없다.

(간혹 유압을 걸어주는 것이 실린더를 눌러주는 것이 아니다. 인장 Stud 이기 때문에 Stud 를 인장력으로 잡아 당겨주는 것이다. 그러면서 간극이 생기고 Nut 를 풀 수가 있는 것이다.)

CYL′ Head 유압 잭(DF 94125)를 취외하고 Head Stud Nut 를 풀어낸다.

③ 상기 그림 마지막 사진처럼 Lifting Tool(DF 94265,94265a)를 설치하여 Head 를 취외한다.

Liner 에 장착 된 Joint Ring(DF 21250)을 빼낸다.

Stuffing Box 측 Housing Bolt 4EA 를 풀어내고 Crank Chamber 를 Open 한다.

Turning 하여 BDC 까지 내린 다음 발판을 설치한다.

Piston Rod Foot Nut 를 취외하는 유압잭(DF 94340)를 설치하고 유압을 걸어 취외한다.

AP(Anti-polishing) Ring 을 Tool(DF 94209)을 이용하여 취외한다.

Stuffing Box Holder(DF 94345)를 설치하여 발판을 해제하고, Turning 을 하여 TDC 까지 맞추고 TDC 로 올려서 Piston Crown Bolt Hole 소제 후 Lifting Tool(DF 94341)을 설치한다.

TDC 까지 올리는 중에 Stuffing Box 근처로 가서 제대로 올라오는지 확인 한다.

Cylinder Head 에서 Overhead Crane 을 사용하고 있는 사람은 밑에서의 진행 상황을 정확히 모르기 때문에 서로 신호체계가 필요하다.

해머 **1 번: STOP, 2 번: 올림(Piston 발출 시)/내림(Piston 조립 시), 3 번: 반대방향, 계속: 계속 올리거나(Piston 발출 시)/내림(Piston 조립 시)**

이런 식으로 안전하게 또는 수월한 작업을 위해 신호체계를 미리 작업 전 협의하여 진행한다.

Piston 을 올릴 때 제대로 된 방향으로 올라오는지 확인하고 잊지 않기 위해 Piston Rod 와 Stuffing Box Housing 이 취외 된 곳에 Paint Makar 로 표시한다.**(Piston Rod 도 마찬가지로 Paint Makar 로 표시한다.)**

Overhead Crane 이용하여 신호 체계에 맞게 Piston 을 올린다.

Piston Support Tool(DF 94350)에 안착 시킨다.

④ Piston Crown 은 Spare 가 있다면 교환하는 것이 좋다.

Crown Nut 를 유압 **1020Bar** 를 걸고 Nut 를 분해한다.

O-ring(DF 34013)을 교환한다.

⑤ Stuffing Box Cover 분해 후 내부 소제 및 Groove 간극을 확인한다.

O-ring(DF 27171) 2EA 교환한다.

⑥ CYL′ Head Liner 를 Brush 로 소제하기 전 Stuffing Box 측 Cover(DF 94345d)로 Close 한다.

CYL′ Head Guide Jacket을 풀어내고 내부 소제 및 O-ring(DF27117,27118)을 교환 한다.

또한 Liner 상부 측 소제하고, 소제 완료하면 O-ring(DF 21251,21252)을 교환한다.

⑦ Liner 계측 Tool(DF 94225)과 Liner Bore Gauge를 이용하여 Liner를 점검한다.**(Liner= 960mm / Limit=966.7mm)**

(2) PISTON OVERHAUL(조립 과정)

① 소제 작업과 O-ring 교환 및 각 종 계측(Liner, Crown, EXH′ Valve Spindle etc.) 확인 한다.

Crown에 Piston Ring Tool(DF 94338)을 이용하여 조립한다.

Top Ring(DF 34425) 1EA, 2nd & 3rd & 4th Ring(DF 34428) 3EA이 Piston Crown에 조립이 된다.

다음 Piston 조립 작업을 준비한다. **조립은 언제나 분해의 역순이다.**

② Piston을 조립하기에 앞서 상기 분해 과정에서 설명했듯이 신호 체계를 숙지하여 조립한다. 신호에 맞춰서 Overhead Crane 조작하는 사람은 천천히 내리고, Stuffing Box 대기하는 사람은 Piston이 내려올 때 원래 방향으로 제대로 조립되는 것을 확인하면서 신호를 전달한다.

Piston 조립하기 전에 Engine Turning하여 Crank Chamber에서 Con-rod를 BDC로 내린다.

그리고 Liner에 DF 94209를 이용하여 DF 94342a 및 AP Ring Tool을 설치 후 Piston을 신호에 맞춰서 서서히 내려준다.**(피스톤 장착할 때 C.O을 Piston Ring 주변에 뿌려준다.)**

Piston을 Stuffing Box Housing Hole 맞게 내린 다음, Housing Bolt 4EA를 체결한 다음 천천히 내려준다. Stuffing Box에 대기하고 있던 사람은 Crank Chamber로 내려간다.

Piston Rod Hole에 Bolt가 제대로 장착이 된다면 분해할 때와 같이 발판을 설치하고, 유압을 걸어 **600bar → 1000bar** 순서로 두 번 체결한다.

Engine Turning하여 TDC로 올려서 DF 94209 이용하여 DF 94342a, AP Ring Tool을 취외한다.

Piston Lifting Tool(DF 94341)을 취외하고 AP Ring을 장착한다.

CYL′ Liner 상부에 Joint Ring(DF 21250)을 집어넣고, CYL′ Head를 조립하기 전에 Head 아래 O-ring과 접촉되는 부분 및 교환 한 Liner O-ring(DF 21251,21252)에 충분히 그리스를 바른 다음 서서히 조립 한다.**(Joint Ring을 장착할 때 그리스 같은 것들 바르지 않고 그냥 그대로 조립한다.)**

③ CYL′ Head 유압 잭 **Round Nut Full Tight한 상태**에서 유압을 **1000BAR** 걸어 Head Stud Nut Tight한다.

유압을 해제하고 한번 더 유압 **1000BAR**를 걸어주고 Head Stud Nut를 Tight한다.**(총 2번에 걸쳐 1000BAR를 걸어서 Tight 한다.)**

④ 나머지 Accessory들을 조립 한다.

⑤ 작업 마무리가 완료되었으면 CYL′ Head Water를 채워준다.

보통 팽창 탱크가 Venting 역할을 하지만, Venting Valve Open하여 Venting Check 한다.**(Water Test를 하여 기준치 미달 시 Chemical을 보충한다.)**

⑥ Engine Turning하여 Piston 전반적인 운전 상태를 확인한다.

Crank Chamber와 Scavenging Chamber를 닫고 작업 Tool들을 원래 위치로 정리한다.

*** 참고로 취외한 Crown은 감독과 협의하여 History 확인 후 재생수리 요청한다. 단, 오래 사용한 재생품이면 가급적 신품 교환한다.**

*** CYL′ Liner 계측 Data 및 Piston OV′HL Data를 VMS(Vessel Manager System)에서 CYL′ Liner Report 및 Piston OV′HL Report를 작성한다.**

CHECKING GLAND BOX

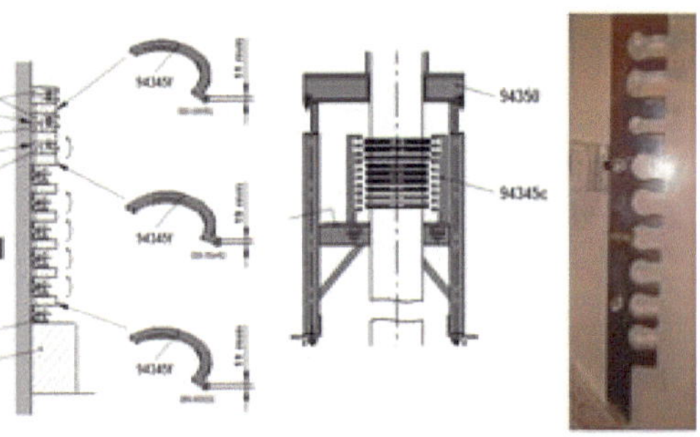

LINER 계측사진(외주업체 제공)

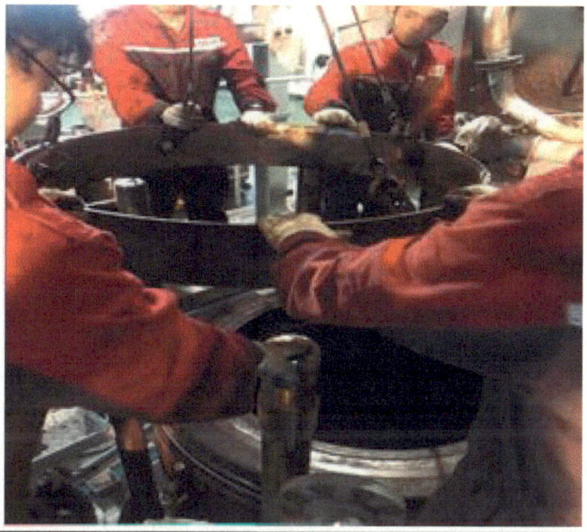

Piston ring tensioning device

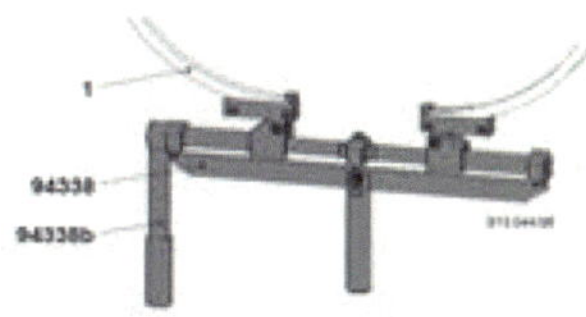

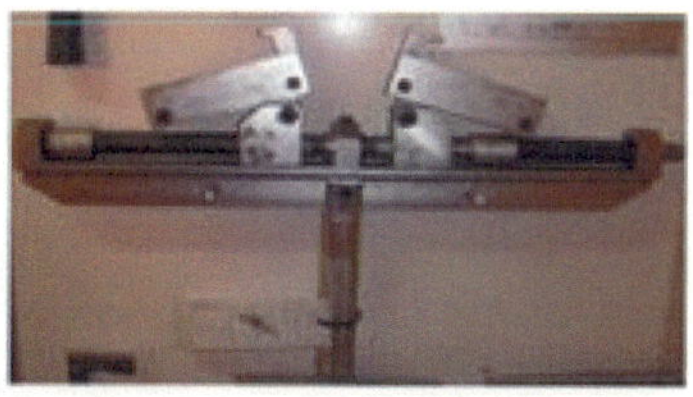

17) 터보차저 드라이 클리닝 & 드레인 밸브

→ 100H 마다 T/C Dry Cleaning 을 하며 Instruction Book 을 참조하여 T/C MAX RPM 및 T/C Outlet Temperature 제한 값을 확인하여 본선 상황에 맞게 RPM 을 증속하여 시행한다.

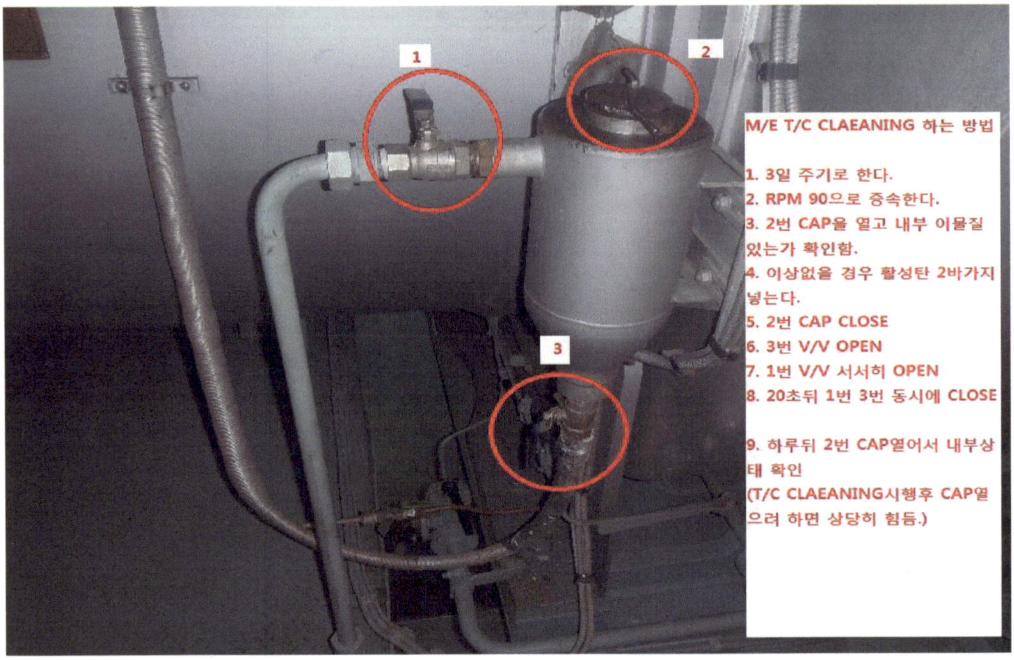

18) 인디케이터 테스터

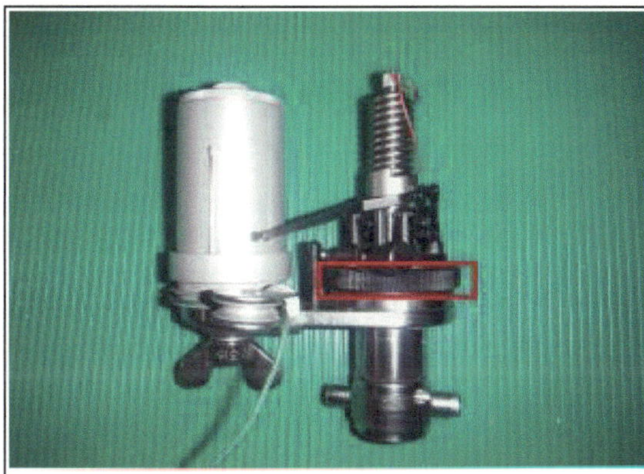

상기 표시된 Ring Nut를 Open한다.

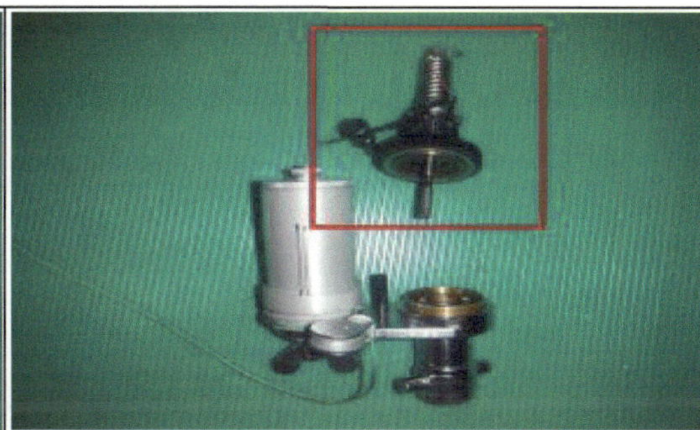

그림과 같이 분해가 된다.
(Piston 손상되지 않게 조심하고, Carbon이 많이 묻어 있다면 잘 빠지지 않을 수 있다.)

Piston & Piston Rod를 소제 한다.

상기 Tool로 Cylinder 내부를 소제 한다.

상기 Tool로 Cylinder 분해 후 내부 소제하면 된다.
조립은 역순으로 하면 된다.

19) 메인 엔진 퍼포먼스

M/E Performance 계측은 2달에 한번 정도로 계측하는 편이다.
쉽게 생각하여 개인적으로 한 항차에 한번씩 계측을 하며, 계측 시 MIP를 사용한다.
다만 MIP가 불량할 시에는 M/E Indicator Tester로 수인선도 측정한다.
작동 방법은 크게 어려운 것은 없다. MIP CD에 측정방법 및 Data 전송 방법이 자세하게 나와 있으니 참조하면 된다.

① M/E Performance 측정 전날 미리 MIP 충전한다.

② 당일 날 측정하고자 하는 RPM까지 올린다.

③ 아래 그림처럼 Local에 있는 TDC/ Teeth 신호 Cable를 MIP에 연결을 한다.

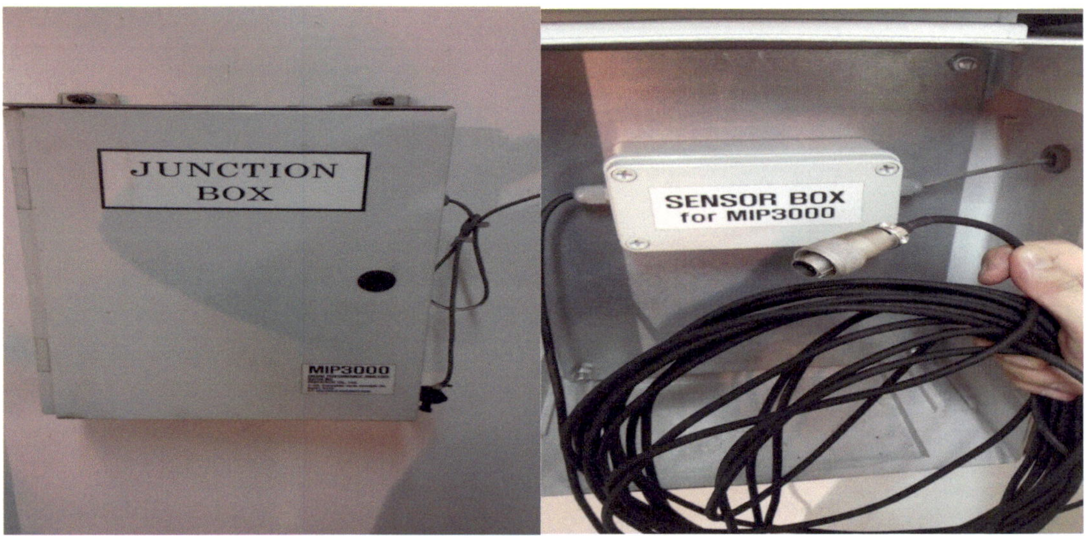

〈TDC/Teeth 신호 Cable〉

④ 측정 전에 F.O Auto Filter Off 한다.

⑤ 각 실린더 측정 전에 Test Cock을 살짝 열어서 Test Cock에 있는 이물질을 Blow 한다.

⑥ Test Cock 닫고 MIP와 연결한 다음 측정하면 된다.

측정 방법은 Manual 읽어 보면 충분히 이해 가능하다.

(182p ~ 193p 참조)

측정 할 때 F.O Auto Filter Off 한다.

M/E Flowmeter 적어놓고 2 시간 뒤에 다시 M/E Flowmeter 적는다. 총 2 시간 동안 M/E Performance 를 계측 하는 것이다.

전 실린더 측정 후 MIP 를 ECR Computer 에 연결하여 MIP 프로그램 작동시켜 파일 불러온다.

(MIP 설치가 되어 있지 않으면 MIP CD 를 넣고 설치 해놓는다.)

측정 방법은 쉬우니 측정 후 아래 작성하는 부분중 중요 point 만 보면, 측정 동안에 Report 작성을 위해 Flex-view 각 Parameter 항목을 캡처한다.(INDIC, OVER, EXHV, INJECT, LUB, LUB2, G-IMO, USER, ADJUST Etc.)

FQS = VIT FACTOR IT_A + VIT FACTOR IT_B + VIT FACTOR IT_C 이다.

잘 모르는 부분은 Flex-view 를 참조하면 모두 나와 있다.

또한 Bridge 에 연락하여 아래 Data 를 물어본다.

→ Ship Speed, Displacement, Wind & Wave, Barometric Press, Ambient Temp

ECR 에서 아래의 KYMA Data 를 참조한다.

→ Total Energy Counter(SHPH), Shaft Power(SHP), RPM, Shaft Torque

M/E Performance 는 대체로 2 달 간격으로 계측한다.

Instruction Manual 첨부사진 참조.

각 배마다 MIP Model 이 다를 수 있으니 사용하는 MIP Manual 을 참조한다.

2.8 계측 방법

**** 중요: MIP3000으로 엔진 성능 데이터를 계측 시, 사용자는 MIP3000 압력센서를 냉각하여 대기 온도와 비슷한 상태에서 사용한다.**

2.8.1 계측 "NEW"

1. MIP3000 상단의 스위치를 이용하여 전원 ON 한다.
2. MIP3000에 TDC / TEETH 신호 케이블을 연결한다.
3. MIP3000에 압력센서 케이블을 연결한다.
4. 메인 메뉴에서 "ACQUSITION" 아이콘을 터치 한다. <Fig. 2-8-1>
5. 현재 ENGINE의 추정 부하 버튼을 터치 한다. <Fig. 2-8-2>

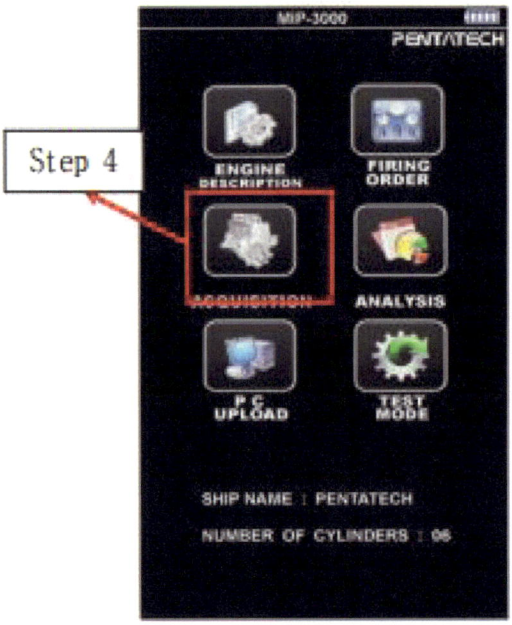

<Fig. 2-8-1>

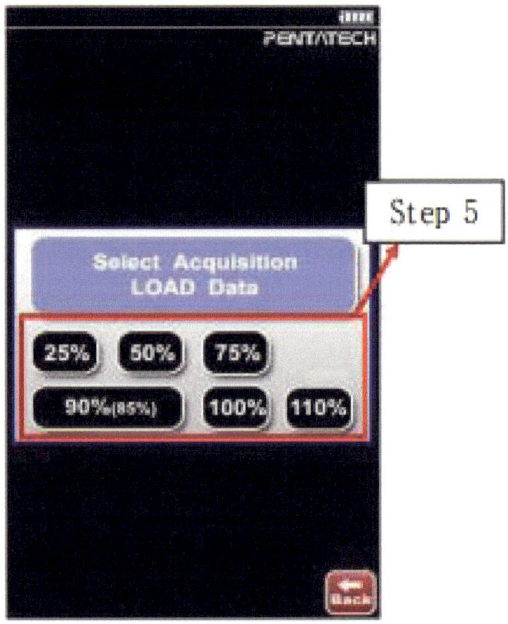

<Fig. 2-8-2>

6. "NEW" 버튼을 터치한다. <Fig. 2-8-3>
7. 계측 하고자 하는 Cylinder의 아래 흰색 부분을 터치하여 체크 표시 한다. "NEW" 계측에서는 자동으로 모든 Cylinder에 체크 표시 되어있다. 버튼을 터치하면 전체 선택, 전체 선택 해제 된다. <Fig. 2-8-4>
8. "NEXT" 버튼을 터치하여 다음 계측 화면으로 넘어간다.
9. 압력센서를 No. 1 Cylinder의 Indicator Cock에 결합한다.

10. Indicator Cock Valve를 연다.

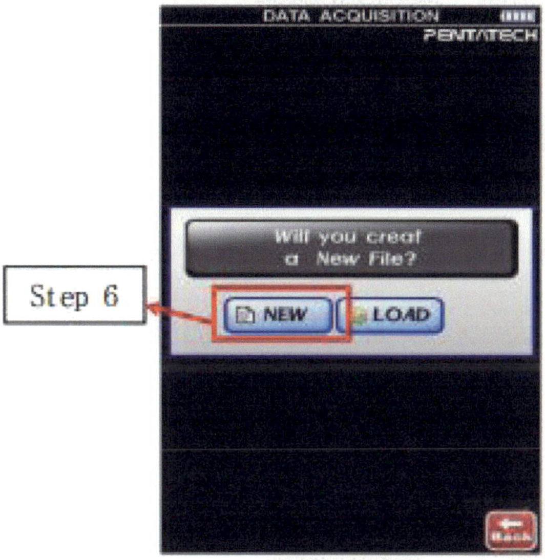

<Fig. 2-8-3>

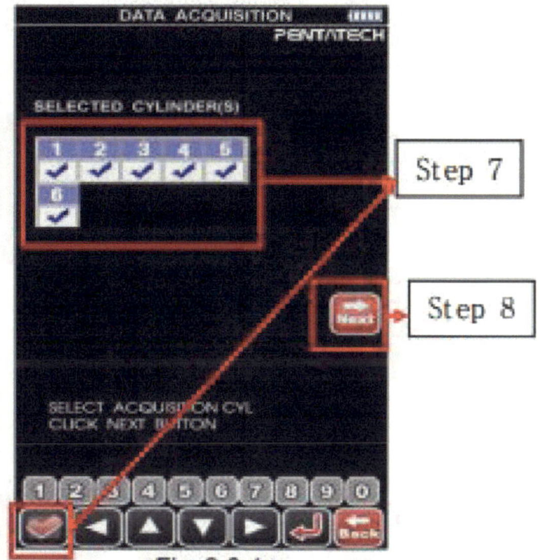

<Fig. 2-8-4>

11. 엔진 성능 데이터 계측을 위해 "Next" 버튼을 터치 한다. <Fig. 2-8-5>

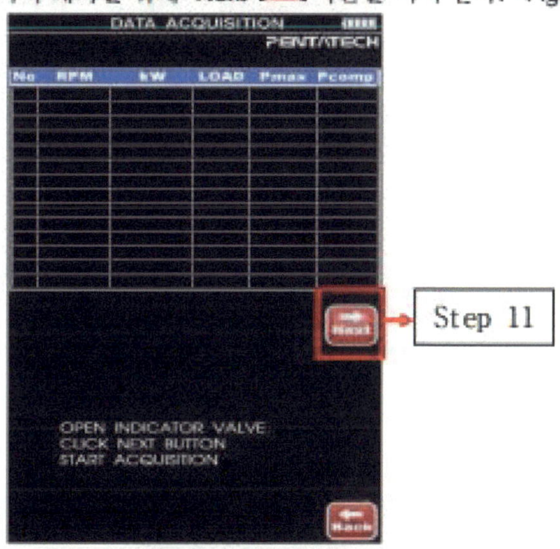

<Fig. 2-8-5>

12. No. 1 Cylinder 의 계산된 RPM과 TEETH COUNT를 확인한다. <Fig. 2-8-6>

13. 10 Cycle의 계측이 완료되고 ** CLOSE INDICATOR VALVE ** 메시지가 나타나면 Indicator Valve를 닫고 압력센서를 분리한다. <Fig. 2-8-7>

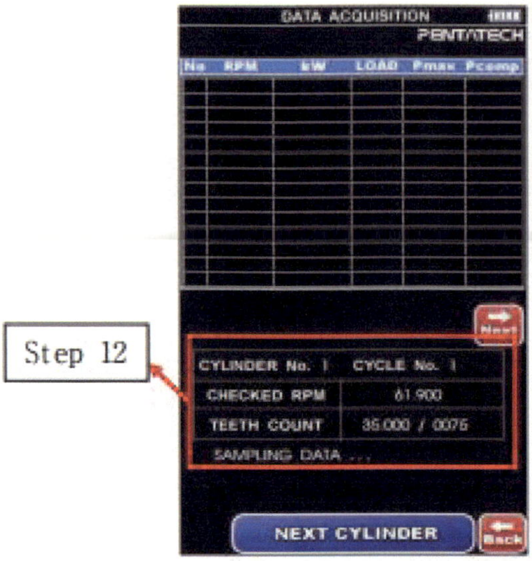

<Fig. 2-8-6>

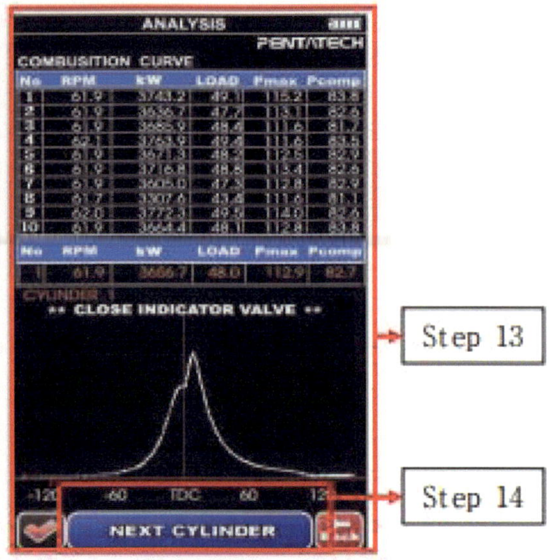

<Fig. 2-8-7>

14. "NEXT CYLINDER" [NEXT CYLINDER] 버튼을 터치하면 Step11로 돌아간다.

15. 나머지 Cylinder의 계측 방법은 Step 11 에서 Step 14 반복한다.

16. 모든 Cylinder의 계측이 완료되면 "Save" [Save] 버튼을 누르면 SD CARD에 화면에 나타나는 파일 이름으로 저장된다. <Fig. 2-8-8 & 2-8-9>

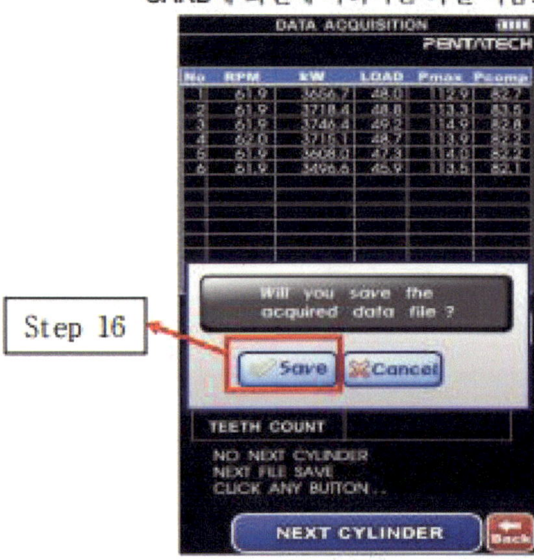

<Fig. 2-8-8>

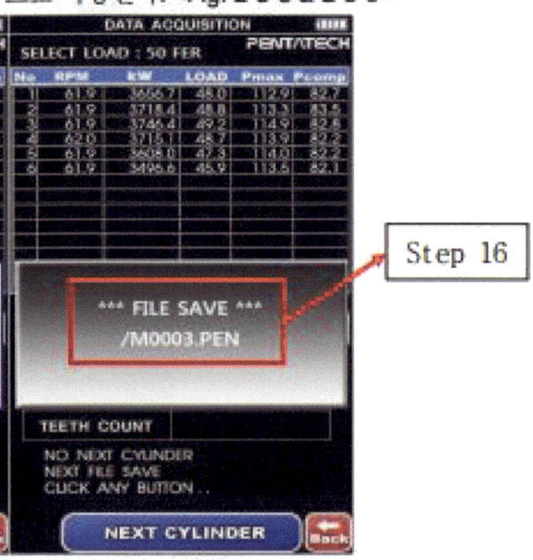

<Fig. 2-8-9>

2.8.2 재 계측 " LOAD "

1. MIP3000 상단의 스위치를 이용하여 전원 ON 한다.
2. MIP3000에 TDC / TEETH 신호 케이블을 연결 한다.
3. MIP3000에 압력센서를 케이블을 연결한다.
4. 메인 메뉴에서 "ACQUSITION"  아이콘을 터치 한다. <Fig. 2-8-10>
5. 현재 ENGINE의 추정 부하 버튼을 터치 한다. <Fig. 2-8-11>

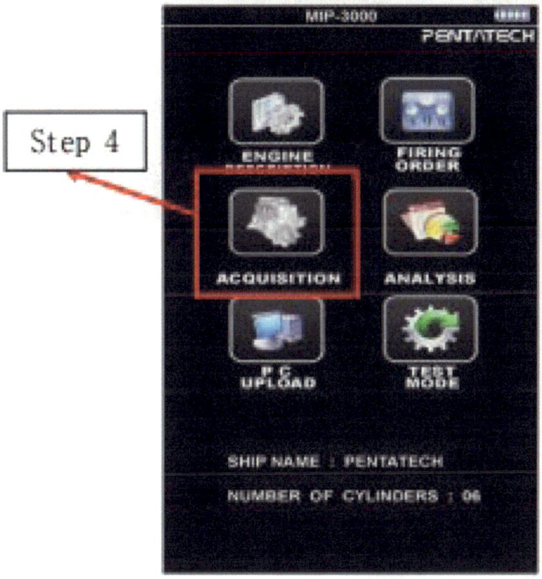

<Fig. 2-8-10>

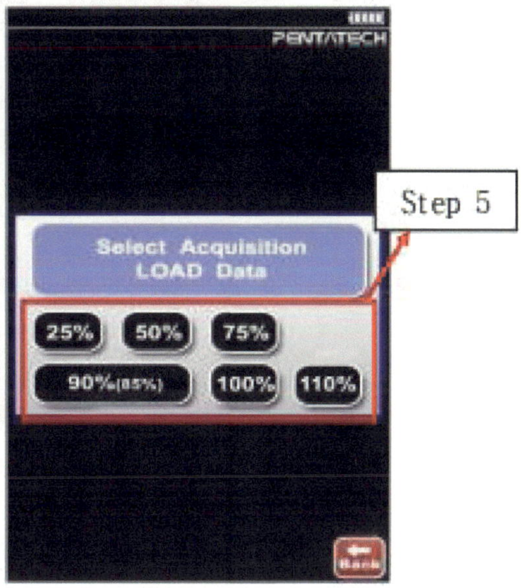

<Fig. 2-8-11>

6. "LOAD" 버튼을 터치 한다. <Fig. 2-8-12>

7. 재 계측을 원하는 Cylinder의 흰색 부분을 터치하여 체크 설정한다. <Fig. 2-8-13>

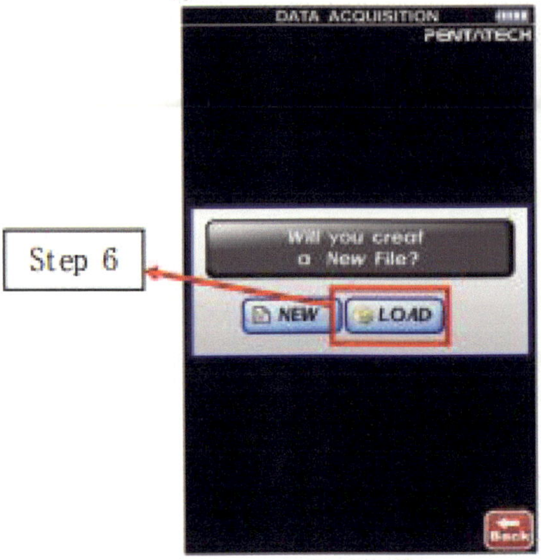

<Fig. 2-8-12>

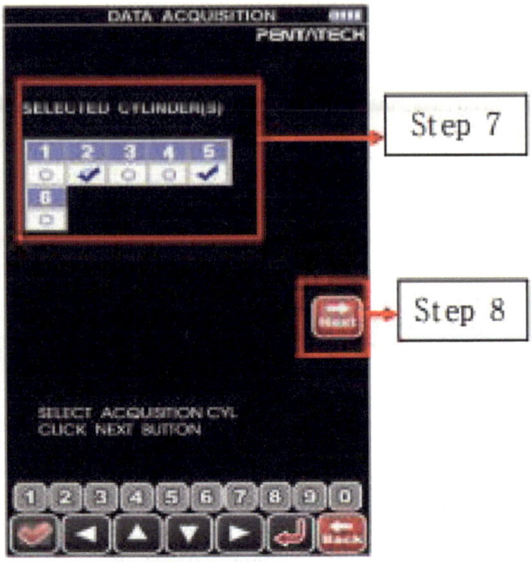

<Fig. 2-8-13>

8. "Next" 버튼을 터치한다. <Fig. 2-8-13>

9. 압력센서를 선택한 Cylinder의 Indicator Cock에 결합한다.

10. Indicator Cock Valve를 연다.

11. 엔진 성능 데이터 계측을 위해 "Next" 버튼을 터치 한다. <Fig .2-8-14>

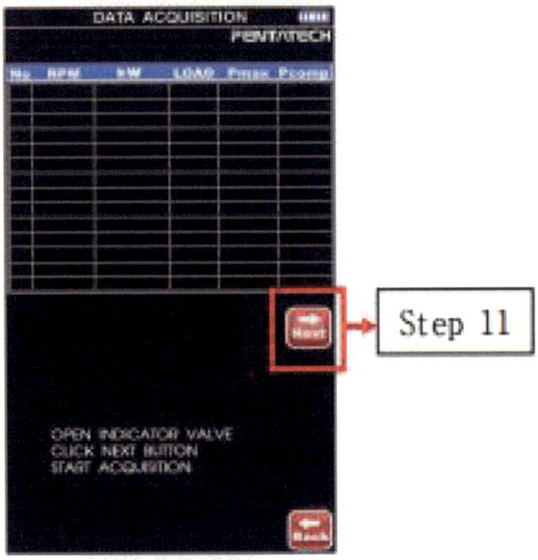

<Fig .2-8-14>

12. 선택한 실린더의 RPM과 TEETH COUNT 확인한다. <Fig .2-8-15>

13. 10 Cycle의 계측이 완료되고 "*** CLOSE INDICATOR VALVE ***" 메시지가 나타나면 Indicator Valve를 닫고 압력센서를 분리한다. <Fig .2-8-16>

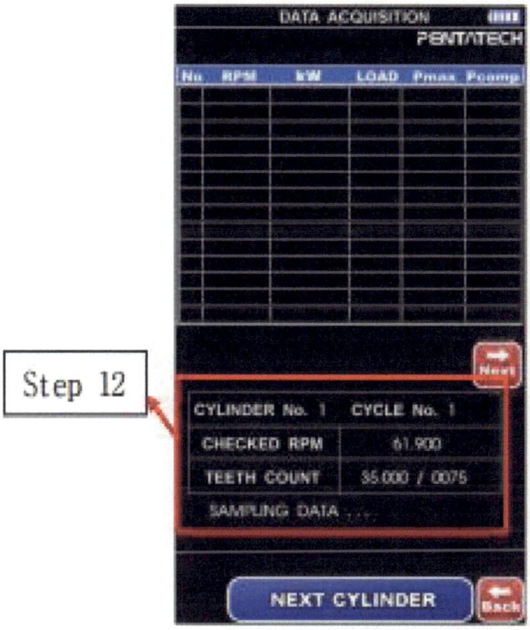

<Fig .2-8-15>

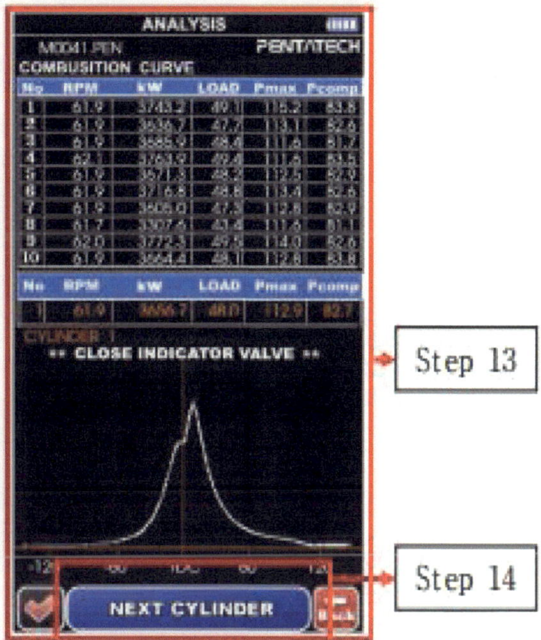

<Fig .2-8-16>

14. "NEXT CYLINDER"  버튼을 터치하면 Step11로 돌아간다.

15. 나머지 Cylinder의 계측 방법은 Step11 에서 Step 14 반복한다.

16. "NEXT CYLINDER"  버튼을 터치하여 파일을 저장 할 수 있는 화면으로 넘어간다.

17. 모든 Cylinder의 계측이 완료되면 "Save" 버튼을 누르면 SD CARD에 화면에 나타나는 파일 이름으로 저장된다. <Fig .2-8-18>

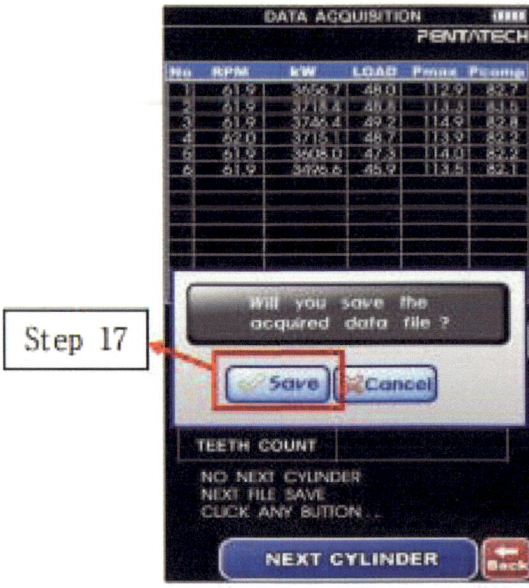

<Fig .2-8-17>

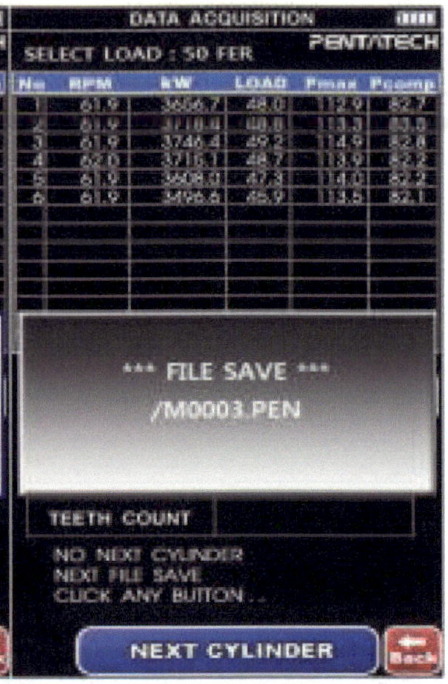

<Fig .2-8-18>

3 MIP3000 설정 방법

3.1 M/E 정보 설정

MIP3000 실행 및 출력 계산에 필요한 ENGINE 데이터가 입력 되어야 한다. 최초 1회만 입력하면 되고, 추후 변경 사항이 있으면 수정 가능하다.

3.1.1 M/E Data 설정

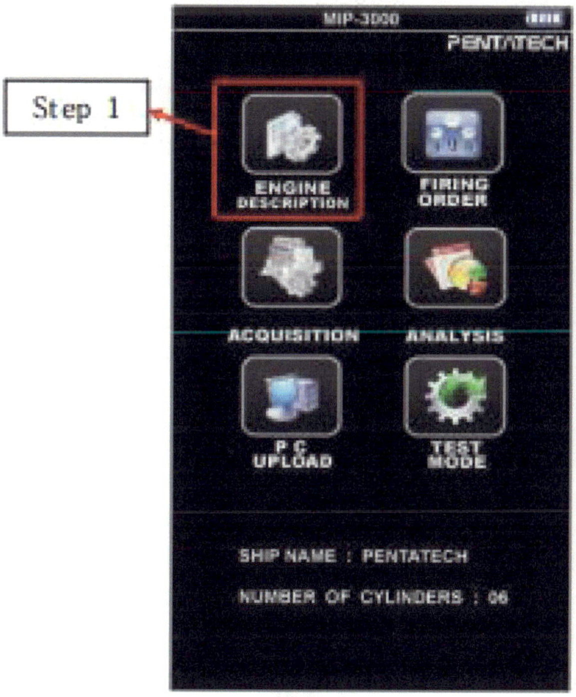

< Fig. 3-1-1 >

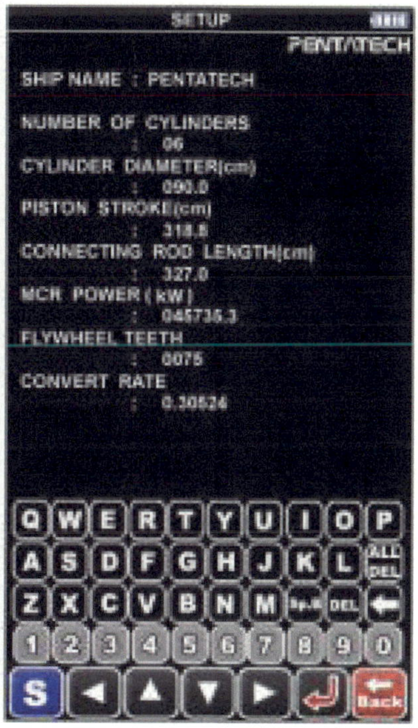

< Fig. 3-1-2 >

1. 메인 화면에서 "ENGINE DESCRIPTION" 버튼을 터치한다. < Fig. 3-1-1 >.
2. 입력 커서는 SHIP NAME에 나타난다.
3. 화면 하단의 알파벳과 숫자 키보드를 터치하여 SHIP NAME을 입력한다. SHIP NAME을 입력하면 "Enter" 버튼 또는 버튼을 터치하면 다음 항목인 NUMBER OF CYLINDERS 를 입력할 수 있는 위치로 커서가 이동된다.
4. NUMBER OF CYLINDERS, CYLINDER DIAMETER(cm), PISTON STORKE(cm), CONNECTING ROD LENGTH(cm) 데이터를 입력 한다.

3.2 참고

- MIP3000 전원이 OFF 상태라도 이전에 저장된 계측 파일은 모두 SD MEMORY CARD에 저장되어 있고 파일 이름은 순번으로 지정된다.
- MIP3000에서 저장된 계측 파일은 PC에 전송하여 상세 분석을 할 수 있다.
- 만일 계측 도중 압력센서 또는 TDC & TEETH 센서 문제, 계측 순서 오류일 경우 계측을 중지 하고, "LOAD" 기능으로 마지막으로 계측 한 파일을 이용하여 재 계측 할 수 있다.
- MIP3000은 32bit Micro Processor, 10 bit A/D converter, 32M x 8 bit NAND Flash Memory, SD Memory Card 1GB로 구성되어 있다.
- SD Memory Card에 저장되어 있는 계측 파일은 Serial Cable 또는 SD Card Reader를 이용하여 PC로 전송 할 수 있다.
- MIP3000 배터리가 완전 충전된 상태에서 계측을 하고, 자주 배터리를 충전하면 배터리 수명에 좋지 않다.
- MIP3000 상단에 있는 전원 스위치< Fig. 3-2-1>를 이용하여 전원 ON 하면 LCD 모니터와 PWR 램프가 ON 된다.

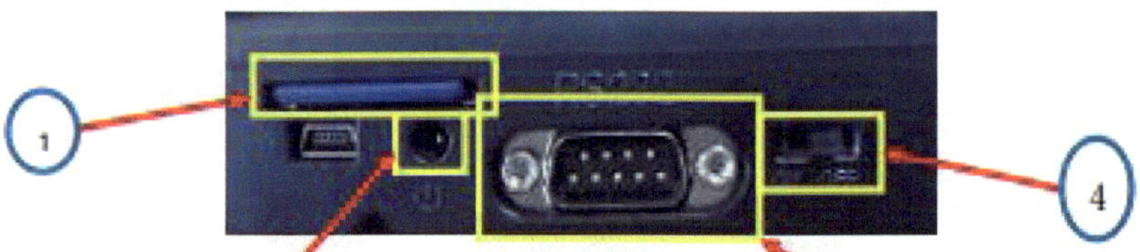

< Fig. 3-2-1 >

① SD Memory Card 포트
② 배터리 충전 연결 포트
③ RS232C 케이블 포트
④ 파워 스위치

MIP를 조작하다가 실수로 Data를 초기화 하거나 또는, 어떤 이유로 MIP 초기화가 된 경우에는 기본적인 Engine Data를 다시 Re-setting을 해주어야 한다. 하지만 입력 Data 중에 Convert Rate 같은 것들은 초기 Maker에서 설정해주는 Data이다. 따라서 찾기가 어렵다.

이런 경우 이전에 측정한 MIP 파일을 열어보면 아래와 같이 Edit Remark에 설정 Data 값을 확인 할 수 있다. 보기 편하게 메모장에 옮겨 적는다.

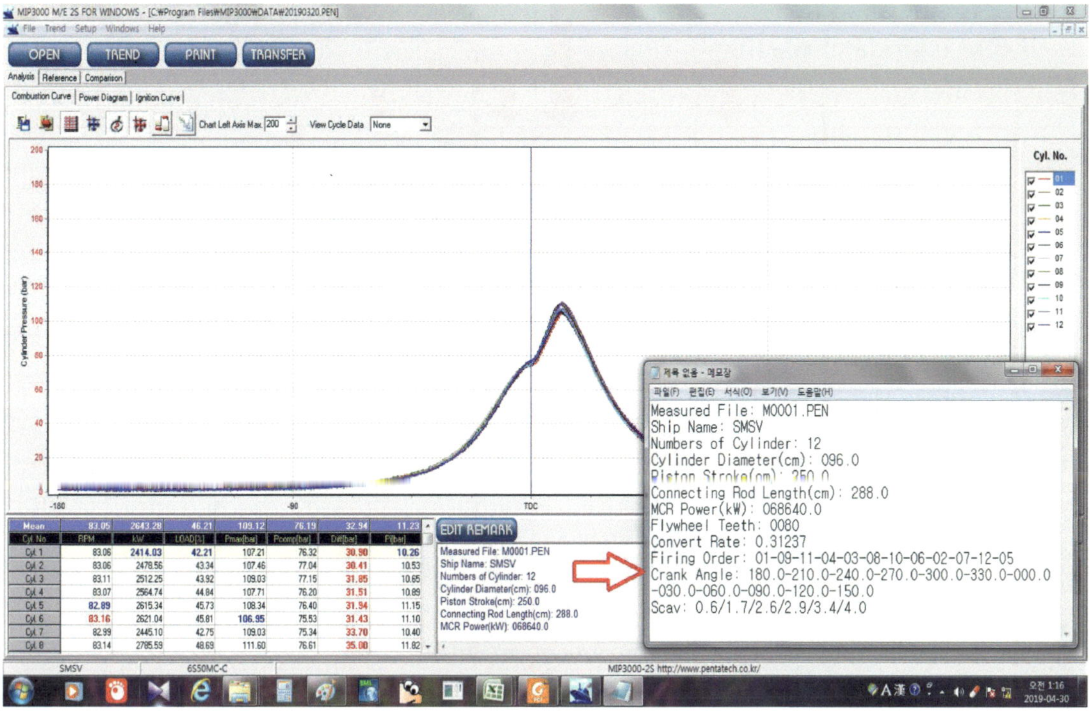

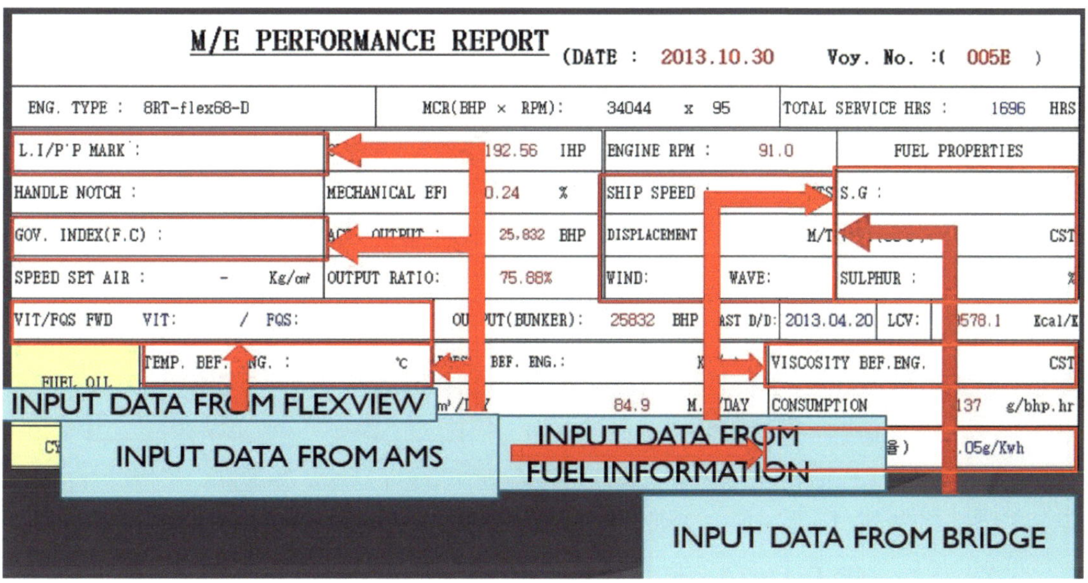
M/E PERFORMANCE REPORT
INPUT DATA FROM FLEXVIEW
INPUT DATA FROM AMS
INPUT DATA FROM FUEL INFORMATION
INPUT DATA FROM BRIDGE

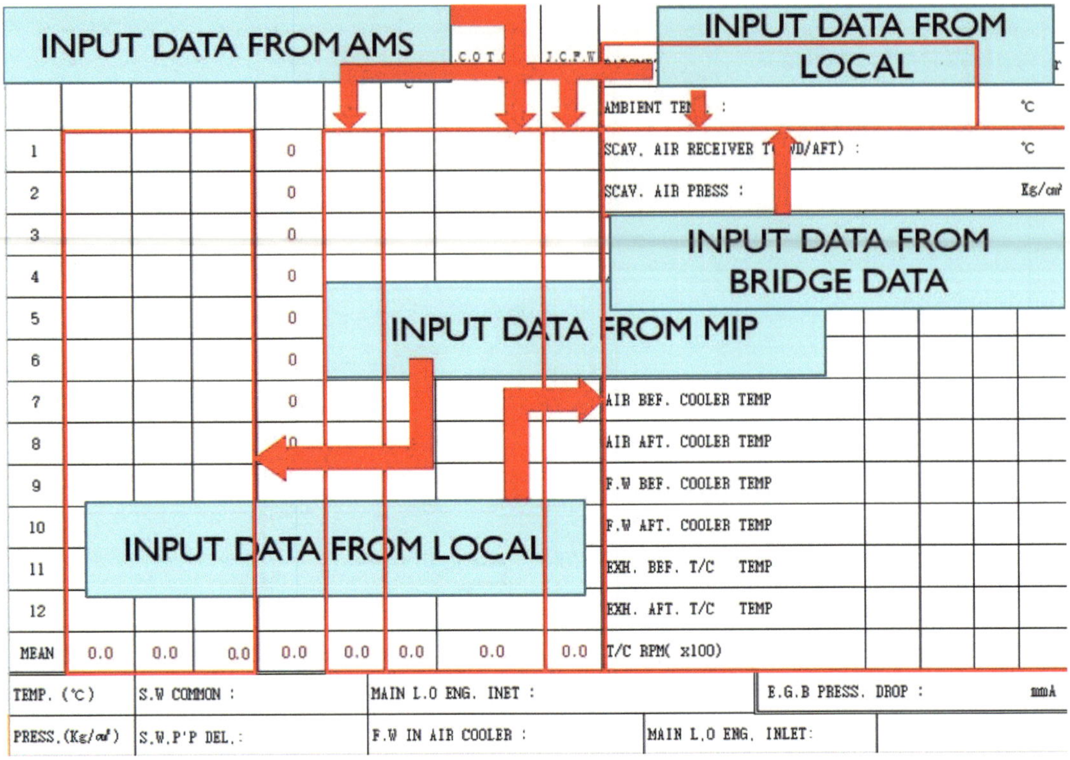
INPUT DATA FROM AMS
INPUT DATA FROM LOCAL
INPUT DATA FROM BRIDGE DATA
INPUT DATA FROM MIP
INPUT DATA FROM LOCAL
AMBIENT TEMP :
SCAV. AIR RECEIVER T (FWD/AFT) :
SCAV. AIR PRESS :
AIR BEF. COOLER TEMP
AIR AFT. COOLER TEMP
F.W BEF. COOLER TEMP
F.W AFT. COOLER TEMP
EXH. BEF. T/C TEMP
EXH. AFT. T/C TEMP
T/C RPM(x100)
MEAN
TEMP. (℃)
S.W COMMON :
MAIN L.O ENG. INET :
E.G.B PRESS. DROP :
PRESS.(Kg/㎠)
S.W.P'P DEL. :
F.W IN AIR COOLER :
MAIN L.O ENG. INLET:

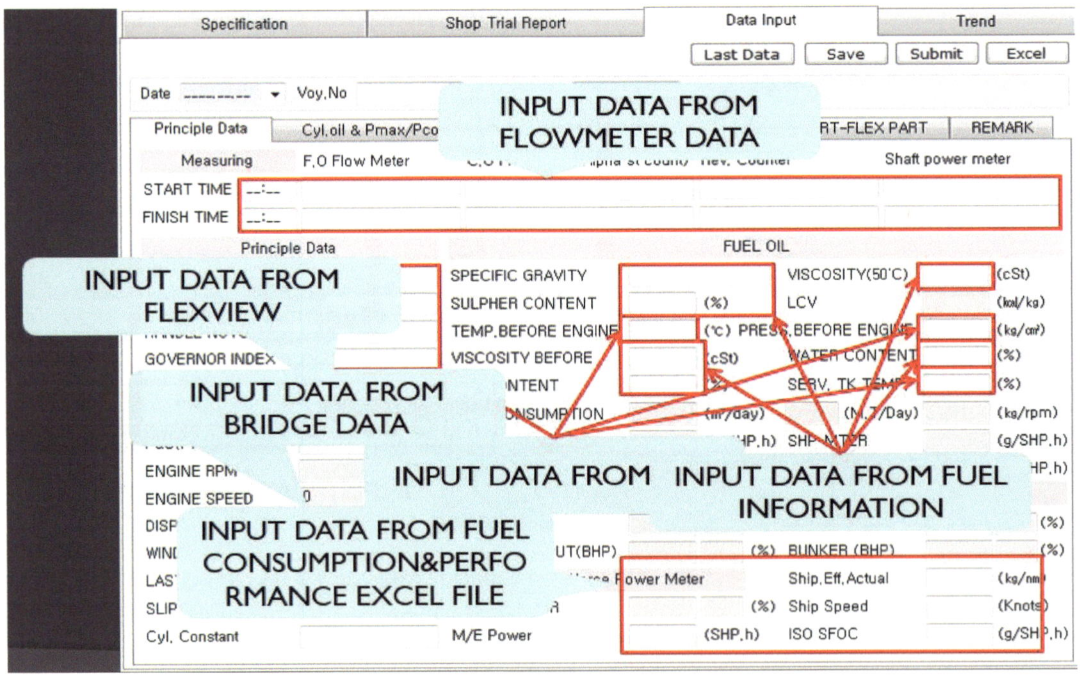
Specification
Shop Trial Report
Data Input
Trend
Last Data
Save
Submit
Excel
Date
Voy.No
Principle Data
Cyl.oil & Pmax/Pco
RT-FLEX PART
REMARK
Measuring
F.O Flow Meter
Shaft power meter
START TIME
FINISH TIME
FUEL OIL
SPECIFIC GRAVITY
SULPHER CONTENT
TEMP.BEFORE ENGINE
VISCOSITY(50℃)
LCV
PRESS.BEFORE ENGINE
WATER CONTENT
SERV. TK TEMP
GOVERNOR INDEX
ENGINE RPM
ENGINE SPEED
Cyl. Constant
M/E Power
Ship.Eff.Actual
Ship Speed
ISO SFOC
INPUT DATA FROM FLOWMETER DATA
INPUT DATA FROM FLEXVIEW
INPUT DATA FROM BRIDGE DATA
INPUT DATA FROM
INPUT DATA FROM FUEL INFORMATION
INPUT DATA FROM FUEL CONSUMPTION&PERFORMANCE EXCEL FILE

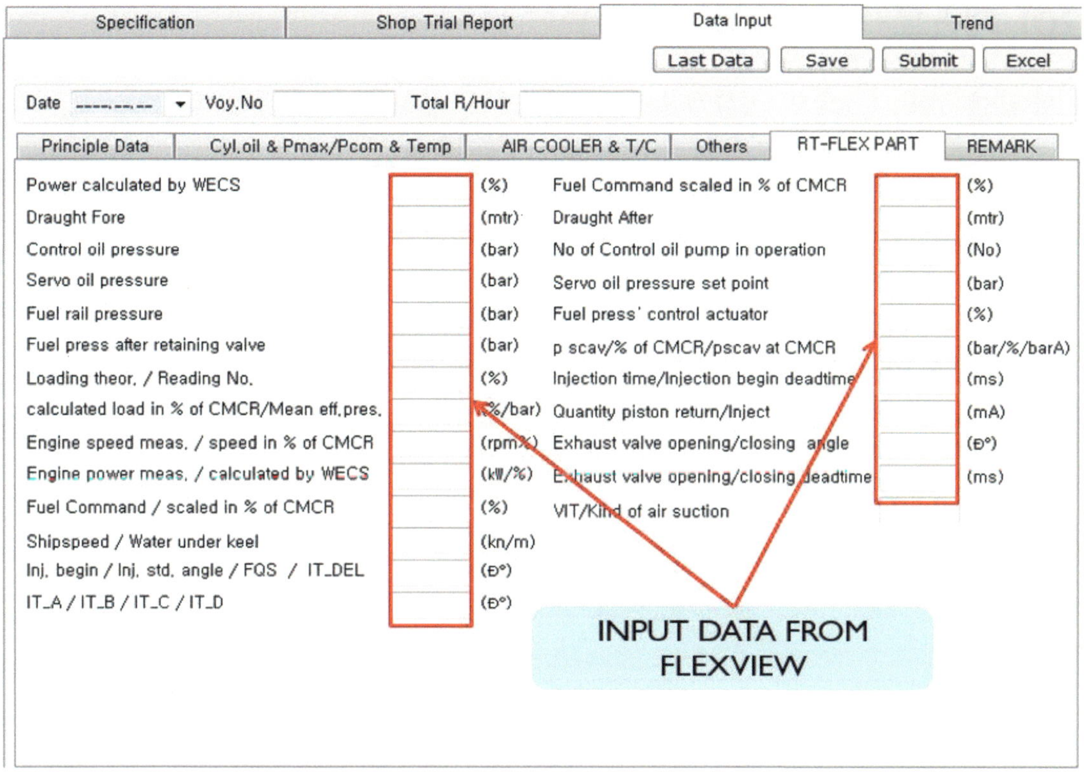
Specification
Shop Trial Report
Data Input
Trend
Last Data
Save
Submit
Excel
Date
Voy.No
Total R/Hour
Principle Data
Cyl.oil & Pmax/Pcom & Temp
AIR COOLER & T/C
Others
RT-FLEX PART
REMARK
Power calculated by WECS (%)
Draught Fore (mtr)
Control oil pressure (bar)
Servo oil pressure (bar)
Fuel rail pressure (bar)
Fuel press after retaining valve (bar)
Loading theor. / Reading No. (%)
calculated load in % of CMCR/Mean eff.pres. (%/bar)
Engine speed meas. / speed in % of CMCR (rpm%)
Engine power meas. / calculated by WECS (kW/%)
Fuel Command / scaled in % of CMCR (%)
Shipspeed / Water under keel (kn/m)
Inj. begin / Inj. std. angle / FQS / IT_DEL (Đ°)
IT_A / IT_B / IT_C / IT_D (Đ°)
Fuel Command scaled in % of CMCR (%)
Draught After (mtr)
No of Control oil pump in operation (No)
Servo oil pressure set point (bar)
Fuel press' control actuator (%)
p scav/% of CMCR/pscav at CMCR (bar/%/barA)
Injection time/Injection begin deadtime (ms)
Quantity piston return/Inject (mA)
Exhaust valve opening/closing angle (Đ°)
Exhaust valve opening/closing deadtime (ms)
VIT/Kind of air suction
INPUT DATA FROM FLEXVIEW

20) 테스트 콕(인디케이터 밸브)

운항 중에 Test Cock이 심하게 누설하면 즉시 Engine을 정지 후 교환한다.
미량 누설하는 경우에는 가까운 항구에 접안 후 교환을 하면 된다.

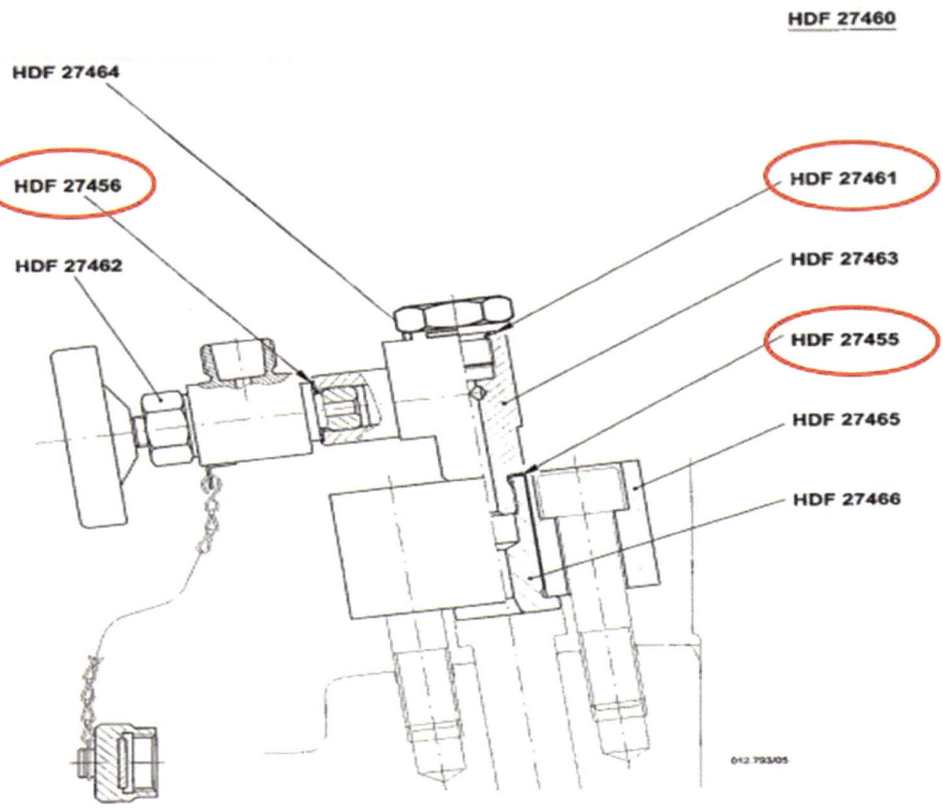

Test Cock 구멍에서 누설하면 Test Cock만 교환한다.
만약 다른 곳에서 만약 누설을 하면 상기 표시된 Gasket을 참조하여 교환을 하면 된다.
Test Cock을 Adapter Piece(HDF 27463)에서 풀어낼 때 Thread가 물려 있어 잘 풀리지 않으므로 Open & Close를 반복하면서 조금씩 풀어내는 것이 좋다. 그냥 힘으로 풀려고 하면 Adapter Piece(HDF 27463)가 파손 된다.

또한 Test Cock 조립 시에 Gasket(HDF 27456)을 잘 집어넣어야 배기가스가 누설하지 않는다. 상황에 따라 Gasket(HDF 27456)을 집어넣고 Test Cock Thread에 맞는 Copper Gasket도 넣는다.
취외 한 Test Cock은 관통 소제 및 정비하여 보관해 놓는다.

21) 누출 센서

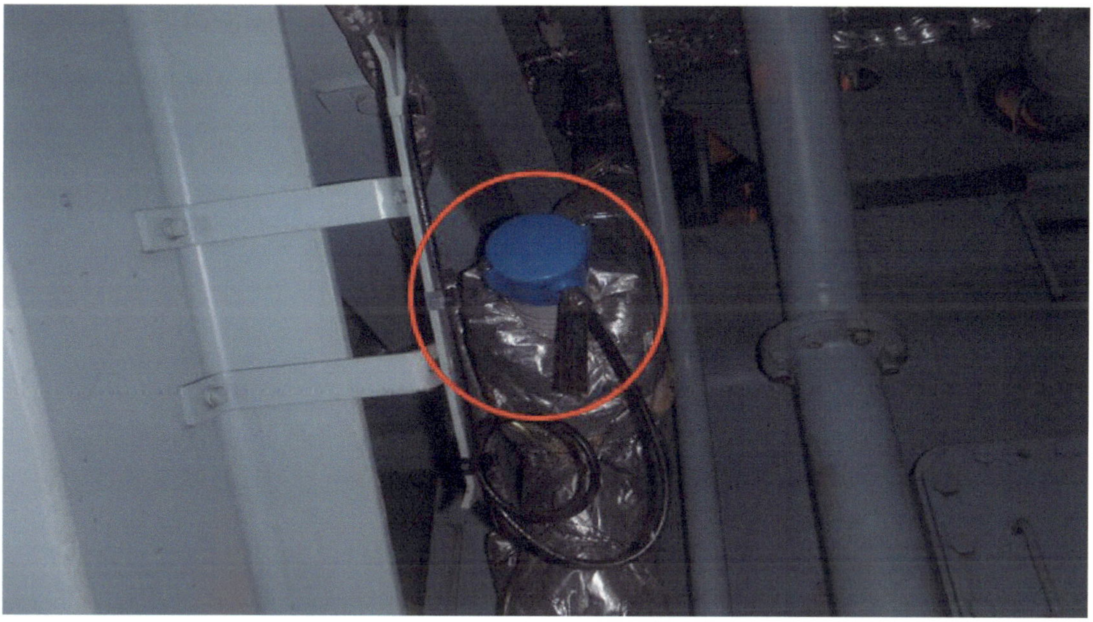

M/E 각종 Oil Leak Sensor

Fuel Rail = 2EA(Free end & Drive end)

Servo Oil Rail = 2EA(Free end & Drive end)

Servo Oil Pump 하부 = 1EA

Control Oil Pump 하부 = 1EA

Supply Unit 하부 = 1EA

보통 총 7개가 있다.

Leak AL Test 방법은 Button Type의 경우 Leak Sensor Cover를 취외하여 내부의 회색 작은 버튼을 누르고 있으면 Alarm이 발생한다. 버튼 타입이 아니라 S/W 타입은 'OFF→ON'으로 변경하면 Alarm이 발생한다.

만약에 전체 Leaky Sensor가 Test 및 Alarm이 울리지 않을 경우, AMS 뒷편 DC 24 Board에서 Fuse가 소손 된 것은 아닌지, E-90 Panel에서 Cable이 제대로 조립되었는지 확인한다.

22) 점도계

(1) Viscosity sensor(pendulum) 소제 방법(점도의 high 또는 erratic시)

① By-pass Valve를 열고 In & Out Valve를 닫아 Sensor측 F.O 흐름을 차단한다.

② Interface Box 전원을 Off 한다.

③ 그림 ①번 Nut(41mm Spanner)를 Housing에서 풀어낸다.(F.O가 나올 수 있으므로 주의한다.)

④ 간혹 Viscosity Sensor 하부의 플라스틱 Cap을 제거하지 않은 채 설치하는 경우가 있다.(Cap이 있다면 제거한다.)

⑤ Viscosity Sensor를 꺼낸 후 그림 번 Set Screw 2개를 풀어 그림 번 Tube를 벗겨 낸다.(Set Screw가 작으므로 분실하지 않도록 주의한다.)

⑥ Viscosity Sensor의 목이 휘어지지 않도록 조심해서 깨끗한 헝겊으로 기름때를 닦아 낸다.

⑦ 재조립 시 Tube 측면의 Hole이 F.O Inlet 방향을 향해야 한다.(그림 번 Pin과 같은 방향)

⑧ Tube가 움직이지 않도록 양쪽 Set Screw 2개를 확실히 잠근다.
Tube가 까딱까딱 움직이면 측정치에 영향을 준다.(측정값 상승)

⑨ 그림 번 O-ring이 정상인지 확인하고, 경화 및 절손 되었다면 교체한다.

⑩ 조립 시 그림 번 Nut에 Seal Tape를 감으면 안된다.(측정값 상승)

⑪ Viscosity Sensor 고정용 Pin 그림 번을 정확하게 Housing의 Hole에 맞추어 조립한다.

⑫ 조립이 끝나면 In & Outlet Valve Open하여 Viscosity Sensor 조립 부에 F.O 누설 확인한다.

Interface Box에 전원을 넣은 후 By-pass Valve Close한다.

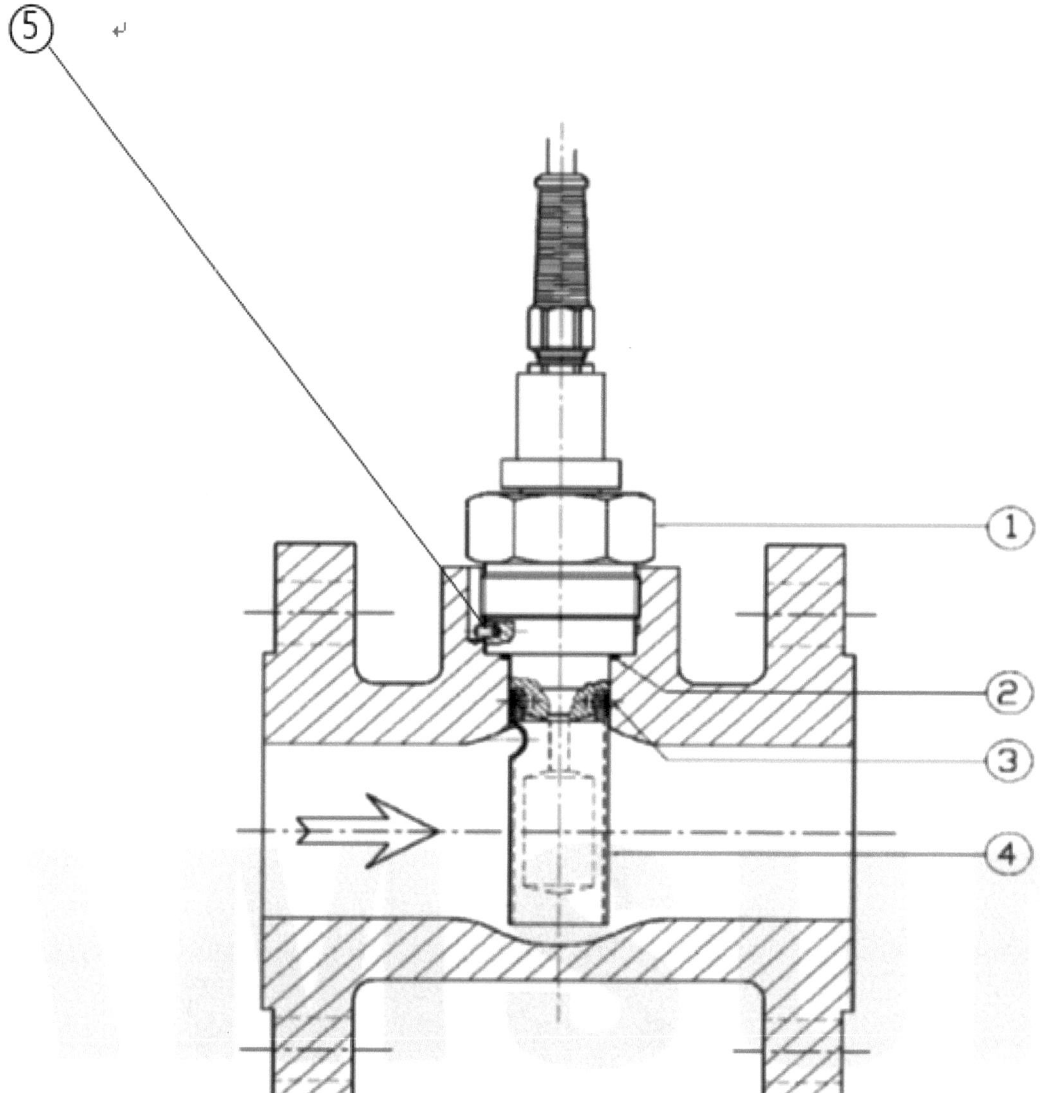

5
1
2
3
4

(2) 점도계 제로 셋팅

제로 셋팅 관련해서는 아래를 먼저 참조한다.

8.1 INITIAL START-UP

1. Close valves A and B and open equalizing valve C at the dP-transmitter manifold (see Figure 9).
2. Allow diesel oil to enter fuel system.
3. Start Viscotherm® motor.
4. Vent system by unscrewing pipe coupling in ' - ' (minus) sensing line between sensor and dP- transmitter. (See Figure 9 and label on sensor housing).

⚠ Diesel oil will flow out. Make sure that system pressure is less than 1 bar and protect eyes before unscrewing coupling.

5. Retighten coupling when the air bubbles stop.Open manifold valves A and B (Figure 9).
6. Check if viscosity reading is at 0 mPa·s.If reading is not 0 mPa·s, adjust zero point of dP-transmitter following instructions in section 9.2.
7. Close equalizing valve C (Figure 9).
8. When further Viscotherm® system components have been supplied by VAF Instruments, refer to Technical Manual 773 for additional start-up and operating instructions.

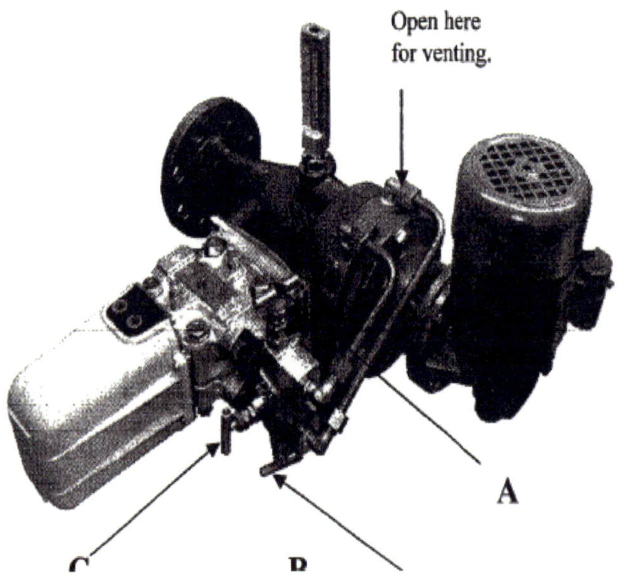

9.1 GENERAL

Under normal conditions the Viscotherm sensor/dP-transmitter assembly requires a minimum of maintenance. "Normal conditions" means:

a. A clean operating environment.

b. Viscotherm components installed in accordance with the installation instructions given.

c. Operation of the viscosity control system in accordance with this manual and other related publications issued by VAF Instruments B.V.

d. Air supply for pneumatic system parts is free from oil, moisture and dirt.

e. Uninterrupted electric power supply at the normal specified values.

☞ Keep record of all maintenance operations, e.g. using the sheet of section 11.

9.2 MONTHLY ZERO CHECK OF DP-TRANSMITTER

1. Open equalizing valve on transmitter manifold (C, Figure 9).
2. Switch off electric motor of Viscotherm® sensor.
3. Check that viscosity reading is 0 (zero) mPa·s. If it is not, adjust zero point at transmitter as follows:
   a) Move slide on side of dP-transmitter upward and turn zero adjustment screw (Fig. 10) until reading at viscosity control station is 0 mPa·s.
   b) Close slide on dP-transmitter.
4. Close equalizing valve on dP-transmitter manifold (C, Figure 9).
5. Start electric motor of Viscotherm® sensor.

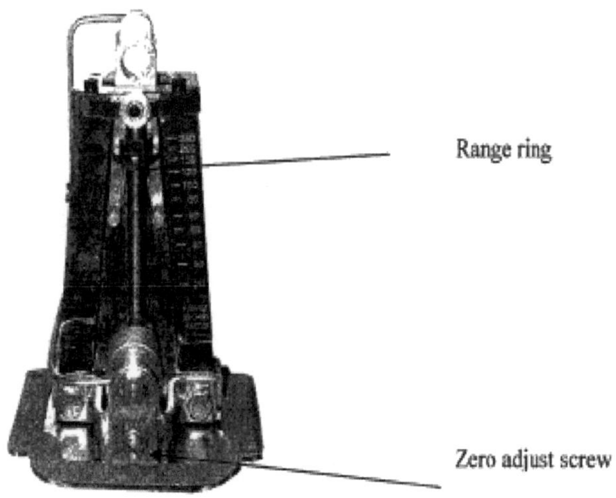

Figure 10, Location of range and zero adjustment points of dP-transmitter

Except where noted all dimensions are in millimetres.

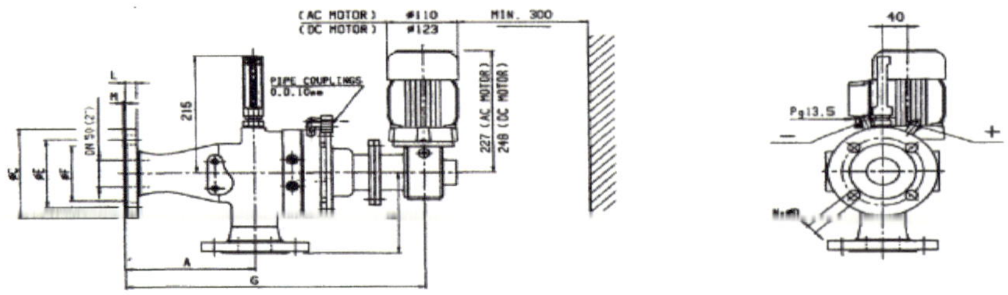

For dimensions see table in figure 7

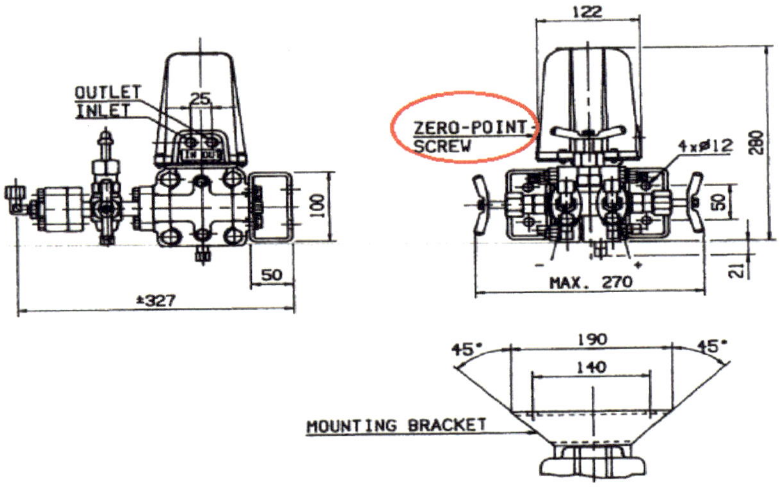

→ 영점 조정은 상기 사진처럼 조절하면 된다.

승선했던 선박에서는 갑작스럽게 M/E Viscometer 조절이 되지 않아 영점 조정 한적이 있다.

① Viscometer Motor 가 돌아가는 상황이라고 가정하고,
(보통은 영점 조정 때 끄고 한다. 그러면 점도 = 0 이 된다.)

② 트랜시버로 기관실과 Local 에서 한 명씩 대기하고, ECR 에서는 Viscometer Controller 자동에서 수동으로 바꿔 놓는다.

③ Local 에서 영점 조절 스크류로 **조금씩 조절**하여 기관실과 통신하며 원하는 Viscometer 값에 맞춘다.

④ 기관실에서 Viscometer Controller 로 PV 값이 변하는 것을 확인 한 다음,

⑤ Controller 에서 원하는 PV 값에 고정되면 다시 수동에서 자동으로 바꿔준다.

원래는 영점 조정하는 것이 맞지만, 간편하게 아래와 같이 조절하는 방법도 있다.

자동 조절 안되니 Local 에서 영점 조절 스크류로 값을 조금 변경해주고, Controller 를 자동으로 다시 바꿔서 값이 일정하게 고정되면 작업 종료하면 된다.

23) 벙커 교환

현재 황 함유량 규제는 ECA 지역을 넘어서 전 세계적으로 0.5% 이하의 황 함유량 기준이 적용되고 있다. 그러나 특정 ECA 지역에서는 여전히 0.1% 이하 규제가 적용되므로 해당 지역의 엄격한 준수가 필요하다.

또한 LSMGO 사용 중 윤활성 부족 및 저 점도로 인하여 엔진 연료 펌프 고착 등의 연료계통에 문제가 지속적으로 발생하므로 저유황유 치환 및 사용 관련하여 주의가 필요하다.

특히, 연료유 치환 시 급격한 온도변화는 F.O Pump Plunger & Barrel, ICU 고착의 주요 원인이므로 각별한 주의를 한다.

아래는 H.F.O 와 M.G.O 의 연료 치환에 대한 설명이며, 0.5% 황 함유량 규제에 맞게 VLSFO 연료 사용하는 경우에는 기존 H.F.O 와 동일하나, 온도만 HFO 보다 낮게(연료 특성 및 BDN 참조)하여 연료를 치환한다.

(1) 연료유 치환 주의 사항

① H.F.O 에서 M.G.O 로 변경

㉠ Engine Load 를 40% 이하로 낮춤

㉡ H.F.O 온도를 Viscometer 또는 Heater Controller 를 이용하여 **분당 2℃로 서서히 낮춤**

㉢ H.F.O 온도 110~120 ℃(25~30cSt)에서 M.G.O 로 3-Way Valve 전환

㉣ 3-Way Valve 전환 후 Viscometer 를 확인하면서 20cSt 이하로 떨어질 때까지 상태 유지

㉤ Steam Trancing Line 의 Steam 공급 차단

㉥ F.O Heater 의 Heating 을 완전히 차단

(특히, M.G.O 사용시 현장 Steam Valve 차단)

※ M.G.O Cooler 가 장착된 선박은 필히 사용 바람.

② M.G.O 에서 H.F.O 로 변경

㉠ Engine Load 40% 이하에서 시행(가급적 낮은 부하 시행)

㉡ Steam Trancing Line 의 Steam 공급 시행

㉢ H.F.O 로 3-Way Valve 전환

㉣ H.F.O 전환 후 Viscosity 가 상승하게 되며 13 cSt 정도 유지 되도록 서서히 온도를 증가
(약 1 분에 2℃ 정도)

(2) 연료유 윤활성 향상제 투입

윤활성이 낮은 LSMGO 사용에 따른 Pump Plunger 및 Piston 마모 감소를 위해, 윤활성 향상 연료유 첨가제 사전 확보 및 연료유 황 함량 0.1%이하 연료유 수급 시 투입 사용

㉠ Drew Chemical - Amergy XLS: 200 ml/Ton

㉡ Unitor Chemical - Dieselpower: 150 ml/Ton

* HFO→LSGO 로 Bunker Change 시에 온도 115-120 도에서 Bunker Change 완료한 다음 접안하여 Engine Finish 하고 **M/E F.O Pump stop 한다.(LSGO 사용할 경우에만)**

F.O Auto Filter 또한 Power Off 한다.

Bunker Change 한 다음 F.O Auto Filter Stop 하지 않고 계속 작동하도록 한다.

* LSGO→HFO 로 Bunker Change 시에는 온도를 올리고 Bunker Change 를 한다.

하지만 온도를 올리면 점도가 떨어지고, 2CST 이하로 떨어질 경우에 F.O Pump 마모 및 Starting Fail 발생 할 수 있기에 온도 올리지 않고 Viscosity Setting 값을 내려놓은 다음, 바로 Bunker Change 를 시작하고 Steam Valve 를 Open 한다.

Viscometer 로 온도가 올라감에 따라 내려놓은 Viscosity Setting 값을 조정하면서 Change 한다.

* Bunker Change 3-Way Valve 의 **Pneumatic Valve 가 불량한 경우** HFO → LSGO 로 Bunker Change 했을 때 **Air Supply 가 제대로 되지 않아 자동으로 LSGO 에서 HFO 로 변경 된다.**

이 때는 **Air Line 을 취외하고 Manual 로 Bunker Change 3-Way Valve 조절**하고 Spare 청구한다.

[4] MAIN ENGINE 주기적인 점검사항

1) 피스톤 링 & 라이너(1500H~3000H)

2) 소기 챔버(4000H~6000H)

3) 크랭크 샤프트 챔버 & 캠 샤프트 챔버(1500H~3000H)

4) 랜턴 스페이스 & 슬러지 오일 트랩(4000H~6000H)

상기 점검사항들은 입항 후 보통 같이 점검한다.

Engine Stop 후 Scavenge Chamber(소기 챔버) Door Open 하고 1-2 시간 Potable Fan 을 설치한다.

Cooling 후 M/E Piston Ring & Liner 를 점검한다.

Turning Gear Remote Controller 들고 Scavenge Air Chamber 들어가 Firing Order 따라 점검한다.

Piston 아래로 Turning Gear 를 이용하여 내린 다음 **Piston Head 상부 및 Bolt 체결상태 확인하고, Piston Ring & Liner 점검 시 Liner 내부에 윤활유(Cylinder Oil)가 제대로 분사되는지 확인한다. Piston Ring Peel Off, Scuffing, Scratch, Liner 호닝마크, Liner Burnt 유무, 크랙, Black & White Makar, Metal piece 유무 등등을 확인한다.**

그 다음에 Piston 을 올리면 Piston Ring 들이 중력으로 아래로 내려오게 되고, Piston Ring 상부 틈새를 필러 게이지를 이용하여 앞뒤 좌우 4 부분을 골고루 계측한다.

Black & White Maker 는 주유량을 늘리면 없어진다.

하지만 주유량을 무작정 계속 늘리는 것이 좋은 것이 아니고, 경험 상 최대 1.3g/kwh 까지만 올린다.

본선 T/C Cut-in & Cut-off Condition 및 Piston Ring & Liner 를 고려하여 조절하도록 한다.

1.4g/kwh 까지 올리면 Cylinder Oil Deposit 이 생겨 Liner 및 Piston Ring 마모를 유발한다.

계측 치 및 계측 방법은 아래 도면 참조한다.

5. Fitting of piston rings

- When reusing old piston rings, only such rings may be fitted which are in undamaged, good condition. The piston rings must be fitted with the marking **TOP upwards.**

⇒ Reused old piston rings with sharp edges must be rounded off with radii according to Fig. 'B' (with the exception of SCP1CC piston ring).

⇒ The edges of the ring gap must be rounded off with a radius of 0.5 mm (with the exception of SCP1CC piston ring).

CHECK Reused piston rings must be refitted in the same ring grooves and in the same position (TOP) as removed. Before fitting used piston rings, measure them in view of a later judgement, as mentioned.

Remark: Newly fitted piston rings have to be run-in according to the relevant indications in the Operating Manual 0410–1.

Ring type	Coating / material	Application
Uppermost piston ring 'a' 1 x SCP1CC 20	chrome-ceramic	for new and used cylinder liners
Piston rings 'b' – 'd' 3 x SCP2CC 20	chrome-ceramic	for new and used cylinder liners

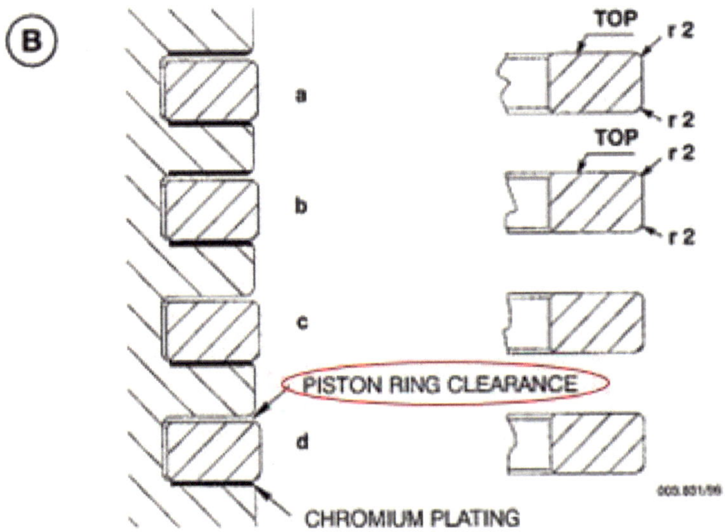

Clearance Table

Piston and Piston Rings

Group	Key No.	Description	Measuring direction (method of measuring)	Nominal dimension (normal, new) [mm]	Maximum clearance, dimension (due to wear) [mm]
3403		**Piston crown**			
	1	Crown	outer Ø	951.7	
	2	Crown	outer Ø	956.7	
3403 3425		**Piston ring grooves**			
	3	Hight of the two uppermost grooves	vertical	$20^{+0.50}_{+0.45}$	
	4	Hight of the two lower grooves	vertical	$20^{+0.40}_{+0.35}$	
	5	Groove depth	radial	31	
3425		**Piston rings**			
		Ring hight	vertical	$20^{0}_{-0.03}$	
	6	Ring clearance	vertical	0.45–0.53	0.75
	7	Ring clearance	vertical	0.35–0.43	0.65
	8	*Ring width	radial	30 ± 0.45	see diagram
3403		**Piston skirt**			
	9	Skirt	outer Ø	$958.9^{-0}_{-0.2}$	min. 957
3403		**Piston rod**			
	10	Rod	outer Ø	$370^{-0.062}_{-0.119}$	min. 368.80

Ring Clearance를 계측 하였을 때 보통 Top Ring 기준 **0.8-0.85mm이상**이 되면 Piston OV'HL을 하여 Piston Ring을 교환 한다.

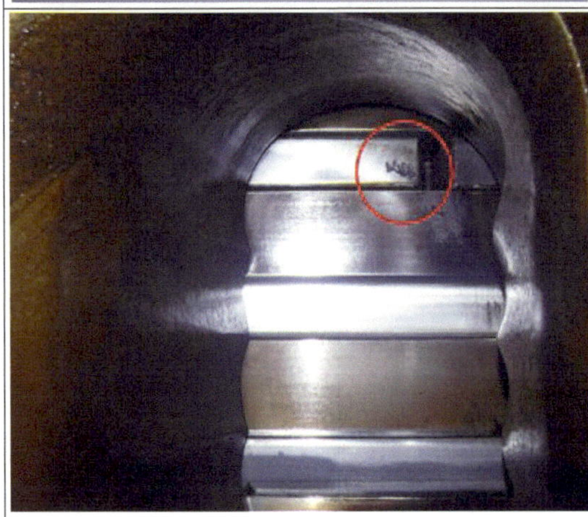

PEEL OFF

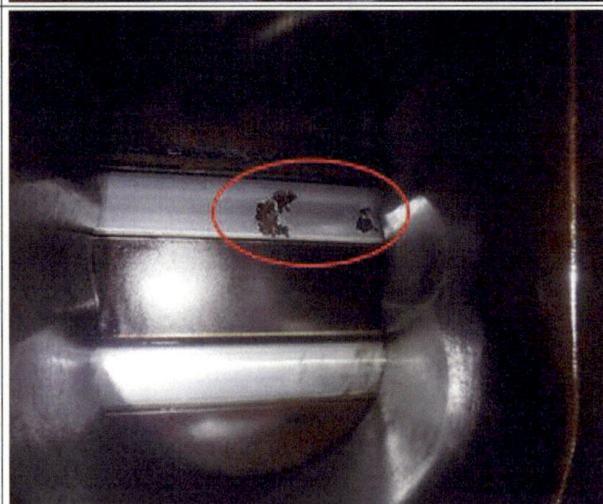

PEEL OFF

SCAVENGE AIR CHAMBER FLAP

CAMSHAFT CHAMBER COVER

CRANKSHAFT CHAMBER 내부 모습

CRANKSHAFT CHAMBER 내부 모습

Piston Ring Liner 점검하는 중에 M/E Scavenge Chamber Flap을 확인 한다.

Scavenge Air Chamber Flap 육안 상으로 불량, 크랙이 있거나 제대로 열리고 닫히지 않는다면 신품으로 교환한다.

M/E Camshaft Chamber 점검 시 L.O Pump를 끄고 Cover를 Open하여 Turning Gear를 이용하여 Turning을 하면서 **Cam에 손상이 있는지, 크랙이 있는지** 등을 확인 한다.

M/E Crankshaft Chamber 점검 시 L.O Pump를 끄고 내부를 들어가서 점검 한다.

내부에 Metal Piece가 있는지, Engine 부속 품들이나 다른 이외 의심되는 부분이 있는지, 각 실린더 Main Bearing 상태 등 전 기통 육안으로 확인한다.

M/E Lantern Space Sludge Oil Trap 점검 및 소제는 Piston Ring Liner 점검이 끝나면 시행하고, 소제 작업이 끝나고 나면 Waste Rag나 Scraper등을 놔두고 나오진 않았는지 한번 더 Check 한다.

5) 크랭크 샤프트 디플렉션

정비 주기는 6000~8000H 이다.

선박의 적하 상태나 메인 베어링의 마모 등으로 인하여 크랭크 암은 회전 시 개폐 작용을 한다. 개폐 작용이 과도하면 크랭크 샤프트가 절단되는 대형사고도 발생할 수 있으므로, 이를 막기위해 안전하게 운전 가능한 범위인가를 확인하기 위해서 Crankshaft Deflection 계측을 한다.

다시 말해 Crank Deflection은 크랭크 샤프트의 중심선이 바뀌었는지를 확인하기 위해 계측한다. 정기적으로 Crankshaft Deflection을 계측하여 종전의 기록과 비교하면 그 변화추이를 유추할 수 있나.

Crankshaft Deflection계측 요령을 숙지하고 계측된 수치가 안전한 한도 범위 내에 존재하는가 등 판단이 필요하다. 안전한 허용한도를 벗어났을 경우 담당 감독과 업무협의 및 Maker에 문의한다.

참고로 M/E Crankshaft Deflection의 계측 주기는 VMS상으로 8000H이다.

(1) 크랭크 DEFLECTION의 점검

① 정상적인 상태에서 계획 정비에 의거 일년에 1회

② 선박이 충돌, 좌초, 좌주 된 후

③ Main Bearing을 교환하였을 때와 사용 후 약 100HRS이 경과한 시점

④ Main Bearing의 이상징후를 인지한 때

⑤ Propeller또는 Rudder의 손상 후

⑥ 기타 기관장이 필요하다고 판단될 경우

(2) 측정을 위한 조건

① 인디케이터 밸브들은 Open되어야 한다.

② Heeling및 Trip 조정하여 Even Keel 상태

③ Crankshaft는 모든 Main Bearings위에 완벽히 안착되어 있어야 한다.

④ 측정에 미치는 영향 요소

㉠ Cold 상태인지 Hot 상태인지

㉡ 선박의 Loading된 상태

㉢ Air와 Water 온도의 차이

㉣ 강한 햇빛(E/R 온도)

㉤ 선체 또는 엔진의 어떤 응력

*** 측정 절차는 아래와 같다.**

크랭크 Deflection을 계측하기 위해서는 크랭크 샤프트는 엔진의 운전 방향이 있음에도 불구하고 아래와 같이 flywheel 1과 Turning Gear의 pinion2가 화살표로 표시된 것과 같이 회전한다.

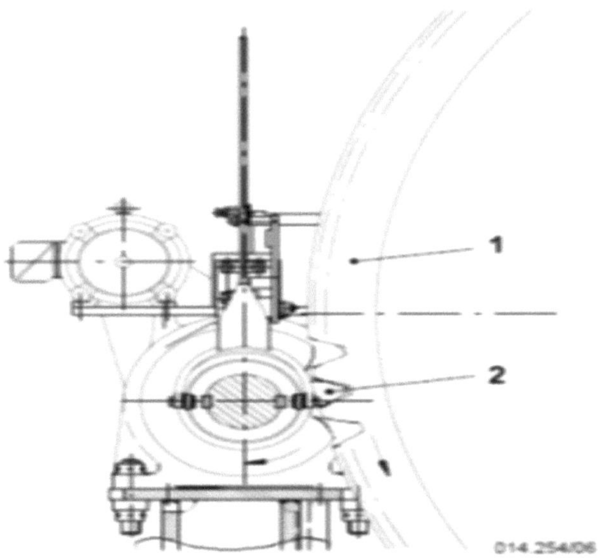

측정되는 크랭크는 B.D.C를 향해 회전되도록 한다.

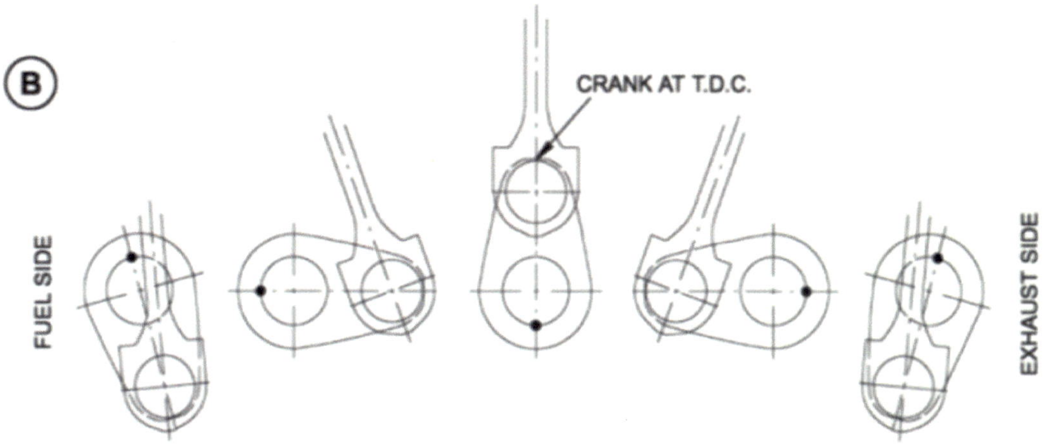
B
CRANK AT T.D.C.
FUEL SIDE
EXHAUST SIDE

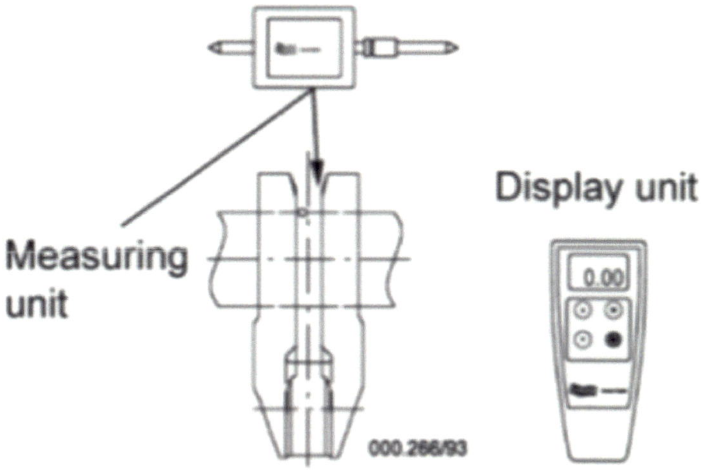
Measuring unit
Display unit
0.00
000.266/93

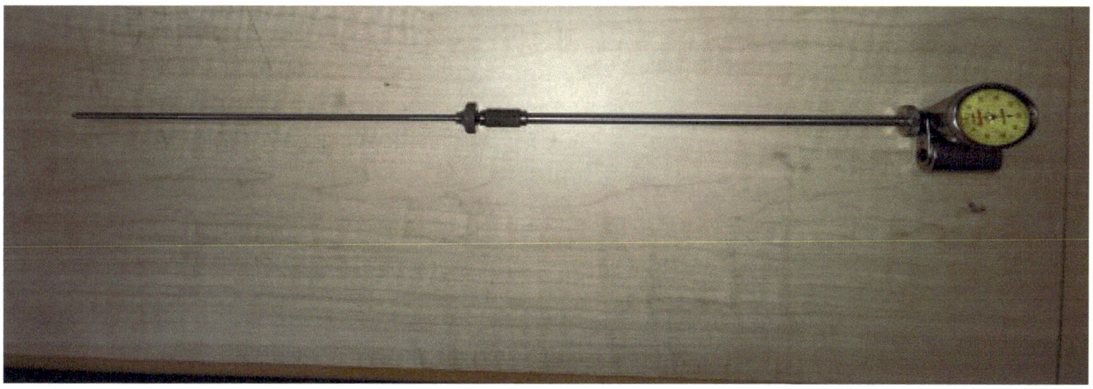

Digital Gauge 누구나 작동할 수 있기 때문에 Analogue Gauge에 대해서 간략히 설명한다.

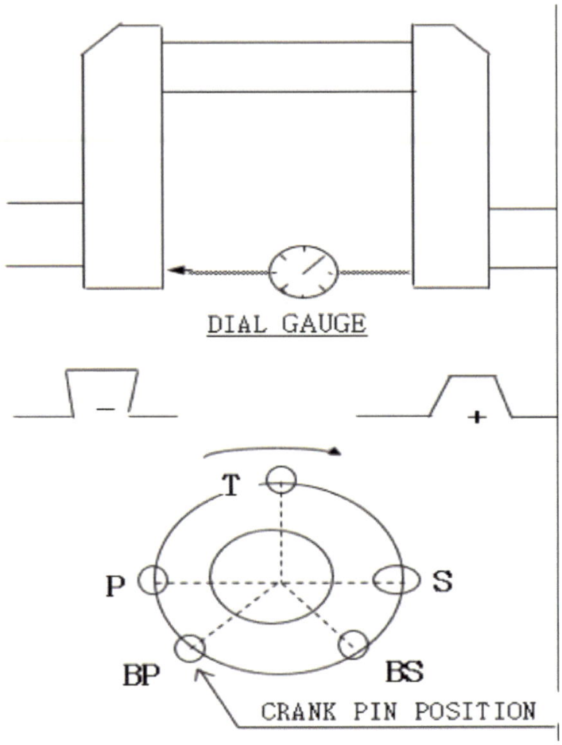

Turning Gear 이용하여 Turning을 시작하고, Crank Pin의 위치가 TDC로 갔을 때 Gauge설치한다.

(Gauge 설치할 때 Crank arm에 보면 구멍이 있다. 그곳에 Gauge를 설치하면 되고, Gauge를 설치 시 느슨하지 않게 Tension을 주어 설치한다.)

Gauge를 설치했다면 상기 그림에서 보듯이 Turning을 하여 먼저 Crank Pin을 BP(Bottom Port)에서 멈추고 Gauge **'제로 셋팅'**을 한다.

따라서 계측 표에서 BP(Bottom Port)의 값은 무조건 **'0'**이다.

BP(Bottom Port) → P(Port) → T(Top) → S(ST'BD) → BS(Bottom ST'BD) 순서로 Turning 하여 Gauge에서 지시되는 값을 읽도록 한다.

마지막 BS(Bottom ST'BD)까지 계측했다면 반대로 Turning을 하여 Gauge를 분해하고 다음 기통을 계측한다.

(3) 계측 결과의 판단

계측이 끝나면 각 기통의 V값을 구하여 전회치와 비교 검토한다.
Limit 범위 내에 있는지 확인한다.

㉠ V=T - B

㉡ B=(BP+BS)/2

Engine의 사양에 따라 Limit값이 다르므로 정확한 허용 값은 본선 Manual을 확인하도록 한다.

계측된 값들이 최대허용제한치 위에 있다면 원인을 찾아야 하고 필요한 조치를 취해야 한다.

(Main Bearing 손상, 선체 손상에 의한 엔진 정지, Holding Down 볼트 풀림, ropeller shaft bearing 손상 등등)

M/E CRANK DEFLECTION REPORT

Header

Date 2019.08.04

Draft: F 11.5 M 12 A 13.5

○ Empty

◉ Loaded

Engine Room Temperature 37 ℃

Temperature in Crank Case 40 ℃

Crank Deflection

Max. Deflection 18 mm

UNIT: 1/100 mm

	1	2	3	4	5	6	7	8	9	10	11	12
BP	0	0	0	0	0	0	0	0	0	0	0	0
P	2	6	4	0	7	1	-2	4	-2	5	-1	2
T	18	14	8	12	18	14	8	10	6	1	2	10
S	0	4	2	4	4	13	8	12	9	6	4	4
BS	-1	6	-4	4	12	11	10	12	11	8	6	0
Absolute value	18.5	11	10	10	12	8.5	3	4	0.5	3	1	10

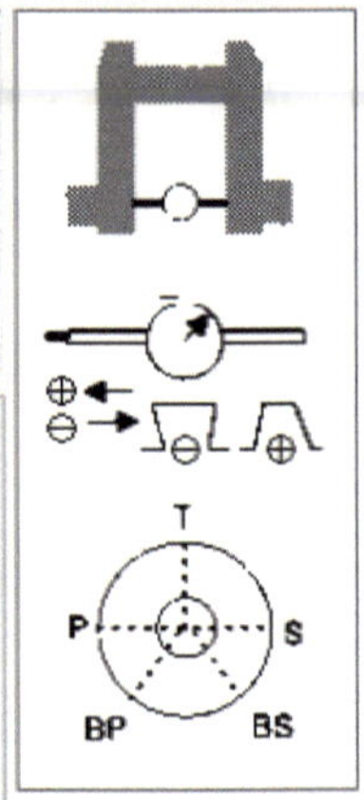

Lined Measuring Value at Piston TDC

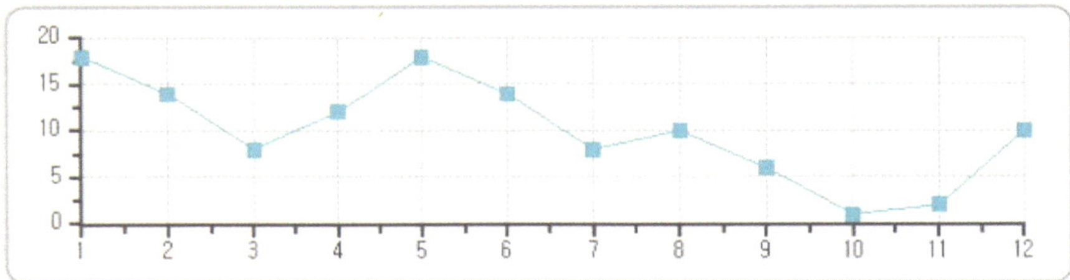

Remark

LIMIT
CYL. 1 & 12 : +17~-33 (1/100 mm)
CYL. 2 ~ 11 : +-17 (1/100 mm)
INNSA항에서 계측함.

6) 터닝기어 체인 텐션, 리미트 스위치, 인터록 스위치

Turning Gear Chain

Turning Gear Limit S/W

Turning Gear Interlock S/W

Turning Gear Interlock S/W 및 Spare(우측)

Engine 정지 후 Turning Gear를 작동 시킬 때 **Limit S/W가 잘 작동하는지(AMS상 Alarm발생), Interlock S/W 가 잘 작동하는지** 확인해야 한다.

Turning Gear를 Engage하면 Interlock S/W가 작동하면서 Air 소리가 날 것이다.

Interlock S/W가 작동하면 Main Starting Shut-off Valve로 Air가 차단된다.

반대로 Turning Gear를 Disengage하면 Main Starting Shut-off Valve Air가 공급된다.

Engine Stop 후 Turning Gear Engage Disengage할 때 잘 작동하는지 주기적으로 점검한다.

7) 메인엔진 메인 스타팅 셧-오프 밸브 리미트 스위치

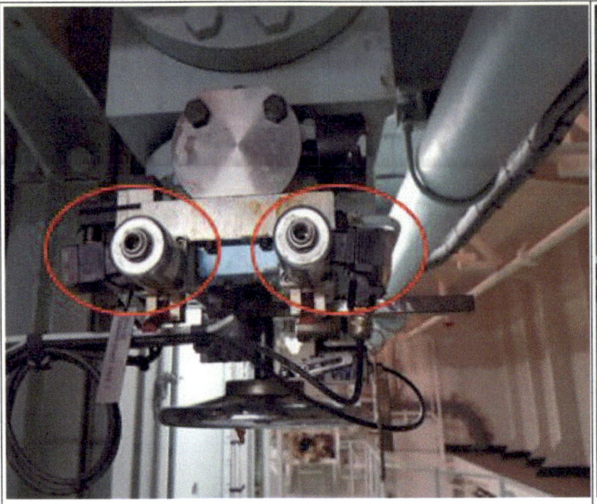

Air 공급 및 차단하는 SOL´ Valve

Limit S/W

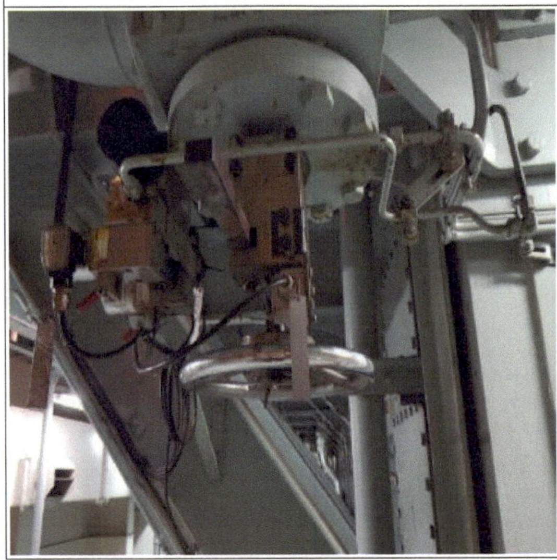

Valve 고정 Lever

접안 후 Engine 정지하여 Air-blow 완료 후 Main Starting Air Shut-off Valve를 천천히 잠그면서 **Limit S/W가 잘 작동하는지(AMS상 Alarm이 발생하는지)** 확인 한다.

출항 할 때 Main Starting Air Shut-off Valve 천천히 열면서 고정용 Lever를 Valve 홈에 정확하게 체결 한다.

8) 뉴메틱 시스템

정비 주기는 **2.5년** 이다.

보통의 경우 수리 신청을 하여 외주업체 S/E(Service Engineer)가 수리를 진행을 한다.

하지만 본선에 Repair Kit가 있다면 본선에서 문제 발생 시 수리를 해도 된다.

Engine Stop 후 L.O Pump들 순차적으로 stop 한다.

Control Air 및 Spring Air Close한 다음 작업 진행 한다.

Control Air 압력 조정 밸브

Control Air Filter

Control Air Filter

Control Air 압력 조정 밸브 분해 정비

Fuel Shut-down Pilot Valve	Fuel Shut-down Pilot Valve 분해 정비 모습

작업 이후 Engine 시동 준비를 하고 정박 중에 잠시 D.Slow Astern Ahead 사용하면서 누설 및 이상유무를 확인하면 된다.

만약에 Engine을 시동 할 수 없는 상황이라면 Air-blow라도 시행하고 출항 후 Engine 시동할 때 주의 깊게 관찰하도록 한다.

[5] 보조기기

1) 센트럴 쿨러

Central Cooler S.W PIPE 내부에 Corrosion Flange가 장착된다.

경험 상 보통 **1년마다** 교환했으며, 운항 중에 해도 되고 정박 중에 작업해도 된다.

운항 중에는 저 RPM으로 운항 중에 Cooler 하나만 사용해도 Engine 및 보조기기 운용에 무리가 없을 경우에 시행한다.

Cooler S.W / F.W Valve Close하여 Cooler하나를 Stop 한다.

주변 Pipe Line들 모두 분리하고 내부 Gasket 또는 Packing을 교환 하도록 한다.(Spare Packing이 있으면 교환 하고 없으면 히파 Gasket 얇은 것으로 교환한다.)

Corrosion Flange를 조립하고 나면 반드시 Cable도 잊지 말고 꼭 연결 하도록 한다. Cable을 연결해야 Corrosion Flange가 당연히 제 역할을 한다.

(1) CORROSION FLANGE 교환 방법

(2) S.W LINE STRAINER 소제

장착 중인 S.W Line에서 해수 미량 누설

신품(좌측) 및 취외품(우측) Corrosion Flange

취외한 Corrosion Flange

Gasket

Cable

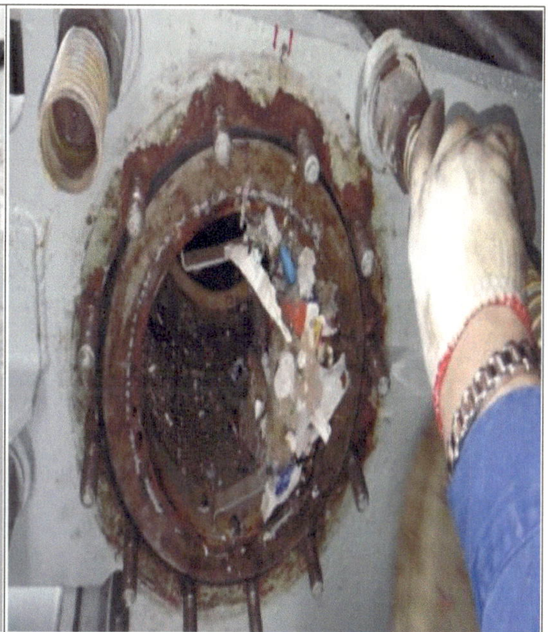

① 정박 중 및 항해 중에 가능하다.
항해 중에는 RPM과 Engine Condition 확인 후 시행한다.

② Cover Bolt 풀어내고 Cover 살짝 풀어내어 S.W Line의 해수를 Drain 한다.

③ 해수가 많이 나오므로 Cooler Coaming이 막히지 않도록 유의 한다.

④ 그 다음 Strainer를 취외하고 Strainer 및 S.W Line 내부 소제하면 된다.

⑤ Spare Strainer가 있는 경우는 작업이 수월 할 것이다.

⑥ Strainer 취외 할 때 S.W가 많이 나오므로, Bilge Well High Alarm을 대비하여 수시로 확인 후 필요 시 Bilge Well 이송 한다.
주로 Central Cooler는 ST'BD 측에 위치하고 Coaming이 ST'BD Bilge와 MID Bilge에 연결된다.

⑦ Strainer 집어넣고 Cover Bolt까지 체결 후 Venting Valve를 열고 S.W Inlet Valve를 Open하여 Venting을 한다. Venting이 끝나면 Valve 원상 복귀한다.

(3) Backwashing Chemical Cleaning

Cooler 상태를 보고 Strainer 소제를 하여도 온도가 잘 떨어지지 않는다면 chemical Cleaning 및 Backwashing을 하도록 한다.

Backwashing 방법에는 두 가지가 있다.

첫 번째 방법,

① NO.1 Central Cooler를 Backwashing할 경우 NO.1 Central Cooler S.W Valve를 Close 한다.(SW IN OUT Close)

② NO.1 Central Cooler S.W Strainer Cover Open하여 S.W Strainer 취외하고 Cover는 Open한다.
Backwashing을 하면 해수 뻘이 튀어나오므로 Cover 측에 Wood Plate로 받쳐준다.(취외한 Strainer는 소제한다.)

③ S.W Outlet Valve Open으로 Backwashing하면 Central Cooler Coaming으로 뻘들이 나온다.
Coaming Drain Hole에 물만 Drain될 수 있도록 여과지나 필터 같은 것들을 집어넣어 준다.

④ E.S.S(Energy Saving System)가 없는 6500TEU 선박들은 M.C.S.W Pump를 하나 또는 둘을 기동하여 NO.1 Central Cooler S.W Outlet Valve를 조금씩 Open하면서 Backwashing 한다. S.W Side에 달라 붙어있던 뻘들을 급격히 불어 내준다.

⑤ E.S.S(Energy Saving System)가 있는 8600TEU 선박들은 E.S.S(Energy Saving System) Panel Main 화면에서 Flushing을 터치하면 그 화면에서 Flushing Time을 설정할 수 있다. 우측에 Manual Button이 점등되어 있다.(보통 60초로 한다.)
옆에 Flushing on off가 있는데 터치하여 Flushing을 진행하면 되고, Flushing을 하면 Pump는 60HZ 100%로 설정된 시간 동안 기동한다.

다시 말해, NO.1 M.C.S.W Pump가 돌고 있는 상황에서 NO.2 M.C.S.W Pump Manual Flushing하면 정해진 시간만큼 Pump Start되며, S.W Outlet Valve를 조금씩 Open하여 Backwashing 한다.

⑥ M.C.S.W Pump 병렬로 돌렸으면 하나를 Stop하고, S.W Outlet Valve를 잠근 다음 Strainer 및 Cover를 조립한다.

마지막으로 S.W 측 Venting해주고 Valve 들을 원상복귀 한다.

그리고 다음 NO.2 Central Cooler Backwashing을 진행하면 된다.

* E.S.S(Energy Saving System) 아래 사진 참조.

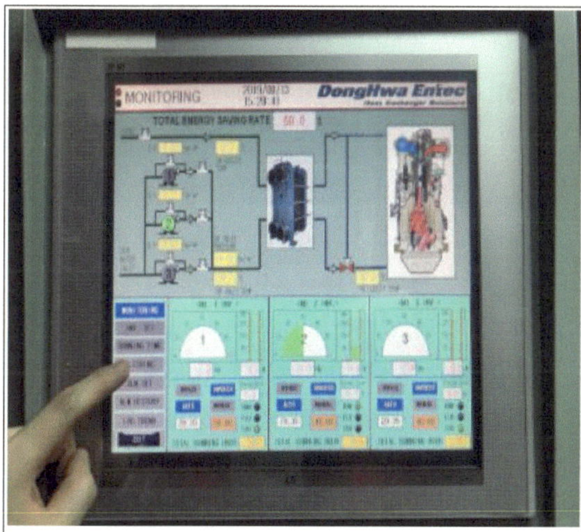

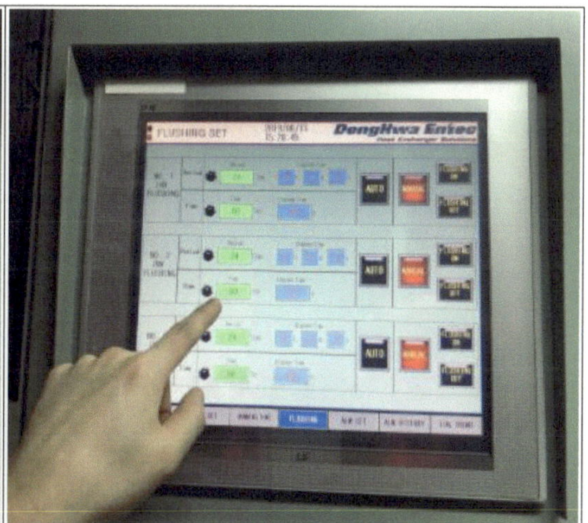

Main Display에서 Flushing Button을 누른다.	Flushing Time 설정, Flushing On Off를 할 수 있다.

Central Cooler S.W Outlet Valve

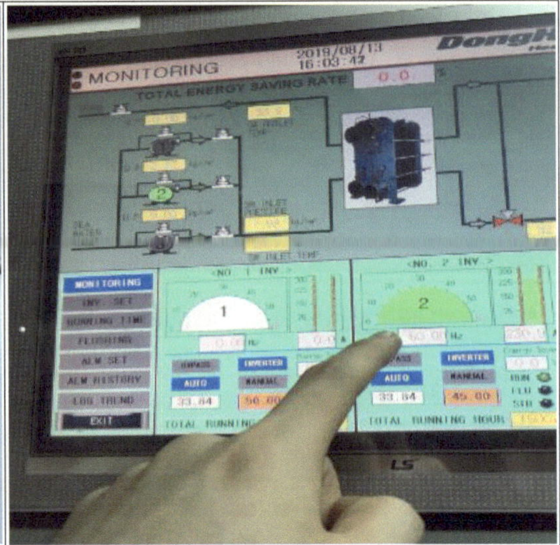

Flushing On 하면 60HZ(100%)로 기동 한다.

상기와 같이 해수 및 뻘이 튀어나오므로 Wood Plate 같은 것으로 막아줍니다.

* 그림과 같이 Backwashing을 진행하면 된다.

특별히 어려운 것은 없다.

대부분 선박들이 중국항은 기항하므로, 중국 마지막 항구에서 Central Cooler S.W Strainer 및 Backwashing을 진행한다.

1등기관사가 적절히 판단하여 작업을 진행하면 된다.

추가로 E.S.S Panel이 설치된 선박을 승선하는 경우 Main Display에서 'INV SET'에 들어가면 현재 어느 정도로 Energy가 Saving 되는지 확인 할 수 있다.

필요에 따라 S.W IN OUT Temp 및 F.W OUT Temp Rate(HZ/℃)를 조절한다.

두 번째 방법,

① NO.1 Central Cooler를 Backwashing할 경우, NO.1 Central Cooler S.W Valve Close 한다.

② NO.1 Central Cooler S.W Strainer Cover Open하여 S.W Strainer 취외하고 Cover Close한다.(취외한 Strainer는 소제한다.)

③ 소화전 라인을 NO.1 Central Cooler S.W Outlet측 Flange에 연결한다.

S.W Inlet측 Flange와 NO.2 S.W Outlet 측 Flange에 다른 소화전 라인을 연결한다.

그리고 Flange에 있는 Valve들 및 소화전 Valve를 Open한다.

④ G.S Pump를 기동하여 S.W Outlet → Inlet 방향으로 Backwashing을 1시간 정도 한다.

⑤ Backwashing 끝났으면 G.S Pump stop 한다.

소화전 Valve, Flange Valve Close, Venting Valve Open 및 SW Inlet Valve Open 후 Venting한다.

⑥ 그 이후 S.W Valve들 원상복귀 하고 다음 Cooler Backwashing을 진행한다.

*** 두가지 방법으로 Backwashing을 시행 해본 경험상, 첫째 방법이 작업 시간도 훨씬 적게 걸리고 효과도 좋았지만, 뻘들이 튀어나와 주변을 오손 시킨다는 점이 있다.**

하지만 우리가 생각해보면 Backwashing의 목적은 결국 뻘을 제거하는 것이므로, 그런 점에서 Cooler 상태도 확인할 수 있고, 소제 효과도 눈으로 직접 확인할 수 있기에 추천하는 방법이다.

*** 상기 언급한 Backwashing을 시행 했음에도 온도가 잘 떨어지지 않는다면, 다시 말해 Cooler 성능이 개선되지 않는다면 Backwashing 한번 더 한다.**

그럼에도 개선되지 않는다면 Chemical Cleaning을 시행 하면 된다.

Chemical Cleaning 방법은 기본적인 것이므로 이장에서는 따로 설명을 생략한다.

Chemical은 친환경 Chemical인 G Bridge(S.W Side Cleaning)을 사용하는 것이 좋다.

간혹 SAF-ACID를 사용하기도 하는데 용도가 다른 것이다. SAF-ACID는 Scale 제거용 Chemical이다.

S.W Side에 있는 '뻘'을 제거하기 위해서는 G Bridge가 훨씬 효과적으로 Chemical Cleaning을 할 수 있다.

2) 대체 해양 전력 컨테이너
(ALTERNATIVE MARITIME POWER)

AMP 장착 선박에는 Connection Disconnection 절차 및 W.I(Working Instruction)이 있다.

Key를 꼽고 A1 A2 Panel Earthing 시키고, VCB 취외하고 집어넣고 등, 처음에는 당황스럽고 혼동 될 수 있으나 차근차근 읽어보고 천천히 따라하면 된다.

MC Panel에서 Connection Disconnection에 들어가면 하나씩 할 때마다 표시가 되니 천천히 순차적으로 하면 된다.

무엇이든 한번 해보면 Image가 머릿속에 잡히므로 수월하게 할 수 있다.

유의할 점은 Earthing 및 VCB 작동시킬 때 A1 Panel 및 A2 Panel 상부에 Earthing 및 VCB와 관련된 Button이 있다. 그것을 누르고 작동 해야 하며 **무작정 그냥 힘으로 하면 부러진다.**

Key 또한 무리하게 작동시키면 부러질 수 있다.

입항 하루 전날에는 Ship's Cable을 미리 연결하도록 하고, Shore Cable은 입항 후 한시간 안에 연결 해야한다.

따라서 Engine 정지 및 정리가 마무리되면 Shore Cable을 미리 조금 내려놓고 연결 준비를 한다.

반드시 작업하기 전에 여러 번 꼭 읽어보고, 입항 전날 Ship's Cable 연결할 때 한번 더 Remind를 하고, 기관실에서 조치하는 2/E에게도 다시 한번 교육 및 숙지 시키도록 한다.

(1) 연결(Connection)

Section	1) On sailing	2) Task before California port berthing	Remark
	Keep connect LV Cable(440V) always	Connect ship's HV Cable within 48HR before berthing	
1.Before berthing		 	Socket lever should be locked after the plug and socket are fully connected before connecting HV Cable. 1/E, No.1 Oiler, Oilers
Section	1) Berthing	2) Stevedore is on board	Remark
	Request to remove lashing immediately after immigration	Remove AMP CNTR. Lashing	
2. After berthing			C/O

Section	1) Changeover panel position & AMP Shore receiving panel		2) BOW & AMP Panel	3) PIC for shore connection is on board & lower shore cable reel	Remark
	Set the changeover panel	Open earthing SW at AMP Receiving panel	Check the position of 2 Swithes	Shore power PIC is onboard. Lower AMP CNTR. Shore cable	
3.Lowering shore cable reel			1) AMP CNTR Position (Port or STBD) 2) Mode Selection (BOW → AMP) 	The pilot loop system is applied by single type so that F16 CB turn off manually in order to process next sequence (only LAYTI port) 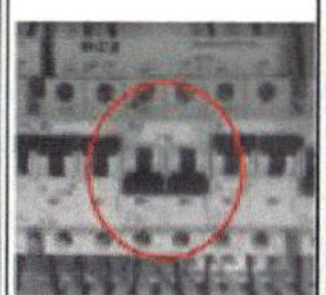  	Changeover to manual mode and operate AMP CNTR. Cable reel can be operated by remote controller. 1/E, No.1, Oiler, Oilers
Section	1) Connect AMP CNTR. Shore plug~Shore socket box			2) Connection is completed	Remark
	Move the cable to the shore socket box		The HV Plug is connected	Fix the kellum grip ring	
4. Shore cable connection				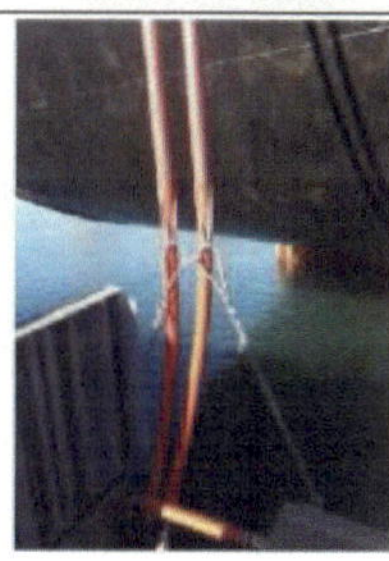	Check that connection is completed. Change over to cable reel auto mode from manual mode and check auto tension condition. 1/E

Section	1) Connect AMP CNTR. Shore plug~Shore socket box			2) Connection is completed		Remark
	1) A1 Panel	2) Shore cable reel operation mode	3) Safety area door	4) A2 Panel	5) A2 Panel	
	- Open the earthing S.W.D	- Change to the automatic mode	- Close the door & lock	- Open the earthing S.W.	- Rack in the VCB	
5. AMP CNTR.	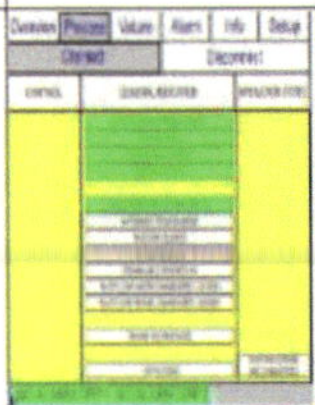	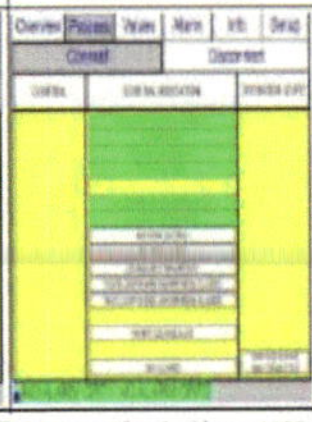	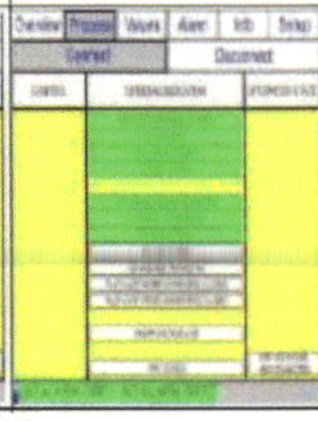		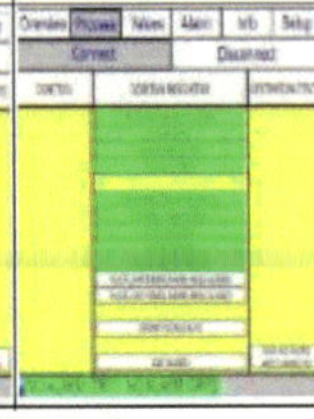	Check & record the power counter. 1/E

Section	3) Pilot Loop Check, Shore VCB Close			4) AMP CNTR. VCB Close		Remark
	6) Close pilot loop P2 at *MC Panel(Ship)	7) Close pilot loop P1 MC Panel(shore)	8) A1/A2 Panel	9) MC Panel	10) MC Panel /A1/A2 Panel	
	- Message to Harbor staff that we are going to close their pilot loop - If shore is Ok, Push S2 "Start Release"	- Message to harbor staff that system is ready to take shore power - Close pilot loop vessel (Shore) - **(Turn on F16 CB) - Close shore VCB	- Check phase, voltage and KW	- Push S3 "ON" - VCB of A2 Panel is closed	- Check current - Check Power consumption	
5. AMP CNTR.	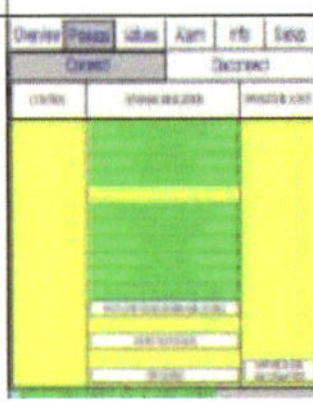			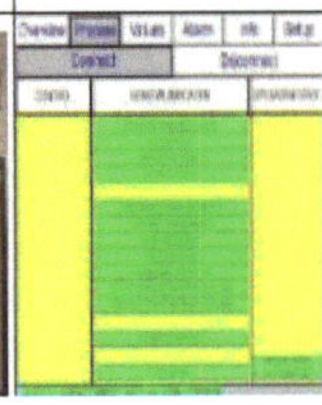		* MC Panel : Monitoring & Control Panel ** Only LAYTI 1/E

Section	1) AMP Shore receiving panel	2) Sync. Panel	3) AMP Control Panel - Changeover to shore power control from G/E control	4) AMP Control panel Arrival process (In case of operating more 2 G/E, it can be transferred, too)	5) AMP Control Panel Arrival Process	Remark
	- Check phase, voltage - Check that earthing SW is opened - Close VCB	① GEN. Control SW Auto → AMP ② Freq/Volt Meter SW → AMP Mode ③ Sync. Scope SW → AMP Mode	① Sync. Selection SW → AMP Mode ② Freq/Volt Meter SW → AMP Mode ③ AMP Selection SW → Auto mode	- Push Auto Arrival SW - Check closing BOW/ AMP ACB	- Check shifting load G/E → Shore power -Check opening G/E ACB - Check stopping G/E (Stopping Priority : No.1,2,3,4)	
6. ECR Switch board	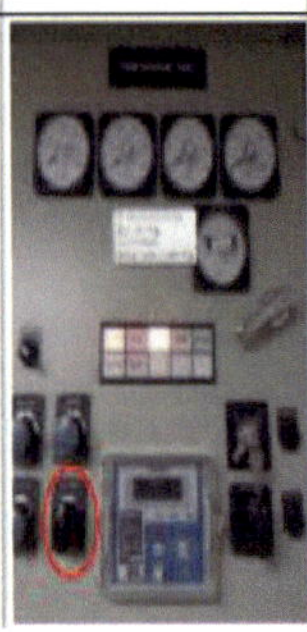	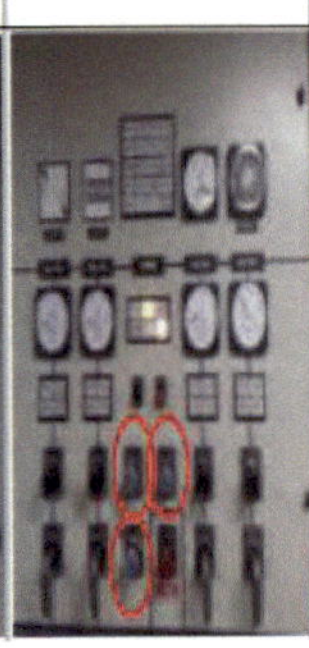				2/E

(2) 해제(Disconnection)

Section	1) Start G/E at local area	2) AMP Control Panel	3) Sync. Panel	4) AMP Shore Receiving Panel	5) BOW & AMP Panel	Remark
	- Check AMP is ready - Check phase, voltage	- Push Auto Departure SW - Check Auto Sync. & G/E ACB Close - Check opening AMP ACB	- ① GEN. Control SW AMP → Auto ② Freq/Volt Meter SW → G/E Mode ③ Sync. Scope SW → G/E Mode	- Open the shore VCB	- Mode Selection SW AMP → BOW 6) *Message to harbor staff	
1. ECR Switch board		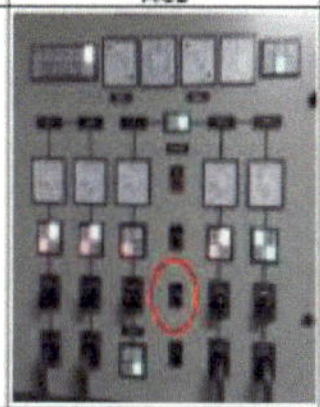				* Inform harbor staff that the system is shut down 2/E

Section	1) MC Panel	2) MC Panel/A1/A2 Panel	3) A2 Panel	4) A2 Panel	5) Safety area door	Remark
	- Push S1 Button - Open A2 Panel VCB	- Verify that voltage detectors at MV switchboard indicate no voltage	- Rack out VCB	- Close earthing S.W.	- Door unlock & Open□	
2. AMP CNTR	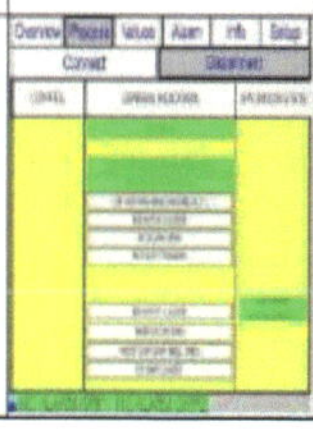	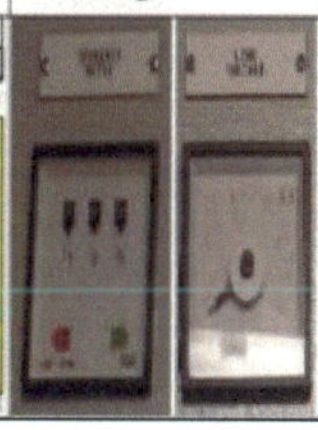	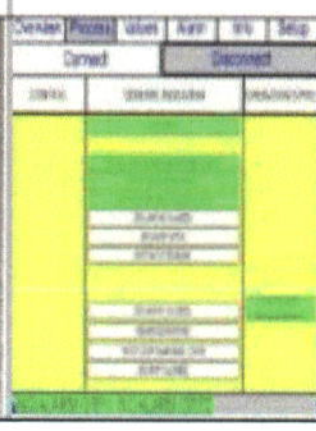	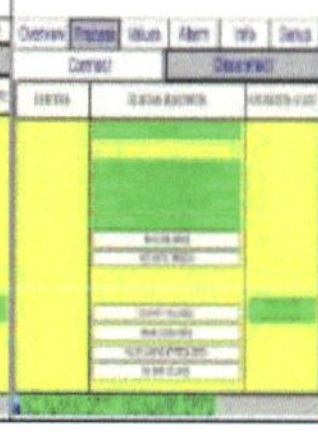	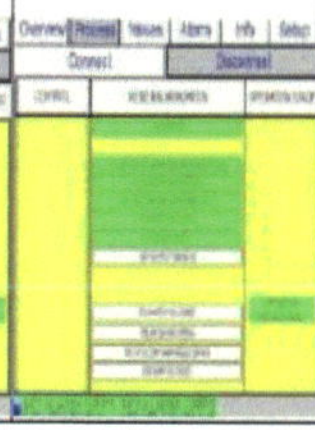	1/E

Section	6) Shore cable reel operation mode	7) A1 Panel □	8) Message to harbor staff		Remark
2. AMP CNTR	- Manual Mode	- Close earthing S.W.□	- Message to harbor staff that shore power system is switched off, earthed and ready for disconnection		1/E
Section	1) Remove AMP CNTR. Shore cable–Shore socket		2) Hoist AMP CNTR. Shore cable reel		Remark
	Disconnect the plug	Remove kellum grip ring	Hoist AMR CNTR. shore cable	Close the reel door	
3. Shore cable Disconnection					Message to crew that plugs are disconnected and cables are ready for lifting.
Section	1) Before departure	2) Task after departure			Remark
	Check AMP CNTR. Lashing	Disconnect ship's HV Cable within 24HR after departure			
4. Before departure & Task after departure		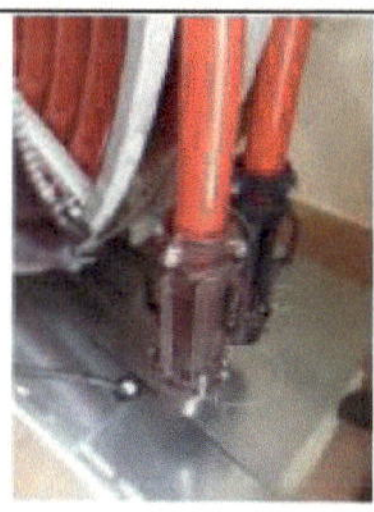			* For dismantling plug - Use the kirk key - Lift up the socket lever * After dismantling plug - Close fully socket lever.

3) 발전기 진공 차단기(VACUUM CIRCUIT BREAKER)

굳이 G/E V.C.B를 언급한 이유는, 본선에서 VCB 문제 관련 History가 많지 않고 하는 방법도 잘 모르는 사관들도 많다 보니 실제로 점검이 필요한 상황에서도 기피하는 현상이 있다.

AMP 장착된 선박에 승선하는 해기사는 똑같기 때문에 어렵지 않는데, 모르면 무엇이든 겁이 난다.

G/E V.C.B를 취외하여 내부 보조 접점이나 다른 이외의 것들을 점검하고 싶다면 G/E V.C.B Panel Front Door를, Open하고 싶다면 VCB를 Test Position(Disconnection)에 와서 ES를 투입해야 Front Door가 열린다.

(1) 먼저 당연히 돌지 않는 G/E의 VCB(VCB OPEN 상태)를 VCB 인출 홀을 개방한다.

(2) 인출 바를 삽입하여 VCB를 Test Position(Disconnection)에 놓는다.
그러면 상부 Lamp에 VCB Test Position Lamp가 점등이 된다.

(3) 전압이 완전히 사라졌는지 확인 및 상부 VCB Test Position Lamp가 점등 되었다면, ES(Earthing S/W)를 투입하고, ES키를 빼낸다.

(VCB를 Test Position으로 해야 ES가 작동한다. 궁금하면 아래측 Door를 열어서 확인하면 ES에 Pin이 걸려있는 것이 보일 것이다. VCB를 Test Position으로 하면 그 Pin이 들어가서 ES를 작동시킬 수 있다. 즉, Interlock이 걸려있는 것이다.)

(4) Front Door를 연다.
(Front Door는 ES를 투입해야 열린다. 즉, Interlock이 걸려있다.)

(5) Earthing 되면 VCB Cover Open 되며 내부 보조접점이나 이외의 것들을 점검할 수 있다.

만약에 VCB를 취외하고 싶으면 본선에 VCB를 얹힐 수 있는 Machine이 있다.

그것을 이용하여 VCB를 얹히면 되고, VCB를 취외 할 때는 연결된 Power cable을 취외한 다음 아래 Locking Pin을 가운데로 누른 다음 취외하면 된다.

반대로 다시 조립 시에는

(1) VCB를 장착하고, Test Position에 놓고 Power Cable을 연결한다.

(2) Front Door를 닫는다.

(3) ES(Earthing S/W)를 개방(OFF)한다.

(4) VCB 인출 바를 Front Door에 있는 인출 홀에 삽입한다.

(5) VCB를 Service Position으로 Tool을 이용하여 이동한다.

(6) 키로 홀을 잠그고 키를 빼낸다.

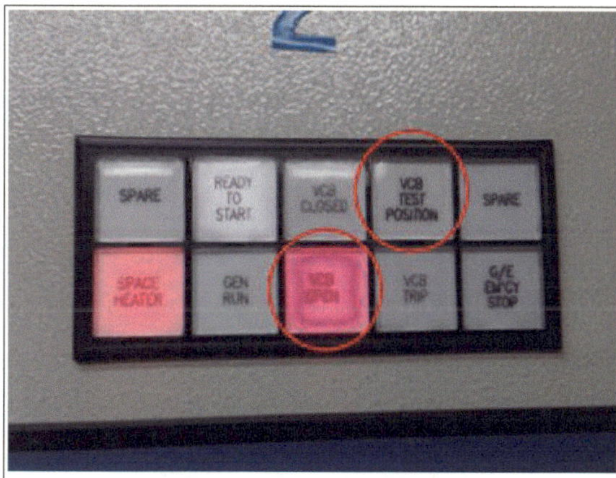

VCB Open 상태에서 작업을 해야 하며
VCB TEST Position으로 취외 시
Lamp 점등 확인한다.

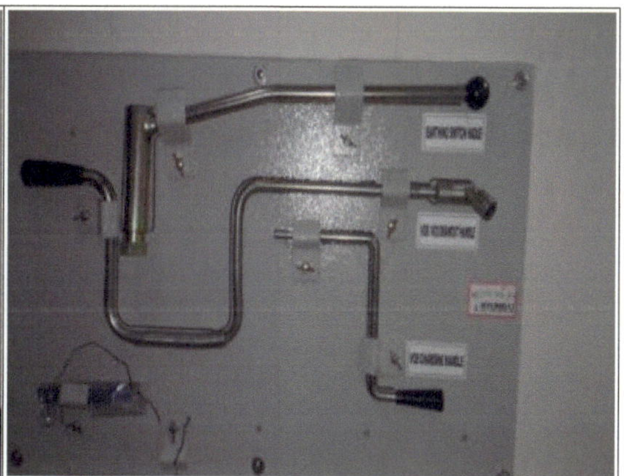

위에서부터 Earthing S/W Handle,
VCB Draw out Handle
VCB Charging Handle

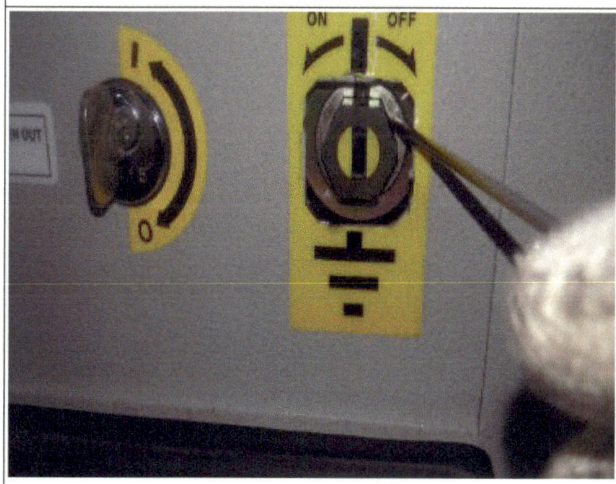

〈Earthing Hole〉
좌측 키로 Hole을 Open하고,
우측과 같이 Earthing을 한다.

아래 Door를 Open하여
VCB가 Test Position으로 되어 있다면
Locking Pin이 Earthing S/W에서 빠진다.

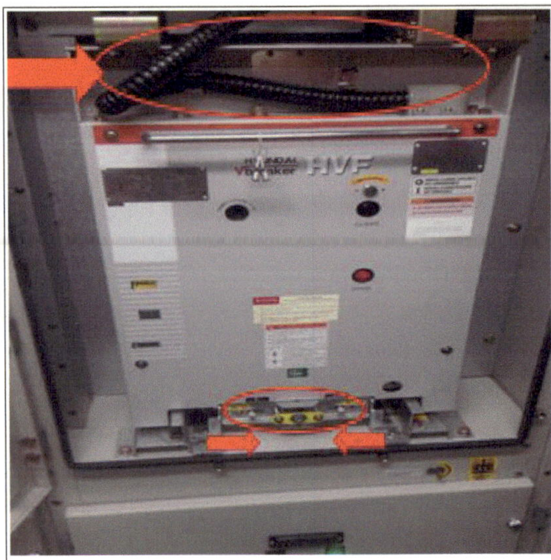

Earthing 투입 후 Front Door를
Open하면 VCB가 보이다.
상부 Power Cable을 취외하고
아래쪽 Locking S/W를 가운데로 누른 다음
VCB 손잡이를 잡고 취외하면 뺄 수 있다.

VCB Cover를 Open하면
AUX. Relay확인 할 수 있다.

AUX. Relay를 취외한 모습

AUX. Relay 뒤 Linkage의
마모로 유격이 발생하여
VCB Close후 AUX. Relay 작동이 불량하여
VCB Close 오작동 발생시킨다.

* VCB LIFTING MACHINE

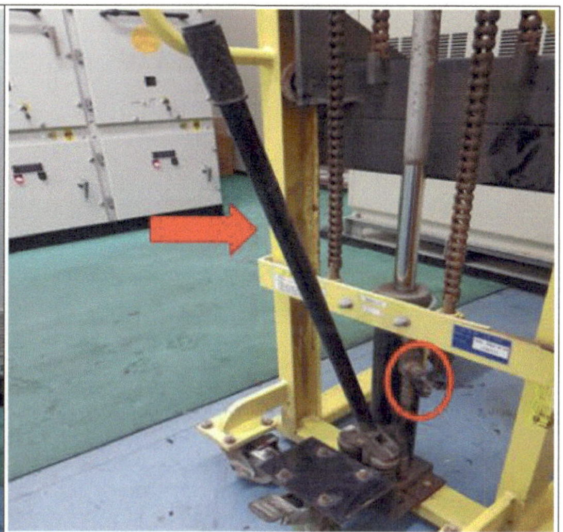

Lifting Handle(화살표)/ 조정Valve(동그라미)

고정 발판

Lock Lever

실제 SMSV호 승선 당시 NO.3 G/E VCB가 문제가 발생하여 NO.2 REEFER TRANS FORMER VCB와 사양이 동일하여 교환 작업을 시행하였다.

Lifting Machine은 각 선박에 보유 중일 것이다.

사용방법은 고정된 발판을 풀어내고 원하는 위치로 Machine을 움직인다.

VCB를 뺄 때는 VCB위치보다 살짝 아래로 놓이게 조정한다.

조정은 앞의 두번째 그림에서 보듯이 조정 Valve를 잠근 상태에서 Lifting Handle을 좌우로 움직여 올리면 된다.

내릴 때는 조정 Valve를 Open하여 손으로 살짝 아래로 누르면 아래로 움직이다.

위치를 조정했으면 앞의 네번째 그림에서 Lock Lever를 위를 향하도록 올린다.

VCB Power Cable을 취외하고 중앙에 위치한 Lock Pin을 중앙으로 누른 상태에서 VCB Handle을 당기면 빠진다.

조립을 할 경우에는 VCB를 Lifting Machine에 올린 상태에서 조립하는 위치보다 살짝 위에 위치하도록 한 다음에 밀어 넣는다.

작업을 하기 전에 순서를 미리 충분히 숙지하고 작업을 하면 어려운 작업이 아니다.

4) 기관실 오버헤드 크레인

→ E/R Overhead Crane의 고장 사례는 다양하지 않고 단순하다.

Overhead Crane Controller는 반드시 기관장 또는 1등기관사가 조작한다.

Fuse 끊어짐, Limit S/W 작동 불량, Remote Controller 내부 Cable 단선, Micro S/W 작동 불량 및 Motor Brake Pad 교환 및 Air Gap 점검, Wire 교환 등이 있다.

Controller Button을 촌동으로 조작하지 말고, 만약에 작동이 잘 안되거나, Lower Hoist 등 특정 위치 조작 불량할 경우 Controller 내부나 Overhead Crane Controller Panel 내부 Fuse부터 확인한다.

Limit S/W, Brake Pad, Fuse 등은 쉽게 점검 가능하므로 상세한 설명은 제외한다.

이장에서는 Hoist Lower 관련 Micro S/W 위치만 설명하도록 하겠다.

반드시 유념할 사항은 E/R Overhead Crane 작업은 고소 작업이므로, 안전을 위해 안전벨트를 꼭 장착하고 정비를 하도록 한다.

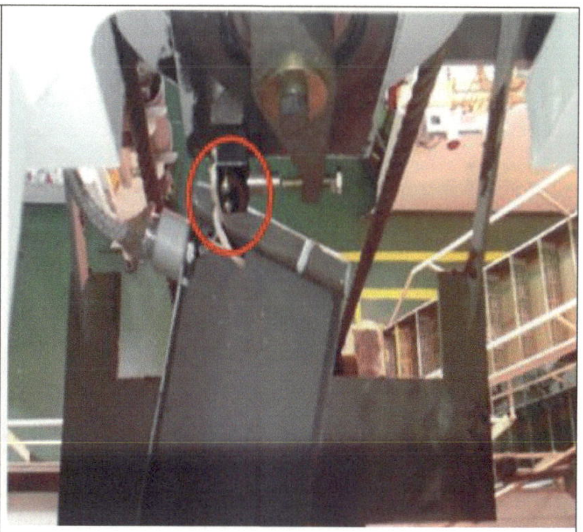

Micro S/W 작동 불량 시 좌측 표시된 Panel에서 Cable Jumping하면 사용 가능한다. 우측 표시된 부분 Panel에 Micro S/W있다.	우측 Panel Cover Open하면 Micro S/W가 보이다.

Limit S/W

Limit S/W

Limit S/W는 각 Overhead Crane(FWD, AFT)마다 앞 뒤로 1개씩 존재 한다.

Limit S/W가 없거나 작동이 불량하면 Overhead Crane 조작 시 부딪히거나 파손 위험이 있으니 조작 시 항상 주의한다.

*** Motor Air Gap 점검**

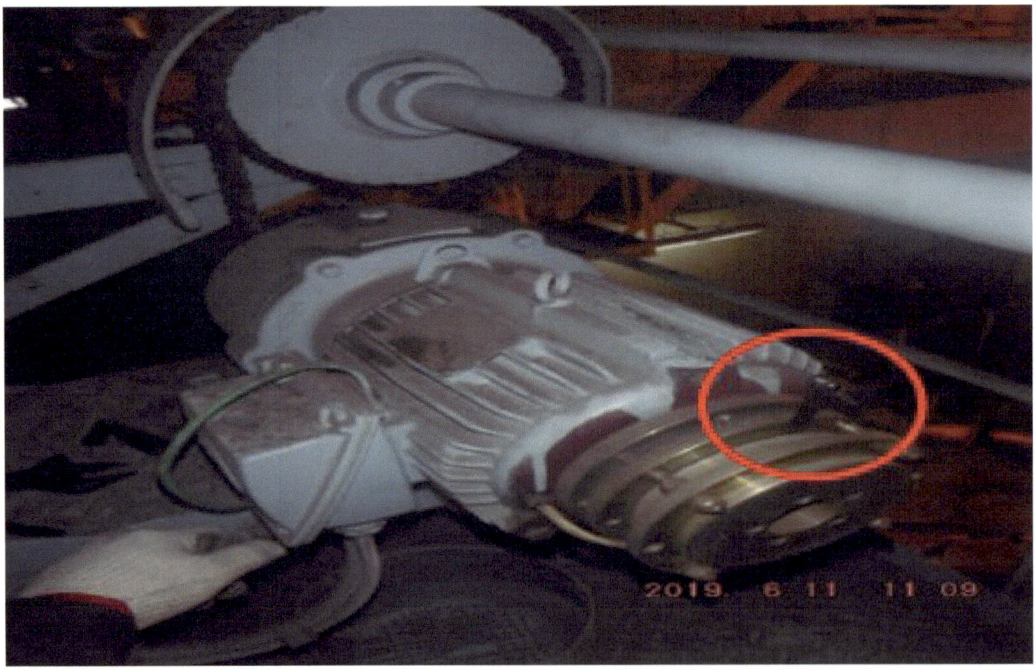

상기 사진은 Travelling(FWD′ AFT′) Motor Air Gap점검 사진이다.

Hoisting은 gap table 있으나 Full Tight후 한바퀴 오픈하여 점검이지만 0.5㎜이내로 생각하고 측정하면 된다.(Instruction Book 참조한다.)

5) 공기 압축기

→ 주기적으로 1ST 2ND Stage Valve 정비, Suction Filter 교환, L.O Chamber 확인, Piton 교환 등 본선 정비 주기를 참조하여 작업을 진행하면 된다.

UMA 순찰 시 Compressor 1ST 2ND Stage 압력을 보고 불량하면 Valve 정비를 해야 한다.

아래 그림과 같이 Pressure S/W(Main Air Tank 측에 위치)를 이용하여 Start/Stop을 설정한다.

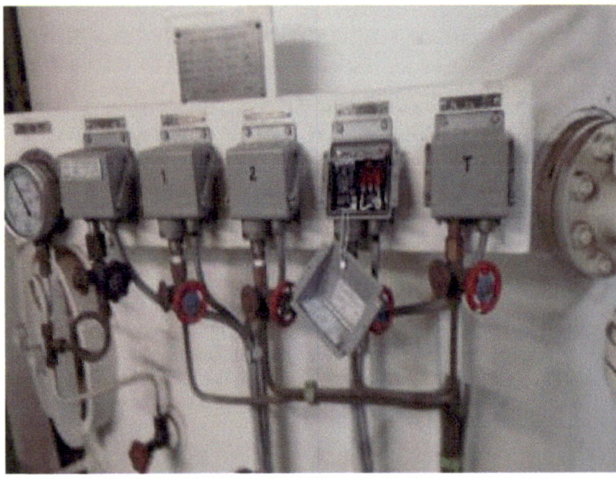

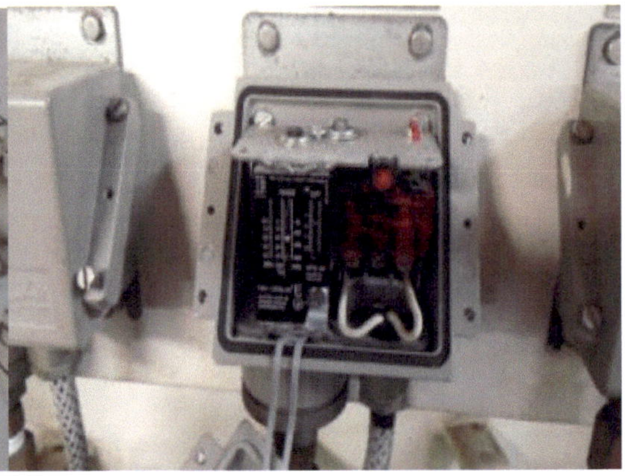

아래 그림처럼 Instruction Book을 참조하여 Torque를 확인하고, 정비를 하면 된다.

⚠ CAUTION **_Order of tightening_** Fig. 26

* **_To assemble the cooler cover and cylinder head, first tentatively fix the whole, then tighten diagonally in the order from inner to outer side with the tightening torque shown in Table 7._**

(Unit : N・m)

Type	H(LV)−63.64.264		H(LV)−73.74.273.274.373.374	
Number of stages	1st stage	2nd stage	1st stage	2nd stage
Cylinder head bolt	M10 : 70 M12 : 120	——	M10 : 70 M12 : 120	——
Valve clamping nut	25	——	45	——
Valve set nut	——	12	——	25
Cooler cover mounting bolt	——	M8 : 40	——	M8 : 40
Valve flange mounting bolt	——	M10 : 70	——	M10 : 70
Conn. rod bolt	110		180	

Table. 7

(1) Unloading Valve

→ 압축기 Unloading 운전을 하고 싶을 경우 아래에 표시된 두 Valve의 Pipe를 풀어 내고 Valve Open하여 운전을 하면 Air Compressor가 A(암페어)가 형성되지 않고 Unloading을 하게 된다.

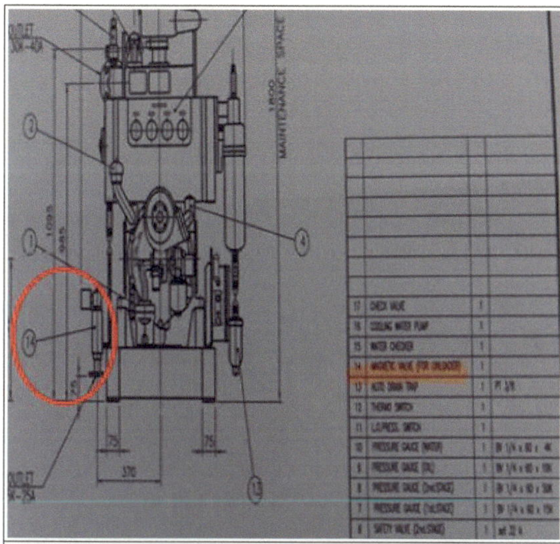

Unloading Valve

표시된 Valve의 Pipe를 분해하고 Valve를 Open한다.

표시된 Valve의 Pipe를 분해하고 Valve를 Open한다.(Air Drain Valve)

Compressor Crank Chamber를 확인하고 싶으면

① 먼저 Air In Out Valve를 잠그고, Air Drain Valve를 Open하여 Air Drain을 한 다음

② FW In Out Valve를 잠그고,

③ Crank Chamber를 Open한다.
(Crank Chamber Gasket 손상 부 발견하면 교환한다.)

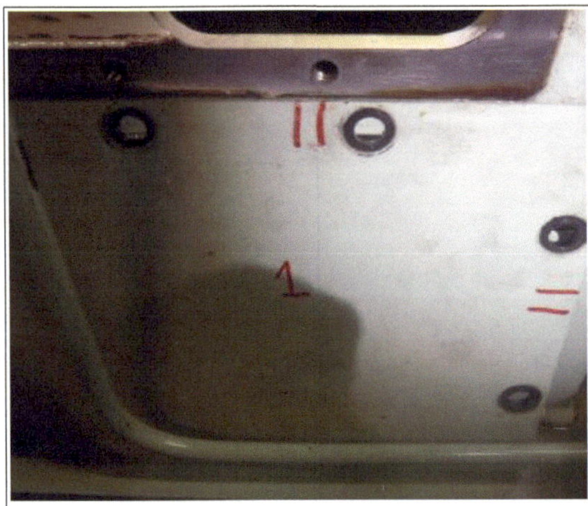

Crank Chamber Cover

2nd Stage Valve

2nd Stage Valve 내부

Crank Chamber Cover Open 한 상태에서 2nd Stage Valve를 취외하여 Hand Turning Tool을 이용하여 Hand Turning을 하면서 내부 Piston Skirt, Piston Ring을 확인 할 수 있다.

2nd Stage Valve 조립 시에 Copper Gasket 조립 잊지 말고 불량 시 교환 한다.

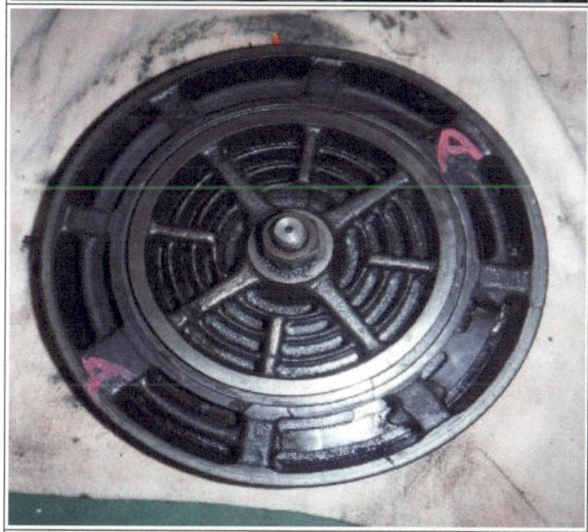

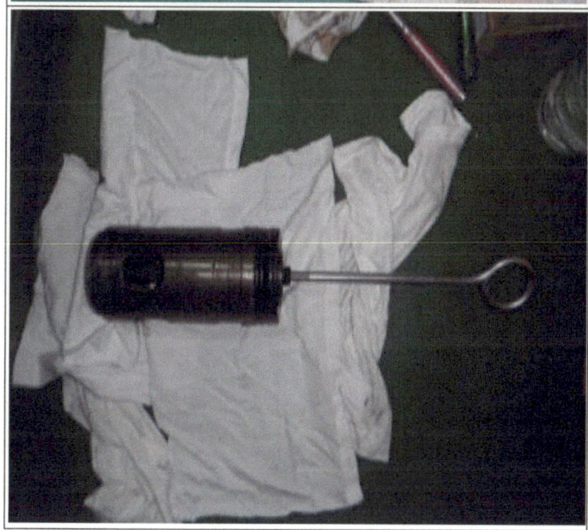

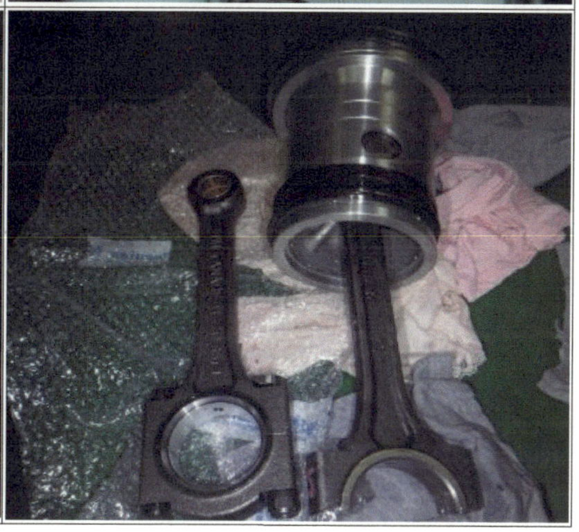

Air Compressor Air가 누설하여 LT Chamber로 누설하는 경우 Sight Glass가 있는 Type이면 Air 누설로 인하여 기포가 보일 것이고, LT 온도가 올라 갈 것이다.

Air Compressor가 Sight Glass Type이 아니라, Plate Type(SMTK호)인 경우는 Air 누설하여 LT Chamber로 들어가게 되어 Plate가 터지게 된다.**(일종의 Safety역할이라고 생각하면 된다.)**

보통 Air가 누설되는 경우는, Head Gasket가 찢어지는 경우에 주로 발생한다.(Air Hole → LT Hole로 누설)

따라서 Head Gasket을 먼저 점검하여 상태를 확인하고 Head를 취외하는 경우에는 반드시 Head Gasket을 교환하도록 한다.

Cooler 점검 시에도 Instruction Book을 참조하여Gasket 조립에 유의하도록 하고,

체결 Torque도 앞서 언급한 대로 Instruction Book을 참조하고,

1st Stage Valve 조립 시 Head Gasket 교환,

2nd Stage Valve 조립 시에도 Copper Gasket 조립,

주기적으로 Suction Filter 교환,

Crank Chamber Open하여 Metal Piece 또는 L.O 오손 여부 확인한다.

(2) Air Compressor Oil-Seal 교환

Compressor 운전 시 Flywheel 안쪽에서 누설되면 Oil-Seal에서 누설하는 것이다.

Oil-Seal 교환은 Motor 분해하고, Flywheel 취외하면 Oil-Seal Cover를 분해할 수 있다.

Oil-Seal Cover 내에 장착된 Oil-Seal을 교환한다.

하지만 Flywheel 취외가 만만하지 않다.

Gear pully를 체결한 다음에 해머링을 계속하거나, 그래도 안되면 열을 가한 다음에 해머링을 하면 어느 순간 빠지게 된다.

그래도 안된다면 아래 그림처럼 Flywheel 안쪽에 볼트 너트 4SET를 준비하여 위, 아래, 좌, 우 방향으로 설치하고 Flywheel을 반대 방향으로 빼내는 방향으로 볼트와 너트를 펴주면 보다 쉽게 빠진다.

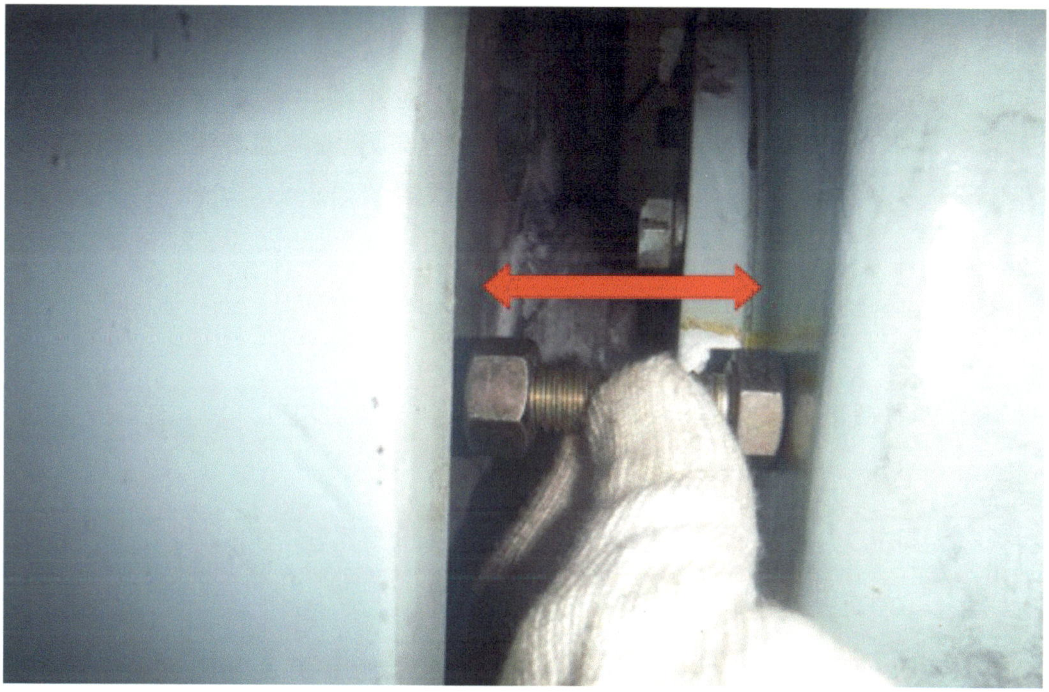

맺음말

선박에서 일등 기관사는 결국 현장 리더가 되는 것입니다.

우리 모두 리더에 대해서 인간관계에 대해서 다시 한번 생각해 볼 필요가 있다고 생각합니다. 전문적인 지식과 기술을 습득하는데는 우리 모두가 많은 노력을 기울이지만, 정작 인간에 대해 인간관계에 대해서는 상대적으로 적은 노력을 기울이는 편인 것 같습니다.

인간을 이해하지 못 하고서 단순히 명령을 내리고, 조직원이 순순히 복종하는 것을 기대하기를 바라는 시니어 사관이 되어서는 안됩니다.

나 자신부터 분명한 가치관과 비전을 갖고 모범을 보여야 하며,

마음을 열고서 진정으로 다가서야 하며,

같이 승선하고 있는 주니어 사관들에게 마음을 열고 열렬한 협력을 얻어내야 하며,

갈등들을 효과적으로 해소해야 한다고 생각합니다.

오늘날 진정으로 필요한 리더에 대해, 미국의 저명한 경영 컨설턴트 피터 드러커는 이렇게 말했습니다.

“이제는 지위로 조직원 위에 군림하는 시대는 지나갔다.

인간적인 매력과 영향력으로 추종자를 만들어내야 한다.”

조직원들의 사기를 북돋고 나아갈 길을 지도하고 조언하면서, 그들과 성공적인 인간관계를 유지해야 합니다.

우리가 살고 있는 이 21세기는 하이테크(High Tech)의 시대입니다. 치열한 경쟁 속에서 수많은 분야에서 많은 전문가가 탄생하고 있습니다. 그러나 조직원의 열렬한 협력을 얻어내는 하이 터치(High Touch) 리더는 주변에 그리 많지 않은 것 같습니다.

인간의 마음은 낙하산과 같아서 펼쳐지지 않으면 쓸 수가 없다고 했듯이, 우선 자기 마음부터 열고 모범을 보이면서 상대방의 마음을 열어 열정과 풍부한 정감을 불어넣는 리더, 창의력을 바탕으로 성과를 내는 리더, 인생의 의미와 가치를 전달해서 직업을 취미로 바꿔나가는 리더, 그가 바로 진정한 의미에서의 리더라고 생각합니다.

여러분의 가장 넓은 바다는 아직 항해되지 않았고, 가장 먼 여행은 아직 끝나지 않았습니다. 가보지 않은 그 바다와 여행은 그 끝이 창대할지, 그 마지막이 미약할지 알 수는 없고, 가보지 않은 길에 대한 두려움도 크지만 기대감은 여러분들의 발걸음을 재촉할 것입니다.

지금 여러분들이 걸어가는 그 길은 가고자 했던 길의 어디쯤인가요?

이 책을 읽는 여러분의 앞날에 항상 행운이 깃들고, 가족과 같은 분위기로 모든 선박에서 인정받는 사람이 되길 바라며 항상 다치지 말고 건강하길 바랍니다.

"남다른 삶이 선사하는 정신적인 풍요를 소중히 하며,
많은 사람들과 그 가치를 나눌 수 있는 그런 사람이 되길 바라며…"

편저자 **정 현 우**

Slow and Steady Wins the Race!

저자 **정 현 우**

목포해양대학교 졸업
한진해운 실습 기관사 및 산학 장학생
한진해운 3등 기관사, 2등 기관사
SM 상선 2등 기관사, 1등 기관사
SM 상선 (견)기관장
현] 한국 선급(KR) 선임 검사원

저서

3등 기관사 실무기초
선박용 전자제어엔진 실무

해광출판기획

선박용 전자제어엔진 실무

2025년 1월 5일 인쇄
2025년 1월 15일 발행
정가 36,000원

저　　자　정현우
편　　집　송영미 ⓣ
발 행 인　조준형
발 행 처　해광출판사
주　　소　부산광역시 중구 해관로 41-1 (중앙동2가)
전화번호　(051) 253-0001　　팩스 (051) 245-1187
등　　록　제 2012-000005호
http://www.hgbookpub.com
E-mail . munbookcokr@naver.com

해광출판사에서는 여러분의 소중한 원고와 함께 할 기회를 기다리고 있습니다. 책으로 엮을 원고나 아이디어가 있으신 분들은 이메일 munbookcokr@naver.com로 책에 대한 간단한 개요와 원고 전체 또는 일부를 연락처와 함께 보내주십시오.

ISBN 979-11-6881-753-1